嵌入式開發系統－嵌入式軟體技術

エンベデッドシステム開発のための組込みソフト技術

社団法人　組込みシステム技術協会
エンベデッド技術者育成委員会　原著

洪碧英、吳承芬　　編譯

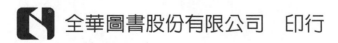 全華圖書股份有限公司　印行

前言

　　嵌入式軟體於產品內部之結構與產品研發環境或製程等方面所佔之比重與日俱增。其中尤以開發案之急增、開發期之縮短及產品品質之提升等，對嵌入式軟體而言更是一大考驗。因此技術革新與人才培育便成為缺一不可之要件。然而，目前嵌入式軟體工程師卻面臨素質不足之窘境。

　　有鑑於此，筆者推出本書作為 2003 年 11 月出版之「嵌入式系統研發必備之 EMBEDDED 軟體技術」一書之進階教材，期冀為培育嵌入式軟體工程師盡一份心力。本書內容雖涵括嵌入式系統之基礎及應用等整體架構知識，但較適用於具備一定 C 語言程度者。

　　綜合以上所述，嵌入式軟體之重要地位可整理如下:

1)　實現硬體難以達成之功能。
2)　減少產品零件數目，達到提升產品性能、省電及降低成本等目的。

　　為達成以上目標、加強產品競爭力，產品之「製造」重點在於持續研發新一代嵌入式軟體。某些產品所應用之嵌入式軟體甚至已高達千萬行。嵌入式軟體之開發數目雖不斷增加，但開發時程卻有縮短傾向。而這兩種背道而馳之目標不僅影響且確實降低嵌入式軟體之品質，以致於原本作為確保競爭力之嵌入式軟體卻導致產品品質低下，繼而引發其他問題。在思索如何解決此類問題時，應先理解業界一般以為嵌入式軟體之開發品質維繫於人才之優劣。而就編寫軟體而言，早於 1940 年代便有 Gödel 與 Turing 等學者提出 Algorithm 演算法之基礎理論，證明軟體在理論上無法依人類之要求自動形成。但軟體終究出自人手，因此無論如何精進軟體之開發技術或改善開發環境等，最後仍將無濟於事。嵌入式軟體亦面臨同樣問題，因此培育嵌入式軟體工程師便成為必備課題。

　　然而，上述課題卻因相關課程或教材等教育資源之不足迄今尚未能解決。有志於此之工程師唯有掌握嵌入式軟體之整體結構、了解硬體與嵌入式軟體之關係、學習即時(Real Time)處理技術並具備嵌入式軟體技術之常識等，方可充分理

解嵌入式軟體並落實產品功能。舉例而言，可撰寫電腦用之 C 語言者並不代表具有嵌入式系統 C 語言之能力。如微處理器之架構、記憶體空間、輸出入介面及交叉開發環境等相關技術知識與使用技巧等均極爲重要，缺一不可。本書除簡單介紹嵌入式軟體之基礎外，並就即時程式設計(Real Time Programming)、核心軟體(Kernel)、裝置驅動程式(Device Driver)、中介軟體(Middleware)及應用程式(Application)等各種軟體之特色及設計技術逐一說明，同時解說如何確保軟體品質。

　　本書之發行需感謝日本系統機構(System House)協會旗下之會員企業及獨立行政法人情報處理推廣機構之情報處理技術員考試中心、SESSAME(Society of Embedded Software Skill Acquisition for Managers and Engineers)與 TOPPERS (Toyohashi Open Platform for Embedded Real-time System)等 NPO 法人團體之鼎力協助，筆者謹此聊表謝意。本書若有助於日本國內嵌入式軟體技術員之培育，則爲本委員會同仁之幸。

社團法人日本系統機構協會

嵌入式技術員培育委員會

譯者序

　　現今 IT 技術發展迅速舉凡家電產品到通訊設備，為人類生活帶來許多空前的改變。

　　很難想像過去像電鍋等家電製品上還特別標明『電腦控制』的時代，現在電腦控制的產品已經是理所當然。我們生活周遭使用的家電產品，以及行動電話、數位相機等電子設備內建的電腦控制功能幾乎都運用到嵌入式系統。如果少了嵌入式系統那麼這些現代科技的產物也只不過是個箱子，根本發揮不了作用。

　　嵌入式系統的工作就是為了開發製作出應用在各種產品所使用特定功能的電腦系統，也因此嵌入式系統成為各產業必備的技術。本書是作為從事嵌入式系統軟體開發的技術人員的參考書，內容涵蓋各個層面，從嵌入式軟體的基礎到應用，有系統的深入分析嵌入式軟體的整體結構。基本上建議最好先具備 C 語言程式的概念較能加深對嵌入式軟體的認識。

　　這次很榮幸有此機會承接本書的翻譯工作，並於其間學習與成長。在此感謝全華圖書的全力協助。惟在翻譯表現上錯誤在所難免，尚祈碩學先進不吝指正，是所至盼。

譯者簡介

吳承芬，1970 年生。東吳大學日文畢，日本愛知教育大學教育學碩士。筆譯經驗豐富，譯有「知識管理的基礎與實例」。亦曾擔任日製節目聽譯員，現旅居日本。

洪碧英，大阪產業大學工學部電氣電子工學科畢，現居日本。

編輯部序

　　「系統編輯」是我們的編輯方針，我們所提供給您的，絕不只是一本書，而是關於這門學問的所有知識，它們由淺入深，循序漸進。

　　嵌入式系統的工作就是為了開發製作出應用在各種產品所使用特定功能的電腦系統。我們生活周遭使用的家電產品，以及行動電話、數位相機等電子設備內建的電腦控制功能都有運用到嵌入式系統。嵌入式軟體之功能有：(1)實現硬體難以達成之功能；(2)減少產品零件數目，達到提升產品性能、省電及降低成本等目的。也因此嵌入式系統成為各產業必備的技術。

　　本書除簡單介紹嵌入式軟體之基礎外，並就即時程式設計(Real Time Programming)、核心軟體(Kernel)、裝置驅動程式(Device Driver)、中介軟體(Middleware)及應用程式(Application)等各種軟體之特色及設計技術逐一說明，同時解說如何確保軟體品質。本書涵蓋了嵌入式系統的基礎及應用等整體知識架構，如讀者具備有一定的 C 語言程度，閱讀本書將會更加得心應手。

　　同時，為了使您能有系統且循序漸進研習相關方面的叢書，我們以流程圖方式，列出各有關圖書的閱讀順序，以減少您研習此門學問的摸索時間，並能對這門學問有完整的知識。若您在這方面有任何問題，歡迎來函連繫，我們將竭誠為您服務。

相關叢書介紹

書號：05567027
書名：FPGA/CPLD 數位電路設計入門
　　　與實務應用－使用 Quartus II
　　　(附系統.範例光碟片)(修訂二版)
編著：莊慧仁
16K/392 頁/400 元

書號：05727037
書名：系統晶片設計－使用 quartus II
　　　(附系統範例光碟)(修訂三版)
編著：廖裕評.陸瑞強
16K/768 頁/800 元

書號：05951007
書名：FPGA 數位 IC 電路設計應用及
　　　實驗(VHDL,QUARTUS II)
　　　(附系統範例 DVD 光碟片)
編著：林容益
16K/480 頁/450 元

書號：05952007
書名：FPGA 數位 IC 及 MCU/SOPC 設計應
　　　用及實驗(VHDL, QUARTUS II ,NI-
　　　OS II)-進階(附系統範例 DVD 光碟)
編著：林容益
16K/656 頁/650 元

書號：05833
書名：ARM 嵌入式系統開發與應用
編譯：鄭慕德
16K/480 頁/550 元

書號：05801007
書名：以 NIOS 為基礎的 SOPC 設計
　　　與實作(附系統光碟片)
編著：李宜達
20K/456 頁/480 元

書號：05714017
書名：Embedded Linux 在 ARM9
　　　S3C2410(PreSOCes)
　　　上實作(附範例光碟片)
　　　(修訂版)
編著：新華電腦股份有限公司
16K/352 頁/400 元

◎上列書價若有變動，請以
　最新定價為準。

流程圖

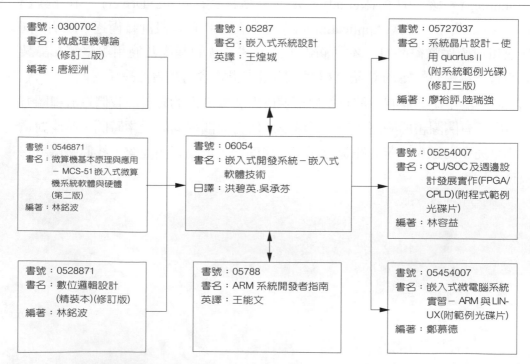

目 錄

第 6 章 使用於嵌入式系統的中介軟體 6-1

第1章

嵌入式軟體之特色

　　本章節中所簡介之技術內容將詳述於其他各文中。本章節之目的在於說明後面章節之概要、意義或背景等。事實上，包含嵌入式軟體在內所有以技術為主之軟體均有其必然背景，其中尤以軟體技術深受使用環境影響堪稱最大特色。

　　本章節首先說明嵌入式軟體多樣化之背景，其次說明嵌入式軟體之最大特色----即時性與實施概要。同時介紹硬體之品質水準、嵌入式軟體品質之維護、提高品質之有效措施及嵌入式軟體獨特之開發工具等。最後，從三種不同觀點介紹嵌入式軟體之層級模型。

1.1　何謂嵌入式軟體
本節解說嵌入式軟體的意義，其多樣性之演變歷程及嵌入式軟體開發工程師或使用者之屬性等基本知識，此外並介紹嵌入型機器模組開發廠商及軟硬體之開發步驟等概要。

1.2　嵌入式軟體之技術特色與即時性
本節解說 ROM 化軟體之概要、省電對策與即時性等嵌入式軟體開發工程師之必備知識。其中並針對即時性說明其意義、處理結構與即時作業系統作業系統之概要等。

1.3　嵌入式軟體之品質保證
本節介紹提升技術員之技術與開發工具之工業化對品質保證之重要，同時解說嵌入式特有程式開發工具之概要。

1.4　嵌入式軟體之層級模型
本節說明嵌入式軟體之層級模型，以利讀者了解此類軟體之全貌。

1.1 何謂嵌入式軟體

　　以下先簡介嵌入式軟體之背景及相關知識，說明嵌入式軟體為何？需要對象？如何開發等概要。

1.1.1 內建嵌入式軟體之電腦系統

　　上至人造衛星、飛機、偵測機等大型機器，下至汽車導航系統、行動電話、數位相機、音響等消費性機器均放置各種裝置，而實現這些裝置功能之電腦系統即稱為嵌入式系統(Embedded System)。本書將上述內建嵌入式系統之裝置稱為嵌入型機器。由圖 1.1.1 所示可知嵌入式系統與電腦系統同樣由軟硬體所構成。凡內建嵌入式系統以控制硬體，實現嵌入型機器各種功能之程式均稱為嵌入式軟體(Embedded Software)。

　　嵌入式系統如圖 1.1.2 所示，與個人電腦(PC)等(下稱泛用型機器)機器同樣利用匯流排連接 MPU(Micro Processing Unit)、記憶體與輸出入裝置。

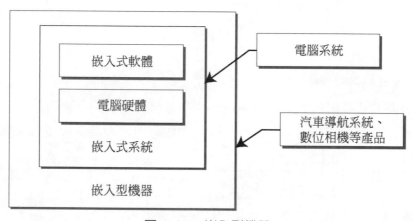

圖 1.1.1　嵌入型機器

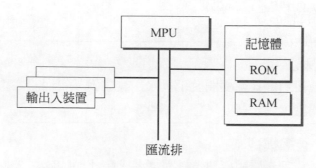

圖 1.1.2　嵌入式系統硬體之基本結構

但其差異點如以下特色所述。MPU 除採用複雜指令集之 CISC 外，亦有精簡指令集之 RISC，以省電等為設計重點之產品較適合 RISC 之硬體特性。記憶體方面則使用記憶體常駐且大容量之 ROM。

某些嵌入式系統省略裝設硬碟機等外部記憶裝置，但大多數系統均搭載可讀取外部類比資訊之感應器(Sensor)或可指揮外部動作之致動器(Actuator)。感應器與致動器係利用 A/D(Analog to Digital)或 D/A(Digital to Analog)變換器與電腦連接。再者，通訊機器、網路連接器或特殊用途之裝置亦被大量採用。

當然其中不乏採用低容量 ROM 並搭配外部記憶裝置或省略感應器、致動器等之系統，但大多數嵌入式系統均具備上述特色。嵌入式軟體可因應各種硬體平台，因此其特色有異於泛用型機器。

1.1.2　嵌入式系統之多樣性

嵌入式機器種類繁多，從遙控器、洗衣機、電鍋等家庭用品至通訊機器、汽車、機器人與行星探測器等均可見其蹤影，其用途各自不同，而目前大多數工業用品也已進入搭載電腦系統之時代。此一現象無疑是嵌入式技術對於無所不在電腦運算(Ubiquitous Computing, Ubiquitous 為拉丁字源之英語，無所不在之意。)一詞之展現，即便使用者未曾意識到電腦之存在，但該技術已建造一個可隨時隨地發揮電腦功能之環境。

因應嵌入式機器之多樣化，各個嵌入式系統便存在對不同功能之要求。有些機器之操作需連接 100V 之家用電源；有些機器則靠電池驅動。有些機器體積龐大，人力無法搬運；有些則須裝入口袋隨身攜帶。有些機器須配合亮度旋轉光圈馬達；有些機器則連接網路利用瀏覽器操作。此外，有些機器需要利用方向盤改變車輪方向，或控制機翼之傾斜等。

這些規格要求均有賴於嵌入式系統。但亦有靠硬體解決之場合，如電源之供給方法或其大小與特殊輸出入裝置之連接等。另有些狀況是軟硬體均可符合設計規格，但卻受限於成本等非技術之考量，或者利用軟體克服硬體老化也是一種選擇。

如上所述，嵌入式系統本質背景之特色在於利用軟硬體之搭配，實現各種不同規格之要求。

第1章　第2章　第3章　第4章　第5章　第6章　第7章　第8章　附　錄　章末習題解答

1.1.3 嵌入式系統技術之利用者

以下試用另一個角度說明嵌入式系統或嵌入式軟體技術中利益相關者(Stakeholder)之關係。想必從前面嵌入式系統特色之介紹，讀者已大致了解嵌入式系統之主要利用者如圖 1.1.3 所示，有組件製造商、半導體製造商、軟體工具廠商等，此 3 者各依所需發揮嵌入式系統與軟體技術。消費者僅使用組件製造商所供給之產品，因此不隸屬嵌入式技術範疇。

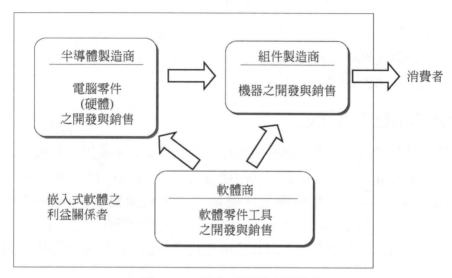

圖 1.1.3　嵌入式軟體之利用者

1)　組件製造商

開發或製造嵌入式機器之廠商通稱為組件製造商。代表性組件製造商有家電、汽車、話機、光學機器與精密機器等日本知名廠商。當然其中不乏針對利基市場(Niche Market)之組件製造商，但對市場影響較大之民生用品仍由知名廠牌獨占。

如圖所示，組件製造商由半導體製造商取得嵌入式系統之電腦零件，由軟體商處取得作業系統等軟體零件後，建構嵌入式系統之平台。其後在此平台上放置自己研發之應用軟體，並將該系統嵌入機器後成為商品對外銷售。

有時組件製造商亦會從硬體零件商或模組製造商調度零件或模組。對於搭載嵌入式系統之硬體零件或模組，本文將之歸類為組件製造商。

為了在嵌入式機器市場中占得一席之地，組件製造商需研發具備獨特功能或性能之應用軟體。因此，應用軟體便成為組件製造商發揮其專業知識，研發獨特技術之基本條件。

2)　半導體製造商

MPU、記憶體、輸出入裝置等生產半導體元件(電腦零件)之廠商通稱為半導體製造商，半導體製造商將電腦零件銷售給組件製造商，半導體製造商如同組件製造商一般大都由各國知名廠商所獨占。以往製造商均以各自研發、生產並銷售自有 MPU 為主。但如圖 1.1.4 所示，近年來半導體製造商已傾向購買其他 MPU 開發商之電路圖等 IP(Intellectual Property，智慧財產)加上自己之特有功能後，製造成 MPU 並銷售之。

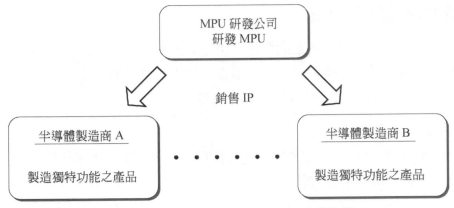

圖 1.1.4　IP(Intellectual Property)之銷售圖

MPU 開發商所研發之 MPU IP 中，如 ARM(英國)與 MIPS(美國)等均是代表性產品。這些 IP 經由日本國內及海外半導體製造商生產後上市銷售。如此一來不論是 A 半導體製造商或 B 半導體製造商之產品，組件製造商均可使用與先前規格與指令集相同之 MPU。

另一方面，半導體製造商也開發、製造並銷售自有品牌之 MPU。以往半導體製造商僅販賣自家之 MPU，而此銷售模式須有編譯器(Complier)、作業系統、開發工具等軟體支援該 MPU。因此，除硬體設備外，半導體製造商尚須準備各種嵌入式軟體。

但自從專職開發 MPU 之業者登場後，半導體製造商只需利用其 IP 便可輕易套用 MPU 開發商或獨立廠商(Individual Vendor)所提供之軟體。

3)　軟體零件與開發工具商

電腦之驅動需要可精確導引硬體能力之程式或編譯器等開發工具，除半導體製造商或 MPU 開發商外，另有一類廠商提供獨自之軟體零件或開發工具，此類廠商一般稱為軟體零件商、開發工具商或獨立廠商(Individual Vendor)。

一般而言，軟體可大致分為作業系統與應用軟體兩種。除功能極為單純之規格外，

如以下 1.4 節所述，嵌入式軟體亦可分為作業系統與應用軟體兩種。此外，如組件製造商部分中之說明，應用軟體中建置了組件製造商之專業技術。因此，除瀏覽器等極其普通之功能外，應用軟體鮮少以套裝模式銷售。市面上流通之嵌入式套裝軟體僅有嵌入式作業系統與中介軟體等軟體平台產品。

開發工具有 ICE 等嵌入式軟體除錯工具、性能分析工具及設計工具等各式軟硬體產品，部分也持續採用自動產生程式碼之編輯工具。

1.1.4 硬體之選用與開發

組件製造商對於嵌入式系統之開發係從決定軟硬體主要角色之分配開始，其後進行硬體之選用，選擇滿足系統需求之硬體零件。除大型之特殊專案外，一般習慣從既有之 MPU、記憶體與輸出入裝置等找出合適之零件。

1) MPU 之選用

選擇硬體零件時，MPU 之規格對其他零件具有決定性影響力。決定 MPU 後才能選用其他硬體零件、可利用之軟體、開發工具框架等。就 MPU 本身而言，其選擇標準雖來自消耗電力、演算速度與耐久性等性能，但同時亦訂定嵌入式系統等軟體之開發架構。再者，開發架構訂定後便可決定利用何種資源，連帶決定系統之最終性能。

舉例而言，當選擇某種具特殊功能之 MPU 時，便需考慮相對的可能欠缺可匹配之開發工具。因此，MPU 之選用除考量硬體之本體性能外，另需檢討以下事項：①程式開發使用何種程式語言？②除錯工具是否支援 ICE 或 JTAG？③應用軟體開發平台使用何種即時作業系統？④中介軟體或元件驅動程式等是否充足？⑤開發環境或實際運用之軟體等其他事項是否完備？

除檢討上述技術事項外，諸如開發經驗、實際銷售業績或成本因素等都具有一定影響力。

2) 記憶體或輸出入之設計

決定 MPU 規格後，便可接著決定記憶體容量與種類，同時選用輸出入裝置，有時視情況所需得開發特殊裝置。

選用記憶體時，須先適當分配 ROM 與 RAM 之容量以滿足功能需求。再者，ROM 分為 Mask ROM、EPROM 與 EEPROM 等種類，RAM 則有 DRAM、SRAM 等。此外，ROM 中有一款 Flash ROM 可執行重寫命令。當決定記憶體之種類與容量時，需先初估軟體之必要容量及使用方法等。近年來嵌入式系統則大多選用 Flash ROM，搭配大容量 DRAM 及少量 SRAM。

如圖 1.1.5 所示，決定所使用之零件後便著手設計電腦硬體系統---基板(Board)以內建這些零件。

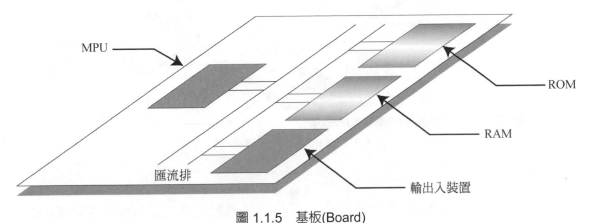

MPU

ROM

RAM

匯流排

輸出入裝置

圖 1.1.5 基板(Board)

因為嵌入式機器最後將放置於基板上，因此考量機器可容許之空間，設計該機器之形狀與尺寸。一般而言，製作時先不考慮形狀或尺寸，而以麵包板(bread board)直接測試功能，解決硬體問題後再設計生產用基板。開發嵌入式軟體時大多利用麵包板。

3) MPU

如圖 1.1.6 所示，半導體製造商推出一款極其簡單之電腦基礎零件，將 MPU、定量 ROM/RAM 與計時器等必備元件組裝在一塊晶片上，稱為 MCU(Micro Controller Unit)。

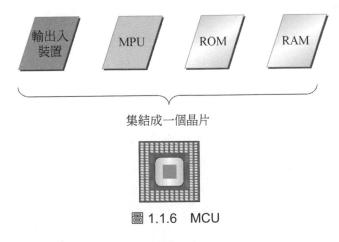

輸出入裝置　MPU　ROM　RAM

集結成一個晶片

圖 1.1.6 MCU

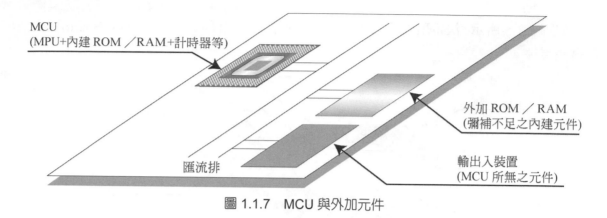

MCU
(MPU+內建 ROM ／RAM+計時器等)

外加 ROM ／ RAM
(彌補不足之內建元件)

匯流排

輸出入裝置
(MCU 所無之元件)

圖 1.1.7　MCU 與外加元件

4)　評估板

相對於 MCU 作爲嵌入式系統可選用之成品，半導體製造商或協力廠商亦開發並銷售一款基板成品提供業者設計系統時評估零件性能之用。一般將此基板稱爲評估板(Evaluation Board)。除 MPU 性能外，此基板可評估軟體之驅動性能並直接修改。

MPU 以大量生產並盡可能減少元件以降低組裝時之浪費，反之，評估板之設計則盡可能組裝各種元件以擴大評估範圍。此外，評估板之架構方便測試者輕易增設其他元件。

1.1.5　軟體之選用與開發

軟體平台所用之零件與應用軟體之開發工具係於硬體決定後或與硬體同時選用。

1)　軟體零件之選用

平台所使用之嵌入式作業系統一般習慣使用市售套裝軟體，偶而也有自行開發或利用公開作業系統者。此外，當系統功能較爲簡便時，亦有省略作業系統者。一般而言，業者選用市售之嵌入式作業系統後，將做部份轉寫以配合自備之硬體。使用特殊輸出入裝置者，有時需另外搭配相容之驅動程式。

如網路協定(TCP/IP)、檔案系統與 GUI 等作爲泛用型機器定則作業系統部分功能之軟體多以中介軟體之型態銷售。但選用此類軟體時，使用者有時需另購其他必要套裝軟體，自行整合軟體平台。

2)　開發工具之選用

除選用合適之軟體零件外，尚須決定編譯器(Compiler)、除錯工具與 ICE 等應用軟體。事先規劃應用軟體之開發環境或開發流程有利於開發工具之選用。

3) 嵌入式軟體之開發

如上所述，備齊各個必需品後便可開始建構應用軟體之基礎平台，同時使用已選用之開發工具，著手設計並開發應用軟體。

應用軟體之開發型態視其規模及技術人員之參與人數而不同。如利用硬體設備之實際驅動開發軟體程式，或利用 PC 等設備準備模擬用存根程序(Stub)，直接於電腦上開發平台所需之 API 或介面等。

1.2　嵌入式軟體之技術特色與即時性

以下簡單說明嵌入式軟體之常駐記憶體、省電對策與即時性等特色，相關應用技術內容除詳述於後面章節外，並簡介即時作業系統如何控制應用軟體之執行及賦予系統即時功能等。

1.2.1　常駐記憶體

凡可記憶與記憶體同類型之二進位資料，如硬碟、CD 磁碟機或軟式磁碟機等，作為擴充媒體之記憶體均稱為輔助記憶裝置或外部記憶裝置，以下介紹則以外部記憶裝置稱之。嵌入式系統中雖不乏內建與泛用型機器相同之外部記憶裝置或記憶卡，但一般而言以未搭載外部記憶裝置者居多。

如圖 1.2.1 所示，泛用型機器將執行命令與資料之程式儲存在外部記憶體中，使得 MPU 解讀並執行之命令或所處理之資料等內容都將高於記憶體容量，因此當啟動程式時，電腦系統便將外部記憶裝置之內容讀取至記憶體中。

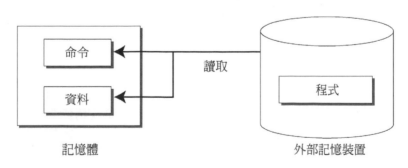

圖 1.2.1　外部記憶裝置上之程式

未搭載外部記憶裝置之嵌入式系統大多須先將程式儲存於記憶體中。其中，關機後仍可記憶資料者稱為 ROM(Read Only Memory)。ROM 之特性如其名般，屬於一種無

第 1 章　第 2 章　第 3 章　第 4 章　第 5 章　第 6 章　第 7 章　第 8 章　附　錄　章末習題解答

法覆寫之記憶體。反之，可讀寫資料，但關機後資料便消失之記憶體則稱為 RAM(Random Access Memory)。記憶體中鮮少具備讀寫功能且關機後資料仍可儲存之記憶體。如圖 1.2.2 所示，嵌入式軟體儲存於 ROM 中，需要時才將資料傳輸至 RAM 上執行。

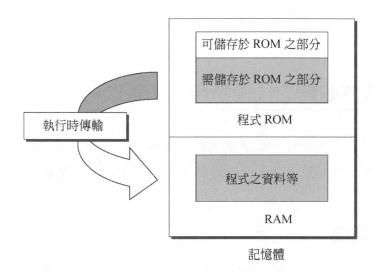

圖 1.2.2　ROM 上之嵌入程式

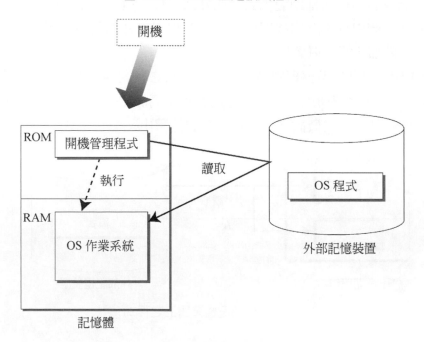

圖 1.2.3　泛用型機器之開機管理程式

當開機時，即使泛用型機器也須將一些程式儲存在記憶體否則無法啟動。泛用型機器將 BIOS(Basic Input Output System)程式常駐於 ROM 中。BIOS 中之開機管理程式(Boot Loader)開機後便會自動執行，如圖 1.2.3 所示，開機管理程式係讀取外部記憶裝置內所儲存之作業系統後進行執行動作。就此功能而言，BIOS 可視為泛用型機器之嵌入式軟體。

1.2.2　省電對策

大部分嵌入型機器不連接 AC 電源或用於無電源之環境，即便使用電源亦以電池或乾電池居多，使用此類電源時應盡量降低電力之消耗。

當機器連接電腦並啟動時，電力便處於消耗狀態。因此，不使用之機器應隨時關掉電源以節省電力，如不同之輸出入裝置具備電源 ON/OFF 功能、抑制 MPU 電力消耗之功能或記憶體電源 OFF 功能等。

但不論何種機器，當關閉電源再度啟動時都將產生重大影響。例如，當記憶體關機時將使 DRAM 上之資料消失，因此設計時需考慮再啟動時之對策。

1.2.3　即時性

所謂即時性(Real Time)係指回應系統指令之即時性能，凡可即時回應系統之指令者稱為即時系統(Real Time System)。如圖 1.2.4 所示，即時系統須於限制時間內回應指令，若無法於限制時間內回應指令便失去即時處理之價值，而即時處理功能對大部分嵌入型機器而言堪稱必備要求。

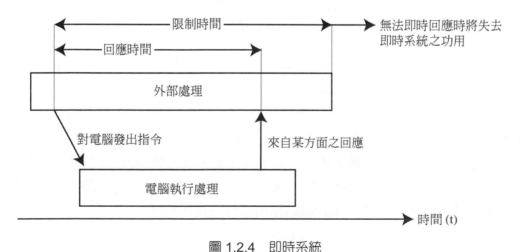

圖 1.2.4　即時系統

　　例如銀行之 ATM 設備或火車、飛機之訂位系統等具即時系統架構之設計，當處理時間超過 10 分鐘以上時，相信再有耐性之客戶也想放棄吧。另外，當排隊人數太多也將失去該系統之利用價值。試想若處理時間延遲一分鐘時情況將會如何？只要受理櫃檯處理速度越快利用者相對越多。若即時系統可於 10 秒內回應處理指令，想必可吸引更多利用者，類似回應時間之限制較和緩者稱為軟性即時系統。

　　而飛機或人造衛星所使用控制裝置具備何種即時性需求呢？諸如此類控制機器間之通訊或嵌入型控制機器若無法於數十秒內回應，則發出指令之系統便可能因此判斷對方機器異常。此類機器對於回應時間之限制大多較為嚴苛，類此限制時間嚴謹之即時系統稱為硬性即時系統。

　　即時處理之指令源可追溯至輸出入裝置，而指令之接收可能來自鍵盤輸入、通訊裝置之資料傳輸或時間設定等，但不論其來源為何，唯一之共通點為均由輸出入裝置發出指令。

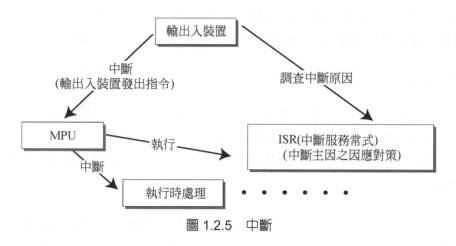

圖 1.2.5　中斷

　　電腦系統中便具備可即時受理上述輸出入裝置指令之結構，此結構稱為中斷(Interrupt)。如圖 1.2.5 所示，當收到輸出入裝置之指令時，電腦立刻通知 MPU 此中斷要求，MPU 根據指令停止當時所進行之動作並立即回應新指令。回應中斷指令所啟動之處理動作稱為中斷服務常式或 ISR(Interrupt Service Routine)。

　　如上所述，系統所發出之指令係經由輸出入裝置、插入與 MPU 等傳達中斷服務常式。截至此步驟為止，不論泛用型機器或嵌入式軟體兩者結構相同。即便泛用型機器之作業系統，其輸出入控制功能(IO 系統)亦由即時系統所組成。

1.2.4　即時處理之結構

當對系統所發出之指令爲單一時，處理方法一致。如圖 1.2.6 所示，不論該指令是否具即時性，處理方式均不變。而爲確保系統之即時性能，當無法於限制時間內回應指令時，唯有改善處理方法縮短處理時間，如提高 MPU 之速度或減輕處理內容等才可能解決。

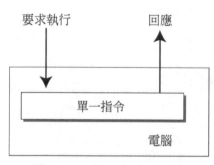

圖 1.2.6　單一指令之系統

因此可以得知，基本上沒有任何方法可確保系統於限制時間內回應指令，連即時作業系統亦同。所謂即時作業系統僅提供被要求之系統可在限制時間內盡量善用所擁有之電腦資源回應指令而已。但當同時出現幾個指令時，則需具備一個可提昇電腦之整體能力，發揮即時性之結構。如圖 1.2.7 所示，姑且不論處理內容爲何，茲列舉 A 與 B 處理作爲說明。

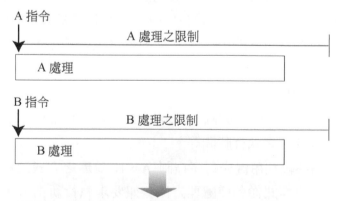

不論是 A 處理中收到 B 指令或 B 處理中收到 A 指令
均可於 A、B 雙方之限制時間內回應。

圖 1.2.7　即時系統之課題

讀者可將 A 想像爲遊戲功能，B 爲電話應答中之呼叫功能，或將 A 視爲機器人手

臂之處理，B 為腳部之處理。

對即時作業系統而言，其課題在於當 A 接受某指令啓動處理動作但又發生 B 指令時，系統如何因應才能確保 A、B 雙方不超過限制時間。

為解決此問題，即時系統作業採用優先順序(Priority)作為因應。如圖 1.2.8 所示，系統判斷 A 與 B 之限制時間設定處理之優先順序。

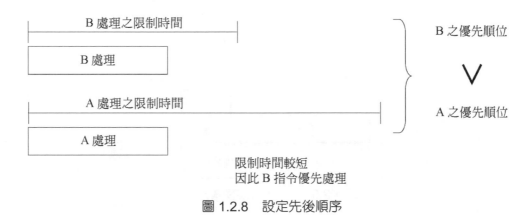

圖 1.2.8　設定先後順序

如圖內之說明，B 之限制時間越短，其優先順位越高，優先順序亦可視為處理之緩急，因此，亦可稱之為緊急程度。優先順序或許可反應為 1 或 256 等數值，但卻非絕對值，因此所呈現者莫非各處理間緊急程度之對比。

如圖 1.2.9 所示，即時作業系統控制 A、B 處理之排班程式(Scheduler)。①處理 A 指令時收到 B 指令，該指令通知 MPU 中斷處理動作。② MPU 停止 A 指令之處理，執行 ISR(插入(中斷)服務常式)作為因應。③ ISR 插入新指令並要求排班程式執行 B 指令。④排班程式比較 B 之新指令與處理中之 A 指令兩者之先後順序。⑤系統停止優先順位較低之 A 指令，優先執行 B 指令。⑥ B 處理回應系統，完成處理後向排班程式回報。⑦未完成之指令只剩 A，因此重新執行。

最後，A 與 B 處理之回應時間如圖 1.2.10 所示。由圖可輕易得知 A 之處理時限需含本身之回應時間與 B 處理之執行時間等。

以上有關即時作業系統利用優先順序控制 A、B 處理之方式同樣適用於兩個以上指令之場合。此時，排班程式從各種處理方法，如要求執行新指令，或停止舊指令等中選擇並執行第一優先之指令。

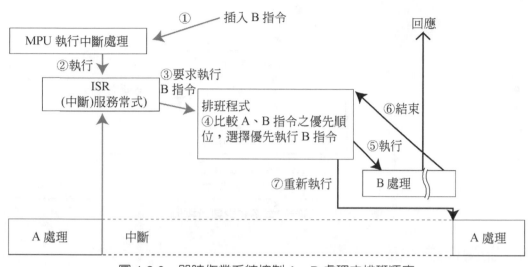

圖 1.2.9　即時作業系統控制 A、B 處理之排班順序

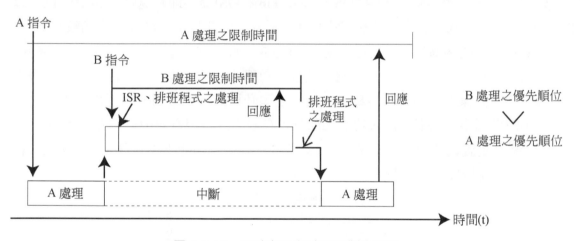

圖 1.2.10　即時處理與時間限制之關係

　　因此，指令便如圖 1.2.11 所示之先後順序執行。此時，優先順位較低之指令其執行時間若不充足，在確保其他優先指令執行後仍有足夠時間處理的話，則無法在限制時間內完成指令。

　　對於指令之執行而言，並非所有指令均將即時性列為必備條件，若能降低此類執行之優先順位，便可利用 MPU 控制即時性之處理。

　　即時作業系統中將本文所說明之執行單位稱為任務(Task)，即時作業系統給予任務優先順位，並依此控制系統執行任務。

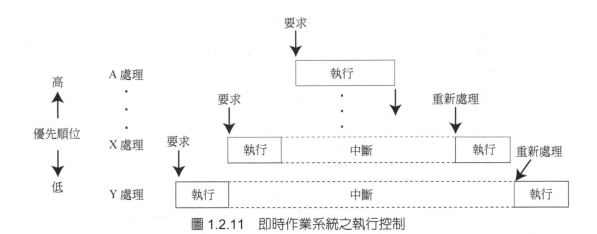

圖 1.2.11　即時作業系統之執行控制

1.2.5　即時作業系統

　　如前所述，即時作業系統**(RTOS、Real Time OS)**提供即時處理之結構，以下以 RTOS 稱之。嵌入式軟體大都具備即時處理之需求，因此利用 RTOS 之比例較高。

　　RTOS 之功能架構如圖 1.2.12 所示。核心軟體負責控制程式之執行，建構即時處理之框架，提供作業系統之核心功能。裝置驅動程式之應用軟體解決硬體輸出入操作之繁複動作，除某些特例外，各輸出入裝置之驅動程式各不相同。而泛用型機器之作業系統中隱藏檔案等硬體輸出入功能之部分，在嵌入式系統方面則以中介軟體替代。

　　RTOS 可定義為依照任務優先順位，以執行程式控制功能為主之作業系統，以下就 RTOS 之各功能概要做一說明。

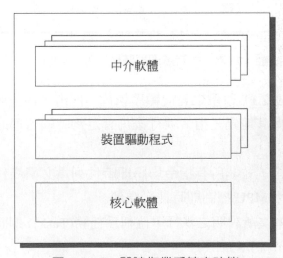

圖 1.2.12　即時作業系統之功能

1) 核心軟體

　　實現 RTOS 核心功能之模組稱為核心軟體(Kernel)，核心軟體之功能如圖 1.2.13 所示。依照優先順位執行任務之功能模組稱為任務排班程式(Task Scheduler)，而為了執行此功能，核心軟體另外提供中斷服務功能，利用開始或結束 ISR(又稱中斷服務常式)之處理，或利用介面要求排班程式執行任務等。

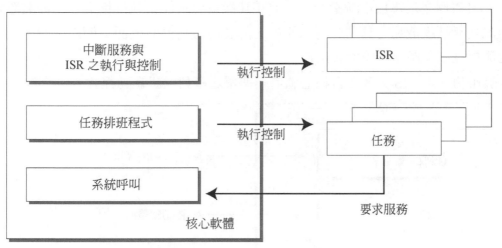

圖 1.2.13　核心軟體之功能

　　再者，核心軟體亦有自行中斷執行中之任務或停止執行其他任務之功能，此功能稱為系統呼叫功能。如圖 1.2.14 所示，A 任務傳呼系統呼叫，以中斷或重新執行其他 B 任務。

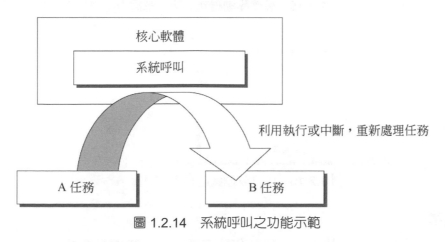

圖 1.2.14　系統呼叫之功能示範

2) 裝置驅動程式

　　裝置驅動程式之建構係以核心軟體為前提。裝置驅動程式之應用軟體並未直接連接硬體，而是以輸出入方式提供功能。裝置驅動程式之功能結構如圖 1.2.15 所示。裝置驅動程式執行應用程式介面(API、Application Program Interface)之部分可接收應用軟體之處理要求，同時回報裝置驅動程式之處理結果。ISR(中斷服務常式)如前所述，將電腦所下之處理要求視為中斷指令，其真正功能為要求任務執行指令。但於裝置驅動程式中此功能轉換成另一種型態提供服務，詳細內容請參閱後面章節之說明。裝置控制功能係指控制硬體執行輸出入動作。

　　一般市售之 RTOS 大多僅含核心軟體與簡單之串列通訊驅動程式。

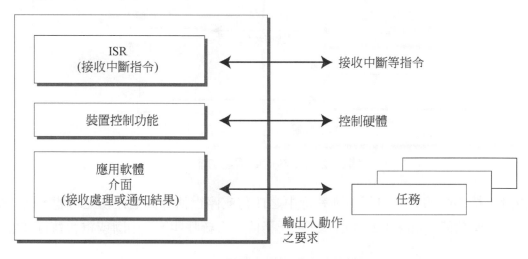

圖 1.2.15　裝置驅動程式之功能結構

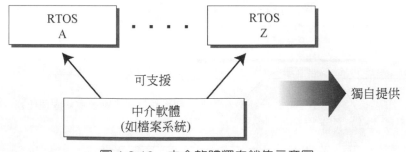

圖 1.2.16　中介軟體獨自銷售示意圖

3) 中介軟體

　　泛用型機器之作業系統其主要功能，如檔案系統、通訊與網路功能、GUI 功能等不同於 RTOS 係另外提供，類似此功能通稱為中介軟體。中介軟體大多自作業系統中

抽離，以避免如泛用型機器般受限於特定作業系統。因此，如圖 1.2.16 所示，中介軟體之適用範圍較廣，可因應無作業系統之條件、泛用型作業系統之條件或 RTOS 作業系統之條件等。

但中介軟體購入後卻很少能立即使用，有時也可能發生中介軟體使用之硬體結構或 RTOS 環境無法與開發系統相容之狀況，此時則須將購入之中介軟體移植(Porting)至開發環境中。

1.3　嵌入式軟體之品質保證

嵌入式軟體若與嵌入式機器整合，便需符合嵌入式機器所要求之工業品質。不論嵌入式機器電腦系統以外之品質或嵌入式系統之硬體品質如何優良，只要嵌入式軟體之品質不佳便影響該機器之品質。因此，嵌入式軟體亦嘗試建構品質測試框架，以保證產品具備工業品質。

隨著嵌入式機器之類比控制日漸數位化，嵌入式軟體之活用領域亦蓬勃躍進。而醫療與運輸機器等與生命相關之領域也隨之大量採用嵌入式軟體，此領域只需一絲一毫之程式錯誤便會直接影響生命安危。

以下就嵌入式軟體之品質改善與嵌入式軟體特有之開發工具或環境等概要做一說明。

1.3.1　提升技術與改善開發流程以確保品質

隨著嵌入式機器之功能需求升高，嵌入式軟體之規模亦相對越大。以往由幾位資深工程師撰寫嵌入式軟體之型態，至今已出現每月數百名工程師規模之開發案，及需要數百萬行程式之嵌入式機器。如此大型軟體開發案往往難以確保程式品質。而此點可視為泛用型機器大型應用軟體之開發危機(Software Crisis)。

雖然這已不是什麼新聞，但想必讀者都聽過衛星偵測機因為公尺與碼之單位設定錯誤，使得偵測機飛過宇宙另一邊。此外，平均速度與實際速度之誤用造成偵測機之損壞亦是眾所周知。而近來則有攜帶型機器因軟體失誤而發生重新撥號問題，並造成社會話題。

數位化資訊使得利用硬體實現之機器功能趨向軟體化，因此，機器之開發與維護變得極為容易且簡便，但同時仍需注意程式容易出錯。

為迴避上述危機並提升產品品質，可利用圖 1.3.1 所示之兩種方法作為解決對策。

其一為提升工程師之技術以開發嵌入式軟體，如制定工程師技能標準、開辦工程師考試、工程師研修與出版相關書籍等。

另一為改善開發流程以確保嵌入式軟體之品質，如制定 ISO9001 或 CMMI 標準流程與認證、改善流程活動及開發測試方法等。目前，嵌入式軟體開發流程之改善活動方興未艾。

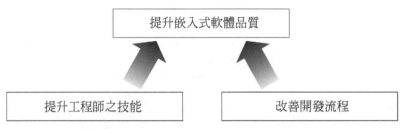

圖 1.3.1　提升品質之兩大支柱

此點雖為嵌入式軟體之特有課題，但此作法亦有助於提升泛用型機器軟體之開發技術與開發流程，大部分嵌入式軟體之開發組織均致力於活用這些支援。

1.3.2　嵌入式軟體之特有開發環境

不論開發何種軟體，不論如何改善開發流程，任何程式之撰寫均需開發工具。嵌入式軟體與泛用型機器軟體開發時之最大差異點在於嵌入式軟體必須採用交叉方法編寫程式。如圖 1.3.2 所示，所謂交叉開發係指利用電腦等泛用型機器之系統(主系統，Host System)開發其他電腦(標的系統，Target System)所驅動之程式。

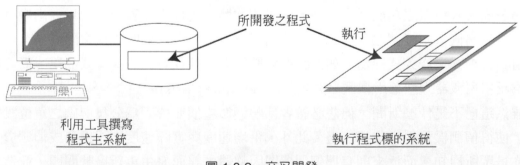

圖 1.3.2　交叉開發

主系統係利用軟體之結構管理工具、原始程式編輯器、編譯器等工具開發程式，但此編譯器所產生之程式則經由標的系統之 MPU 下指令解譯。

為測試並確認程式之狀況，一般將主系統所撰寫之程式傳輸至標的系統，以檢測

標的系統之動作是否無誤。檢測功能需如同主系統之除錯作業般，依照各種條件停止程式、更換變數或簡單修改程式後再重新執行。

上述測試所需之除錯工具可利用 ICE(In Circuit Emulator)取代標的系統之 MPU，或選擇利用 MPU 除錯介面 JTAG(IEEE1149.1:Joint Test Action Group)所組成之工具，其他尚可將監控標的系統程式之除錯程式內建於標的系統中。

一般將監視程式稱為監控器(Monitor)，如圖 1.3.3 所示，標的系統上常駐之監控器則稱為 ROM 監控器。

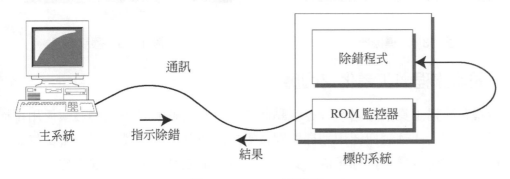

圖 1.3.3　ROM 監控器

ICE 除錯工具須搭配監視並控制標的系統訊號之硬體，但若使用 ROM 監控器則只需藉由主系統與標的系統之通訊便可達成監控目的。因此，亦有將 ICE 等需搭配硬體之除錯器稱為硬體除錯器，將 ROM 監控器稱為軟體除錯器，兩者各有所長。

不論何種除錯器均可截取標的系統之訊號或資訊後顯示、分析、作修改或控制標的系統之動作，其顯示與操作則如圖所示由主系統負責。

標的系統用於半導體製造商之評估板、組件製造商所開發之硬體測試板及嵌入式機器成品等硬體設備上。

當工程師過多，缺乏標的系統可供測試或開發硬體，缺乏標的系統執行程式除錯等情況下，有時可省略除錯作業。為因應此情況，便有如圖 1.3.4 所示之模擬器(Simulator)，利用標的系統之 MPU 下指令於主系統上進行模擬。

此外，針對較不受硬體影響之應用軟體，亦有如圖 1.3.5 所示，利用主系統上模擬標的系統之 API 等作業系統功能，建構標的假設環境(Stab)進行除錯作業。

圖 1.3.4　模擬器

圖 1.3.5　假設環境

1.3.3　開發流程與工業化之因應

　　若從特有除錯工具或除錯環境等觀點而言，嵌入式軟體之程式開發與泛用型機器截然不同。但嵌入式軟體與泛用型機器同樣需具備完善之開發體系，以確保軟體品質不因工程師而有所差異。此外，嵌入式軟體開發組織之品質控管應建立標準，以確保任何人或外部機關皆可輕易判斷其能力。就如工業產品不仰賴工匠之技巧般，嵌入式軟體之品質亦宜制定參考指標，客觀判斷程式能力、品質等級、品質不穩定比例或不良率等之優劣。

　　但受限於軟體不如一般機器可置於掌心測量，因此需如圖 1.3.6 所示，利用組織開發流程之狀況或流程中所輸出(編製)之文件等間接推測其品質。

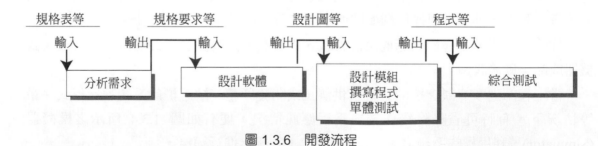

圖 1.3.6　開發流程

　　有鑑於此，便需藉由了解軟體開發之必要流程、各流程之輸出動作與成果、成果品質之檢測及如何將成果發揮在後續開發產品中等事項，以判斷該軟體開發流程之能力。當然，開發部門與驗證部門之關係、權限與認證人員等之組織架構宜相互牽制。此外，組織或流程間所流通之文件、驗證或測試工具，甚或程式之撰寫方法均須訂定標準格式。

一般較為常見之標準有 ISO9001 與 CMMI 等認證，不論嵌入式軟體之開發流程為何，凡欲成為工業產品者均須加入此類認證。

1.4　嵌入式軟體之層級模型

以下介紹嵌入式軟體之組成層級以利讀者了解其結構與特徵。如圖 1.4.1 所示，嵌入式軟體可因應三大代表性觀點(View)或屬性制定不同模型。

此三大觀點分別代表功能、開發與維護等層面，各自展現嵌入式軟體之重要特色，並依此建構功能觀點、開發觀點及維護觀點等之層級模型。實際開發時，程式各有所屬之層級模型，如隸屬功能觀點之何種層級模型、開發觀點之何種層級模型或維護觀點層級模型之哪一層等，嵌入式軟體程式藉此確立屬性。

本節僅簡單介紹層級模型之概要，詳細內容請參閱第 7 章之說明。

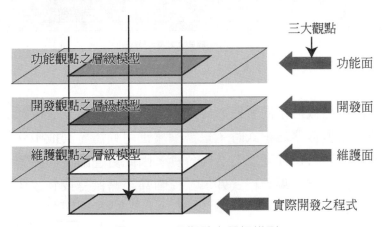

圖 1.4.1　各觀點之層級模型

1.4.1　功能觀點之層級模型

若將嵌入式軟體歸屬於功能層面時，將如圖 1.4.2 所示。一般而言，圖中上方層級之建立係以下方層級作為前提。如同泛用型機器之應用軟體以作業系統為前提一般，中介軟體係以嵌入式作業系統為前提。此外，小類別亦同。

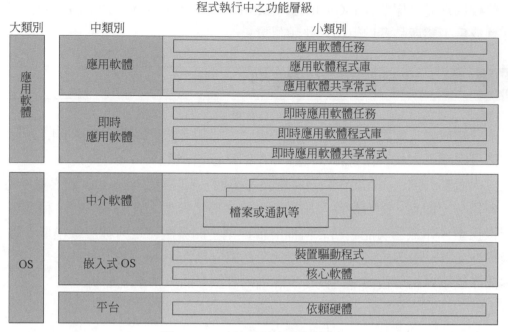

圖 1.4.2　功能觀點之層級模型

1) 作業系統層級

　　嵌入式軟體與泛用型機器不同者在於作業系統層級與應用軟體層級之界線並不明顯。當工程師開發泛用型機器之程式時，只需撰寫應用軟體，其他中介軟體或裝置驅動程式多由作業系統開發公司或硬體製造商負責，因此更遑論核心軟體。但開發嵌入式軟體時，除中介軟體與裝置驅動程式外，工程師甚至需撰寫或修改核心軟體，以配合嵌入型機器之性能或功能要求。

　　目前作業系統層級可分為中介軟體、嵌入式作業系統與平台等各層級。作業系統層級中涵括嵌入式層級之分類方式或許有點不可思議，但就嵌入式軟體而言，作業系統等於核心軟體與裝置驅動程式，對於泛用型機器來說自然怪異。以下為避免混淆茲統一用語作為說明，圖中之作業系統層級與泛用型機器之意義相同，亦可稱為軟體平台層級。嵌入式作業系統之目的係指驅動中介軟體與應用軟體，提供服務並控制指令之執行。

　　硬體依賴層級係指程式直接控制硬體之層級，但就程式之結構性而言，此層級並非構成獨立模組之要件。如圖 1.4.3 所示，此部分係包含於核心軟體、裝置驅動程式或應用軟體模組內。但就功能性而言，將硬體依賴層級歸類於最下層卻相當合理，當此層級移植至其他硬體時需全部重寫。

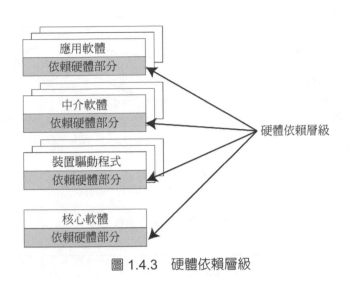

圖 1.4.3　硬體依賴層級

　　嵌入式作業系統層級可支援 RTOS，嵌入式系統中大多將核心軟體與裝置驅動程式稱為即時作業系統(RTOS)。

　　泛用型機器中作業系統所必備之檔案系統或通訊協定任務等功能，在嵌入式系統中則歸類為中介軟體層級，市面上之中介軟體大多與作業系統套裝軟體分開出售。嵌入式系統之功能種類繁多，必備之作業系統功能亦隨之五花八門。因此，目前中介軟體流行獨自販售，使用者則視所需另外選擇必要之作業系統套裝軟體。

2)　應用軟體層級

　　應用軟體層級可分為具即時性之即時應用軟體與無須即時性之一般應用軟體，此兩者均由共享常式、程式庫與任務等各層級所組成。

　　應用軟體層級之撰寫方法依作業系統功能之不同而互異，但如圖 1.4.4 所示，共享常式(Shared Routine)本身與任務程式各自獨立。共享常式提供多個任務共同使用之功能或更新共享資料。另一種與共享常式同樣提供共用功能，但其模組各自獨立者稱程式庫(Library)。其區別在於共享常式係於程式執行時連結任務，而程式庫則是執行前進行。

　　程式庫之功能在於提供任務連結資料等內容，因此，若程式碼採共享常式模式，將資料由任務自行保管，則可節省程式碼之空間。此連結方法稱為動態連結程式庫(Dynamic Link Library，DLL)，傳統方法則稱為靜態連結程式庫(Static Link Library)。DLL 程式下指令時係參考各任務之共享常式，由此可知無法提供任務共用功能者便稱不上共享常式。

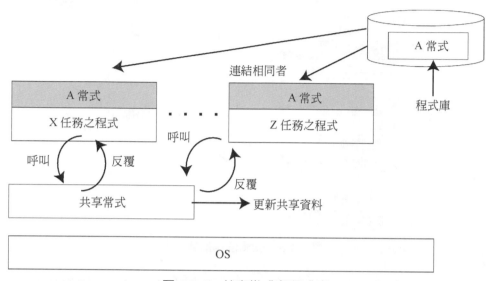

圖 1.4.4　共享常式與程式庫

　　當共享常式與程式庫用於嵌入式軟體所常見之單一連結模組時，因整體模組係由同一個執行動作所連結，兩者便無差異。共享常式或程式庫之功能對多個任務之影響較大，因此，當設計軟體系統時應先決定任務之層級功能。共享常式或程式庫亦可視為應用軟體之平台功能。

　　應用軟體任務之職責在於使用作業系統、共享常式與程式庫提供之所有功能，執行嵌入型機器之應用功能。

3)　開發必備知識

　　最下層之硬體依賴層級或嵌入式作業系統層級所必備之設計、開發知識與最上層之非即時應用軟體任務層級所必備者大不相同。不論系統大小，整體系統之設計與開發均需完備知識，此點即為嵌入式軟體棘手之處。

　　大型系統視層級程式之設計與開發需要各種不同知識與技術，希望讀者能對此重要性有所認知。

1.4.2　開發觀點之層級模型

　　嵌入式軟體若就開發工具及其環境進行分類則如圖 1.4.5 所示。平台依賴層級供最終版標的系統測試之用，非平台依賴層級則有別於標的系統，提供工程師利用個人電腦(PC)等之系統開發程式。

　　原則上，開發層級模型之上下順序無需與功能層級模型相對應。雖說應用軟體中

亦有非靠硬體工具才能開發者，但實際上，下層開發層級大多對應下層功能層級。

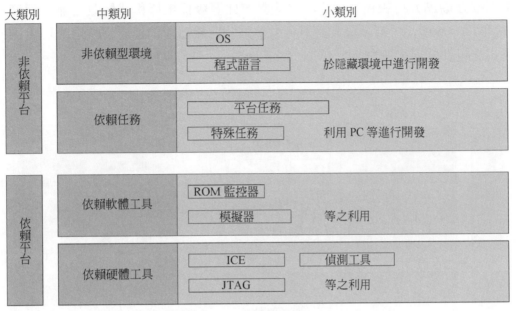

圖 1.4.5　開發層級

1)　平台依賴層級

平台依賴層級之作用在於提供標的系統做最後除錯之用，標的系統上之除錯作業需配合工具執行。

就此觀點而言，可區分為需要 ICE、JTAG 或其他特殊硬體檢測機器之硬體工具依賴層級與利用 ROM 監控器等軟體除錯器之軟體工具依賴層級。此層級含電腦等機器上標的系統環境之建構作業、除錯作業及最後標的系統之除錯作業。

2)　非平台依賴層級

非平台依賴層級亦可區分為兩大類。一為於電腦等系統上建構可模擬平台功能之環境並開發程式之層級。本書稱為任務依賴層級。

另一為利用程式語言或作業系統，於完全隱藏之環境中開發程式之非環境依賴層級。如利用 Java 語言撰寫 Windows 或其他程式時，由標的系統環境提供 JavaVM 功能，而選擇 Windows 之作業系統時，甚且無需標的系統即可開發程式。

3)　開發必備知識

此層級所必備之開發知識與功能層級同樣種類繁多，其內容雖不若功能層級般艱深，但工具操作或工具環境等相關知識仍視開發程式之屬性而異。

1.4.3　維護觀點之層級模型

所謂維護觀點亦可視為執行環境之觀點，此層級係根據程式修改之難易程度加以分類。如圖 1.4.6 所示，維護層級模型可大致區分為機器所內建之常駐層級與可由外部變更程式之可卸式層級兩種。

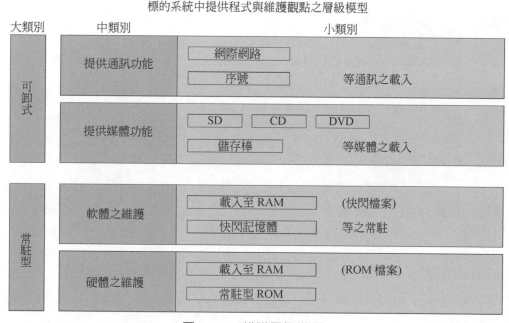

標的系統中提供程式與維護觀點之層級模型

圖 1.4.6　維護層級模型

1)　常駐層級

常駐層級可分為燒錄於 ROM 上，須更換硬體才可修改之硬體維護層級，與如 Flash ROM 般利用特殊維護程式，不需更換硬體程式仍可覆寫之軟體維護層級。

不論軟硬體之維護程式均存在兩種類型，一為程式執行於所指定之位置，另一為程式如 ROM 檔案般，先儲存於 ROM 後再傳輸至 RAM 上執行。

2)　可卸式層級

可卸式層級可區分為利用隨身碟等外部記憶媒體將程式傳輸至機器之媒體層級，以及利用網際網路等網路下載程式之通訊層級。

3)　必備開發知識

維護層級所必備之開發知識與其他層級並無太大差異，但常駐層級乃嵌入式軟體之特有項目，需具備第 3 章所述之程式區段等知識。

總結

本章節之說明茲整理如下。

1) 何謂嵌入式軟體

① 嵌入式軟體係指可驅動內建嵌入型機器之電腦系統之軟體。

② 目前社會所營造之無所不在電腦運算世界靠各種嵌入式機器支撐，因此各種嵌入式軟體便應運而生。

③ 嵌入式軟體技術需靠組件製造商、半導體製造商與軟體商等之技術人員支撐。

④ 開發控制嵌入式機器之嵌入式軟體時，須先選用 MPU 等硬體零件後再進行系統之開發。

⑤ 嵌入式軟體之開發係先決定軟體零件與開發工具後，再撰寫應用軟體。

2) 嵌入式軟體之技術特色與即時性

① 嵌入式軟體以常駐於 ROM 上居多。

② 嵌入式軟體大多需控制電力以節省耗電。

③ 嵌入式軟體之最大特色在於即時性，亦即需在一定時間內回應指令。

④ 即時性處理係指系統接收中斷要求，提高時限較短指令之優先順位並依此執行之。

⑤ 即時作業系統(RTOS)提供即時處理之執行框架。

3) 嵌入式軟體之品質保證

① 嵌入式軟體大多須具備與工業產品同等級之高品質，因此需提升技術人員之技能與改善開發製程。

② 交叉開發可謂嵌入式軟體之開發特色，支援工具可利用既有 ICE、JTAG 與 ROM 監控器等。

③ 實施 ISO9001、CMM 或 CMMI 等認證，以制定嵌入式軟體開發流程之標準，落實工業等級之開發製程。

4) 嵌入式軟體之層級模型

① 由嵌入式軟體所使用之作業系統與應用軟體等功能，是功能觀點之層級模型。

② 由嵌入式軟體必備之開發工具與開發環境，是開發觀點之層級模型。

③ 由嵌入式軟體程式之維護觀點，可區分為 ROM 常駐型與可卸式之層級模型。

習題

問題 1 請就技術觀點試舉三項嵌入式軟體之特色。

問題 2 請填寫下文 [a]～[g] 之空格。

[a] 中所內建之電腦系統稱為 [b]。藉由控制 [b] 之動作，嵌入式軟體建構程式群組將各種功能附加於 [a] 上。若就功能觀點而言，嵌入式軟體可區分為直接控制硬體之 [c]、控制程式之 [d]、控制輸出入指令之 [e] 及可與應用軟體共通之便利功能 [f] 等層級。上述層級於泛用型機器方面係由作業系統功能所提供。嵌入式系統將 [d] 與 [e] 稱為 RTOS，應用軟體可根據需要或不需要 [g] 分為兩大類。

問題 3 請填寫下文 [a]～[j] 之空格。

開發嵌入式軟體時，使用程式開發所需之 [a] 與執行程式之 [b]，此類開發方法稱為 [c]。開發程式時係用 [d] 截取 MPU 訊號並藉由其他機器模擬，或用 [e]、[f] 程式將 MPU 除錯器之訊號常駐於 [b] 之 [g] 等除錯工具。但上層之應用軟體有時亦可於電腦上建構模擬平台軟體 [h] 之環境，並於電腦上進行除錯作業。此外，若使用如 [i] 般不依賴 MPU 等執行環境之 [j] 語言，則無須標的系統。

問題 4 請填寫下文 [a]～[j] 之空格。

即時處理([a])係指須於 [b] 時間內回應並執行指令之動作。所謂即時性分為 [b] 時間較為和緩之 [c] 與較為嚴苛之 [d]。RTOS 係依照 [b] 時間之優先順序執行 [e] 所發出之指令，因此設定 [f] 之處理動作，當接收 [e] 之指定時立即處理 [g]，以提供使用者即時處理之框架。RTOS 將執行指令稱為 [h]，將 [g] 稱為 [i]。而類此控制程式執行之 RTOS 模組則稱為 [j]。

問題 5 請試舉兩項提升嵌入式軟體品質之對策。

第2章

從軟體的開發來看
硬體的基礎知識

嵌入式軟體的開發規模是逐年成長,在依賴硬體部份及不依賴的部份所需要的知識也有所不同。相對地來看軟體開發必要的硬體知識雖說和以前比較,被要求的事變得越來越少,不是像通用系統的平台及實際的標準作業系統等一樣被決定好的,硬體的知識成為必要的情況還是很多。

在本章將介紹製品實例,並提出嵌入式軟體的開發重點和解說硬體的基礎知識。再來是在這些實例方面,為了使用模式化區塊圖,實際的製品也有不同之處。還有,對於硬體及軟體的構成有許多的變動都要思考,在這裡將提出一個例子。

2.1 基礎知識
了解硬體的手冊用法及解說關於半導體設備封裝及記憶體種類。

2.2 特定用途處理器
作為有關資源被使用嵌入式特殊功能的處理器知識、解說 DSP 功能、圖形顯示器及解說多重處理器的構成。

2.3 小型化的技術
半導體技術是著重於推進小型化,解說代表性的開發工具 FPGA 及 SoC。

2.4 單純的嵌入式機器(遠程控制器)
描述作為實現單純功能的嵌入式機器例子—遠程控制器。有嵌入式機器的基礎知識、輸入鍵和顫動現象及解說電池特性。

2.5 把多樣的輸出入設置到嵌入式機器(PDA)
具備多種輸入輸出功能的機器為 PDA。在這當中,有關 PDA 的基本性能項目及 LCD 顯示方式和輸入輸出介面都將加以介紹。

2.6　有必要的特定功能嵌入機器(數位相機)

實現特定產品功能之嵌入式機器為數位相機。解說為了實現照相機的處理速度必要的照相部份功能。

2.7　追求行動性的嵌入式機器(行動電話)

作為嵌入式機器的代表產品之一為行動電話，現在多媒體化及行動電話的軟體開發正大規模進行。本節解說雜音、音色及省電等功能。

2.1　基礎知識

在嵌入式機器的軟體開發方面，和硬體設計者的溝通是很重要且不可欠缺的事。為合作共同開發，軟體和硬體的協調設計非常被重視，學習對方的用語及考慮對方情況的對話都很重要。在本節裡，為了領會硬體使用手冊的看法作為基礎知識，必須要了解半導體封裝的種類及記憶體的種類。

2.1.1　零件使用手冊的看法

如果選定 MPU 等半導體失敗的話，會對軟體開發有不好的影響，其中功能無法完全顯現出來或是進行產品開發時故障發生，動手恢復原狀的工作變得常常發生。和其它公司的差異化、穩定的供應、適當的精減判斷等選定的事很重要。

因網路的普及化，半導體及零件使用方法的技術訣竅等資料變得容易取得，但有些情況下，取得半導體的資料是需要簽約的。作為一般可能取得的文件，有商品目錄、銷售手冊、概要書、雜誌的記載、資料表單、研討會資料等。在選定過程零件方面，大量收集資料的事是很重要的。從了解最初仔細的資料與全體的架構及功能概要，對判斷開發出製品取得平衡是必要的。

1)　選定半導體、零件的情況

其他文件和銷售人員的合作及資料交換很重要，展示會、廠商的研討會等也要積極的參加。

關於選定的零件，不能只依靠經驗，下列所示的參考手冊、資料表單等可詳細閱讀，期望能運用自如。

資料	用途
商品目錄	爲了解製品的特徵及選擇條件等用途
銷售手冊	爲了解其他零件的比較、開發環境及應用事例等用途
概要書	爲了解全體的概要說明、開發環境說明、特徵和優點及缺點等用途
雜誌的評論記載	爲了解功能比較，從使用經驗的問題點及感想等用途

2) 選定的半導體、零件運用自如的情況

資料	用途
資料表單	爲了解設計結構圖、電氣的特性，限制條件等用途
開發環境工具說明書	爲了解軟體開發的工具用途
操作說明書	產品操作方法的說明記載
系統事例集	應用事例的介紹記載
研討會資料	爲了解在研討會等被使用的教育用資料、概要、注意事項等用途

這些文件從網路上也有可以下載的情形。也可以期待廠商給予支援。

3) 發生故障的情況

資料	用途
資料表單	爲再確認軟體設計構成圖、電氣的特性、限制條件等用途
軟體參考手冊	爲了解確認軟體開發必要的資料，爲再確認格式化步驟及計時等用途
製品電路圖	在硬體設計者製作的電路圖，爲再確認硬體的結構的用途
計時圖	也有被包含在資料表單的情況，表示電路圖上的計時，爲再確認輸入輸出機器等和互相的計時的用途
零件廠商的故障檢修	收集廠商所收集的故障和對策，爲了解開發及使用條件問題點的用途
開發工具廠商手冊	開發工具的使用方法，爲了解特別是除錯方法等的用途

在實際的製品開發時，一定會發生一些當初設計時沒有想到的小錯誤。硬體和軟體有所不同的地方有很多，例如認識物理現象或是設計上的問題和開發機的個別問題等，必須要從很多的觀點來檢討。如上所說的文件再度檢查是基本要事。在嵌入式機器的開發方面及資料的有無，開發的效率有很大的不同。必須要用心去積極的收集資料。

2.1.2　半導體封裝的種類

雖說半導體的安裝密度高積體化是用摩爾定律來預言，被高積體化的半導體是如何被安裝到基板上成為很重要的課題。

在最近的封裝技術方面，MSM(Multi Stratum Module)技術如圖 2.1.1 所示，半導體晶片上的半導體晶片是裝有多層的模組製造出來的，這個封裝技術也被開發中。舉例來說，在 MPU 的模組及疊合封裝 SDRAM(同步動態隨機存取記憶體)的功能歸納起來才可能實現出一個半導體產品。這種情況，由於匯流排(資料的互相往來轉送通道)封裝在裡面，所以也能期待雜音等會有變強的效果。

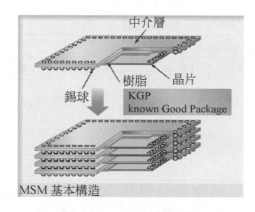

圖 2.1.1　MSM 概念圖

半導體晶片的封裝如圖 2.1.2 所示雖說有很多種類，大致可分為基板的表面黏著的 SMD(表面安裝型)和基板上安裝配線 THD(貫孔型)。SMD 是容量大及適合高功率；THD 是接腳數較少，電晶體、二極體、電阻、緩衝器等在很多地方被使用的。再來，對於 SMD 把小型化當做目標，被稱為是 CSP(晶片尺寸型封裝)實現晶片大小安裝的技術。

對於 SMD 的封裝，使用基板下面接腳來排列配線的類型有，在封裝周圍的接腳及導線製作配線。仔細來看，半導體晶片的封裝下面有黏接著錫球或安裝基板時，這個可以裝載錫球溶解於電路板上 BGA(球柵陣列封裝)型如圖 2.1.3 所示，在封裝四面的引線接出來之接腳被稱為引導接腳，又稱為 QFP 型(四面扁平封裝)。在封裝四面的插腳被埋進，稱為 QFN 型(四面扁平無接腳)如圖 2.1.4 所示，導線被排列在封裝的下面稱為 LGA 型(針柵陣列封裝)。

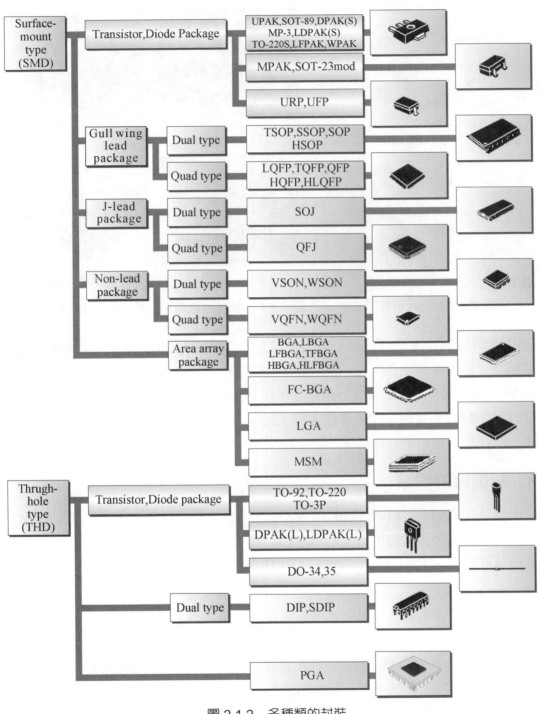

圖 2.1.2　多種類的封裝

第 1 章
第 2 章
第 3 章
第 4 章
第 5 章
第 6 章
第 7 章
第 8 章
附　錄
章末習題解答

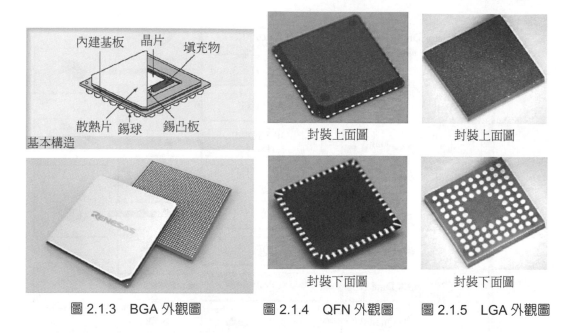

圖 2.1.3　BGA 外觀圖　　　圖 2.1.4　QFN 外觀圖　　　圖 2.1.5　LGA 外觀圖

在貫孔型(THD)封裝的下面被排列突出站立的接腳稱爲 PGA 型(針柵陣列)。這是爲了用插座安裝半導體、基板大小或用途等必須選擇所使用的封裝種類。

在 BGA 及 LGA 等方面沒有外部接腳，除錯用的正反器無法接上。爲此，也有做出除錯時用開發的子基板，在子基板上接上正反器。還有，使用這些的封裝產品量產時，爲了配線是否正確從外面無法判斷也用 X 光線檢查。

2.1.3　記憶體的種類

記憶體分有 RAM 及 ROM 兩種類。RAM 在資料堆疊及緩衝器等被使用；ROM 在固定資料、程式設計時被使用。

對於 RAM 的種類有 SRAM、DRAM、SDRAM。

雖說 SRAM 是省電力高、成本高的記憶體，根據正反器電路爲了維持記憶被執行及存取速度快、電源關機也容易，大多被使用在行動用機器方面，但卻很難提高積體化。

DRAM 在電容和電晶體裡積蓄電荷用來記憶資料。因爲電荷隨著時間減弱，在一定的時間一定要再執行寫入動作，這稱爲資料更新。如果電源被切斷的話記憶也會消失不見。但是，因被製做成高積體化，就必須使用大容量的記憶體。

SDRAM 是同步外部匯流排時脈及能讀取／寫入記憶體，是 DRAM 的改良版。對應匯流排時脈的高速化及可實現讀取／寫入的高速化。

ROM 分為 mask ROM 光罩式唯讀記憶體、EPROM 可程式唯讀記憶體及 EEPROM 可擦拭唯讀記憶體等。

mask ROM 光罩式唯讀記憶體出廠時已經是把資料寫入 ROM 的記憶體。雖說製造價格便宜但不可以改寫資料且製造也花費時間。

EPROM 可程式唯讀記憶體可用紫外線等把資料抹除和可再度把資料寫入 ROM 的記憶體。EEPROM 是加入比通常的操作時的電壓高時就可把資料抹除掉，也可以再度把資料寫入 ROM 的記憶體。資料的消去是對整體或是區塊單位都可能的。

並且，做為 RAM 和 ROM 的功能都具備的記憶體有快閃記憶體，對於快閃記憶體及對應的構成電路有 NOR 型及 NAND 型。

NOR 型快閃記憶體是低成本、容量大及隨機存取速度快，特徵可說有用位元組當作寫入資料的單位。NAND 型快閃記憶體是比 NOR 型體積小型且低成本有高速連續區域的存取速度。適合輔助記憶體等容量大的讀取／寫入。

以上的記憶體的特性歸納如表 2.1.1 所示。

對於快閃記憶體的讀出有隨機存取和序列存取。在 NOR 型方面可以隨機存取，在 NAND 型方面只能序列存取。並且為了做高速的存取和記憶體的讀取／寫入歸納於區塊單位稱為被準備爆發模式存取方式。雖說快閃記憶體配合的用途很多，但最重要的是如何降低產品的成本及提高性能。

表 2.1.1　記憶體的特性

種類	變更資料方法	保持資料電力	成本	容量
快閃記憶體	電氣式消去、電氣式寫入	不要	低價	大
EPROM	紫外線消去、電氣式寫入	不要	高價	小
DRAM	覆寫	必要	低價	大
SRAM	覆寫	必要	高價	小

名詞解釋

摩爾定律

IC 技術每隔一年半推進一個世代。這是英特爾公司共同創辦人之一的 Gordon Moore 先生在 1965 年時以經驗來提倡根據「半導體的矽晶片內的電晶體數，每隔 18 至 24 個月就會加一倍」的法則。這個法則到現在電腦產業的其他廠商也將會跟進把這因素考量在他們未來的計畫中。

2.2 對特定用途處理器

隨著半導體技術的發展就有產生許多需求和以往通用的 MPU 不同，開發出限定用途特殊功能的執行處理器。最近在支援多媒體的功能方面，使用積和演算法來過濾功能及在通信等變調功能上使用 DSP 是不可欠缺的。還有，3 次元顯示的功能有遊戲機、行動電話及汽車衛星導航等很多開始被使用。用 3 次元顯示幫助圖解處理器也很重要。而且，像使用多數 MPU 處理能力補充結構也有。

2.2.1 DSP(數位訊號處理器)

DSP 是在數位信號處理中被製作成為高速處理所不可或缺的積和演算之處理器，和 MPU 一起嵌入到半導體，或只有 DSP 的半導體，每一時序可得到一個積和演算的結果。

舉例說明，在 Super H 微電腦上搭載了 DSP 的積和演算處理器，如果暫存器 n(Rn) 表示位址的內容、暫存器 m(Rm)表示被乘算過的位址內容被加算在 MAC 暫存器。連續執行這個演算的時候，為了各自的處理同時重疊執行能當成被執行用 1 個週期一個積和演算。

如果同樣的事在通用的 MPU 裡實現出來，必需要有下面 5 個步驟(參照如圖 2.2.1)。

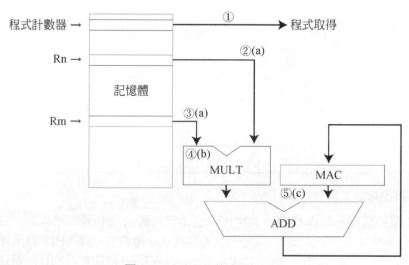

圖 2.2.1　DSP 的資料流程

(1) 從記憶體取出 DSP 命令。

(2) 到暫存器取出 Rn 的內容。

(3)　到暫存器取出 Rm 的內容。

(4)　執行暫存器的乘算。

(5)　與 MAC 暫存器和結果加在一起算，把結果存到 MAC 暫存器。

在 DSP 方面，這些一連串的動作是為了執行使用管線在外觀上是 1 個時序能處理的。

對於 DSP 被準備了程式用及資料用×2 條共 3 條資料匯流排，執行下面的 3 個步驟 (參照圖 2.2.1)。

(a)　Rn、Rm 的 2 個資料取出

　　　(MOVX　@Rx+, Dx0:Rx 暫存器所指定的記憶體通信位址的內容到 Dx 暫存器取出)

　　　(MOVY　@Ry+, Dy0:Ry 暫存器所指定的記憶體通信位址的內容到 Dy 暫存器取出)

(b)　接下來這 2 個的資料相乘。使用同時管道功能的資料

　　　取出 Rn+1、Rm+1

　　　(PMULS Se0, Sf0, Dg0：Se0 和 Sf0 相乘、結果存在 Dg0 裡)。

(c)　MAC 暫存器和最開始相乘的結果相加

　　　(PADD Sx0, Sy0, Du：Sx0 和 Sy0 相加，存在 Du 暫存器)。

　　　(但是，總歸有 Dx 是 X0, X1、Dy 是 Y0, Y1、Se 是 A1, X0, X1, Y0、Sf 是 A1, X0, X1, Y0、Dg 是 A0, A1, M0, M1、Du 是 A0, A1, X0, X1)。

實際的 DSP 的命令動作如圖 2.2.2 所示

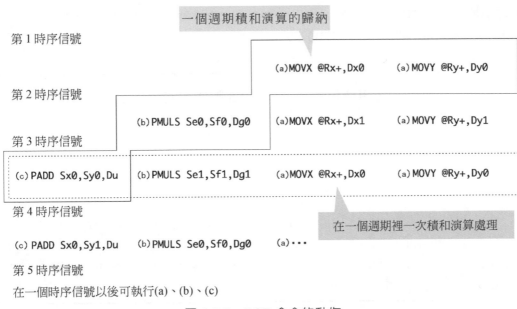

圖 2.2.2　DSP 命令的動作

舉例說明，在 FIR(有限脈衝響應)形式的濾波方面，如圖 2.2.3 所示：

$$Y_N = \sum_{K=0}^{N} H_K X[n-k]$$

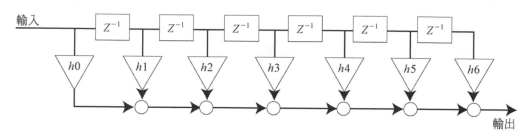

圖 2.2.3　FIR 濾波形式的方塊圖

處理 DSP 的程式所記述，如下說明：

```
RCLR A0
                                       MOVX.W @R4+,X0    MOVY.W @R6+,Y0
                    PMULS X0,Y0,M0     MOVX.W @R4+,X1    MOVY.W @R6+,Y1
PADD A0,M0,A0       PMULS X1,Y1,M1     MOVX.W @R4+,X0    MOVY.W @R6+,Y0
PADD A0,M1,A0       PMULS X0,Y0,M0     MOVX.W @R4+,X1    MOVY.W @R6+,Y1
PADD A0,M0,A0       PMULS X1,Y1,M1     MOVX.W @R4+,X0    MOVY.W @R6+,Y0
PADD A0,M1,A0       PUMLS X0,Y0,M0     MOVX.W @R4+,X1    MOVY.W @R6+,Y1
PADD A0,M0,A0       PMULS X1,Y1,M1     MOVX.W @R4+,X0    MOVY.W @R6+,Y0
PADD A0,M1,A0       PMULS X0,Y0,M0
PADD A0,M0,A0
```

在這個程式方面執行重複積和演算。若重複次數增加，物件也越來越大。即使 DSP 的程式設計被準備為開始位址和結束位址設定自動循環重複功能。

```
        repeat LP_S,LP_E,#3
        PCLR A0
                                       MOVX.W @R4+,X0    MOVY.W @R6+,Y0
                    PMULS X0,Y0,M0     MOVX.W @R4+,X1    MOVY.W @R6+,Y1
LP_S PADD A0,M0,A0  PMULS X1,Y1,M1     MOVX.W @R4+,X0    MOVY.W @R6+,Y0
LP_E PADD A0,M1,A0  PMULS X0,Y0,M0     MOVX.W @R4+,X1    MOVY.W @R6+,Y1
        PADD A0,M0,A0
```

Repeat 是組合語言程式的擴張功能，在 RS 暫存器設定 DSP 的重複開始位址及 RE 暫存器的重複結束位址設定。這個場合，從 LP_S 到 LP_E 變成要重複 3 次。

而且，資料在環緩衝區被設定積和演算方面，資料的位址計算是在硬體裡執行可使用模組定位。環緩衝區的開始位址從 STRT_ADD 到 END_ADD 的記憶體的內容積和的情況如下所記述的。

```
MOV.L MOD_D,R0
LDC R0,MOD
MOD_D:
        .DATA.W LWORD END_ADD-Z
        .DATA.W LWORD STRT_ADD
<處理程式>
STRT_ADD:
                .RES.W size
END_ADD:
                .EQU $
```

而且利用這些功能，根據中斷的使用來自外部的資料讀取及即時濾波輸入資料也可執行調變的事。

2.2.2　圖解處理器

除了 DSP 以外，也有特殊的功能支援處理器的圖解處理器。在遊戲機的產品化及 3 次元圖解顯示的急速普及化。除了在行動電話及汽車衛星導航機器上以外，3 次元顯示的一般化也被關注中。為提升描繪處理能力使用圖解處理的情況也有。

在圖解處理器的功能方面，當然在點、線、面等描繪的事，3 次元的描繪能力變得很競爭。隨意的多角形顯示、紋理、混合功能、抗混淆等，雖說 3 次元顯示必須要有多樣的功能，根據圖解處理器成為可處理高速的處理器。

對於一般的圖解處理器，以 2 次元關連、直線／多邊形／長方形轉送描繪，以 3 次元關連、直線／三角形／四角形／帶狀／扇狀／任意頂點多角形多邊形、混合功能(陰影、感光過度、α 混合等)、紋理映射、被準備用關連的特殊處理、抗混淆、截割等。

如下是代表功能的概要：

(1) 紋理：3 次元的描繪中為了顯示出質感的畫像稱為紋理，稱這個為貼入紋理映射。

(2) 顯示：座標等被表示出從數值資料的資料，根據計算來描繪的事。

(3) 多邊形處理：做 3 次元描繪的情況，例如用三角形等做描繪處理的事。

(4) 感光過度：像霧一樣遠景使模糊不清程度的描繪處理。可以表現出遠近感的事。

(5) 反射：表現出光反射到物體的光芒的部份。

(6) 抗混淆：表現出圖形境界的鋸齒狀光溜部份。在低解析度的畫面可以實現高畫質的描繪。

(7) 高斯渲染：根據色調變化(分階級)、分界線光滑的表現。

(8) α 混合：透過處理。讓透過度(α)變化、改變背景面能看見繪畫的方法。

(9) 光源：有平行光源和 1 點光源。像太陽光一樣從遠離光源的光的情況對於從哪個面常常在同一方向對光叫平行光源。從特定一點的光源情況根據物體各點光的入射角度不同，稱爲一點光源。

根據表現力的多樣化和眞實化，雖說圖解處理器變成有豐富的功能，各自所帶特徵也明顯沒有相同結構的東西。爲此，對軟體的開發也增加很大負載、工時也會增加。爲了減輕這些負載，最近在這方面的 OpenGL 和 DirectX 等使用嵌入組合的語言支援變得多了起來，成爲通用型實際的標準。

2.2.3　應用程式處理器、共處理器、加速器

即使是通用型也有對應像應用程式的巨大化的多重 CPU 產品。

即使根據嵌入式產品也具有多數 MPU 及加速器追加的事是讓處理能力提高的必要性。爲此有四個結構的類型(表 2.2.1)。

表 2.2.1　根據結構的不同的特徵

	特徵	優點	缺點
1MPU	在 MPU 執行全部的處理	控制單純	集中負載必須要有高價的 MPU、時序也變的高速
應用程式處理器	用通訊關聯專業的MPU和執行多媒體關聯的處理的應用程式處理器的 2MPU 構成，使之分離獨立 MPU 的作用。	可分散負載。有彈性應用軟體的追加等和分離通訊部	和通訊部的資料互傳 2MPU 的同步等要有技術克服
共處理器	使用只實行浮點運算的 MPU 等支援主要 MPU	減低硬體開發工時，能夠確保軟體的彈性	介面、性能等設計工時變得很費時的情況
加速器	MPEG 或照相機處理等，專用於處理負載重的東西加速器和 MPU 的組合	在硬體裡調換 MPU 的負載重的部份	有成本提高的可能性

對於 MPU 構成的結構需要正確的評估在特定功能的資料處理匯流排的佔有率。計算上、由於實現一個功能的資料處理匯流排的佔有率如果超過一半，在眞的系統方面，匯流排的性能變得靠近界限也有可能無法顯出處理性能。產品出貨之前，需要預先掛上各式各樣的負載做實驗。

2.3　小型化的技術

產品的設計對於銷售的成敗有很大影響。爲了讓設計有彈性，設計上的限制事項越少越有利。爲此，需要小型化零件。同時小型化的零件，就很難能賣模仿的產品。

日本半導體的技術是託付國外記憶體等通用的產品開發，讓 FPGA、SoC 等追求變得可能小型化的技術。

2.3.1　用軟體開發硬體的技術

在被追求著小型輕量化的產品開發方面，零件的小型化是有必要的。比其他公司來的小型，從所說的低價格產品的差異化要求，ASIC 開發的競爭激烈化。作爲簡單便利能實現 ASIC 化的工具，約 20 年前 FPGA 就製作了，FPGA 是可程式化硬體的 LSI。

被使用在 ASIC 的開發事前模擬時，當初是爲了認識 FPGA 單元的邏輯轉換電路，把結果做爲 FPGA 在寫入反復試驗需要費力。最近半導體技術的發展一起互相結合 FPGA 廣泛地使用，因爲開發工具的設備沒那麼辛苦，且能縮短硬體的開發日期及量產製品的使用(表 2.3.1)。

表 2.3.1　FPGA 的特徵

	快閃記憶體	Anti-Fuse 型	SRAM 型
記憶體種類	快閃記憶體	邏輯電路	SRAM
不揮發性	不揮發	不揮發	揮發
再寫入	可能	不可能	可能
速度	高速	高速	中速
消耗電力	普通	很少	普通
量產性	○(寫入品的購入可能)	△	△
瞬間動作性	○	○	×：有外部的快閃記憶體、電源投入時事先裝入

　　FPGA 是成為實現硬體邏輯的部分和預先記憶且記述了那個邏輯的資料記憶體部分。記憶邏輯的記憶體有三個種類。專用的工具只能一次寫入 Anti-Fuse 類型、快閃記憶分為可以多次重複使用寫入快閃記憶體型和 SRAM 內含由外部設定的快閃記憶執行前下載使用的 SRAM 類型。

　　根據半導體技術的進步積體化向上提高，用 FPGA 來開發超過 100 萬個閘的大規模系統。還有，以半導體零件變成能安裝在 RAM、ROM，以 FPGA 變得可能製作進入 MPU 及 DSP 等的事。作為智慧財產權的所有者用 FPGA 的硬體記述邏輯語言銷售的功能。做為智慧財產權(IP)、MPU、DSP、MPEG、JPEG 等被銷售，用這些飛耀性的組合 FPGA 傳播著有效的利用範圍。

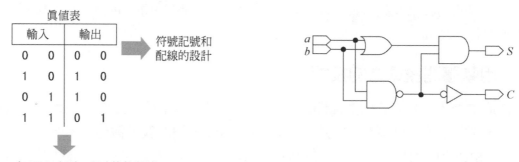

圖 2.3.1　硬體的 EDA 開發和 HDL 開發的不同

　　通常在試作板子等搭載 FPGA 的情況，搭載的資料必須在試作板子上事先準備能寫入資料的埠，很多的情況會利用 JTAG。

　　在 FPGA 的開發方面，成為實際的硬體描述語言 HDL，其中被開發利用 VHDL、Verilog-HDL 二個語言來作為開發的流程，用邏輯合成工具展開 HDL 的描述，描述了邏輯圖的內容成為電路。開發後的確認是為了進行模擬驗證 HDL 開發的這個驗證電路叫試驗臺，按照設計那樣檢驗，如果確認過按照驗證設計的電路，電路寫入 FPGA 裡實現了硬體電路。

　　舉例說明以真值表為基礎用 EDA 開發的 CAD 和各自的 HDL 來開發的情況，如圖 2.3.1 所示。

2.3.2　基板上的半導體開發技術

　　半導體製造技術的發展稱為 SoC(System on Chip)，將 MPU 記憶體、DSP 及 I/O 等構成的系統放在 1 個半導體中是有可能實現的。這是機器對數位化及網路化的前進對應，為了提高產品的附加價值，從一個半導體積體化產品主要功能的必要性產生的技術。根據半導體化做的事能使小型化產品佔據產品的多數面積零件。

　　在積體化上昇的安裝方面，不但除錯很困難而且無法修改硬體的錯誤。因此，變成要重做 SoC 的情況需要 3 到 6 個月的工程期間。為了不讓工程延遲出現，事前必須實施功能的測試辦法。

　　為了在 SoC 的技術方面有①半導體的高積體化②開發平台的標準化③ MPU 及 DSP 等的功能的零件化等等的開發正在進展中。

　　在②裡，如果統一開發系統水準語言及協調設計硬體和軟體成為可能。這個結果是能實現 SoC 動作驗證和功能驗證的效率化及抑制跟隨高積體化及電路大規模的設計期限增加等等的優點。

　　作為系統等級語言，以 Spec C 和 System C 最有名。以系統等級語言的例子，業界最常使用的嵌入式系統開發為 Spec C。Spec C 是把 ANSI-C 做為母體，為了進行硬體開發的並列性，一樣的文章結構布爾代數所描述及例外處理等。在 Spec C 的系統開發方面，如圖 2.3.2 所示。

　　圖 2.3.2 所示，被稱為構造圖電路，為了能用 C 語言描述裡面被定義的內部電路或內部電路間的介面。開發方法與嵌入式開發相似對嵌入式技術人員能對系統設計的事有所期待。

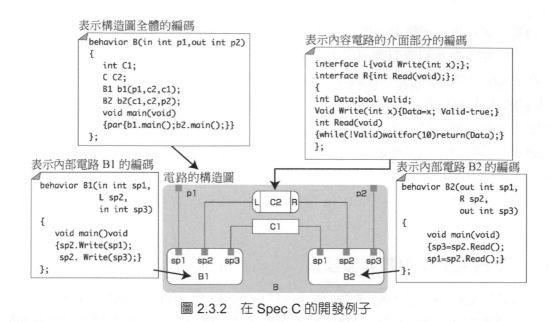

表示構造圖全體的編碼

```
behavior B(in int p1,out int p2)
{
    int C1;
    C C2;
    B1 b1(p1,c2,c1);
    B2 b2(c1,c2,p2);
    void main(void)
    {par{b1.main();b2.main();}}
};
```

表示內容電路的介面部分的編碼

```
interface L{void Write(int x);};
interface R{int Read(void);};
{
int Data;bool Valid;
Void Write(int x){Data=x; Valid-true;}
int Read(void)
{while(!Valid)waitfor(10)return(Data);}
};
```

表示內部電路 B1 的編碼

```
behavior B1(in int sp1,
            L sp2,
            in int sp3)
{
    void main()void
    {sp2.Write(sp1);
     sp2. Write(sp3);}
};
```

電路的構造圖

表示內部電路 B2 的編碼

```
behavior B2(out int sp1,
            R sp2,
            out int sp3)
{
    void main(void)
    {sp3=sp2.Read();
    sp1=sp2.Read();}
};
```

圖 2.3.2　在 Spec C 的開發例子

2.4　單純的嵌入式機器(遠程控制器)

以誰都使用過的電視遙控器為例來說，就開發軟體時可能會遇到的問題點來解說。實現嵌入式單純的功能機器的例子來說明。而且，即使是這個機器在開發軟體時必須要注意的鍵盤輸入和顫動及電池特性的解釋說明。

2.4.1　遠程控制器的功能

圖 2.4.1 是電視遙控器的例子，這個電視遙控器有選台+、選台－、音量大、音量小、靜音、電源、(TV/CATV/Video)頻道切換等七個鍵，使用銅板電池來供應電源。

在軟體方面是不使用作業系統，中斷處理、I/O 端的控制全部是由應用軟體程式來執行。若被壓下按鍵時，與那個按鍵對應的信號與紅外線的發光部輸出讓發光部閃亮的電視通訊，程式的大小約 2KB 左右。

圖 2.4.1　電視遙控器的例子

電視遙控器的設計規格有下面幾點：

1) 裝上電池的話為設定初始化。

2) 一邊按消音按鈕一邊按電源按鈕的話作為紅外線輸出電視製造廠號碼。發送輸出以 5 次結束。MUTE 按鈕和電源按鈕完全被隔開的話，從設定方式退出，變成電視遙控操作方式。

3) 若按上電源按鈕的話，輸出電視製造廠對應電源的發送編碼。重複發送輸出動作 5 次就結束。

4) 按選台(CH+)轉換時，輸出電視製造廠對應頻道選台+的發送編碼。在按按鈕的期間繼續動作。

5) 按選台(CH－)轉換時，輸出電視製造廠對應頻道選台-的發送編碼。在按按鈕的期間繼續動作。

6) 按音量(VOL+)轉換時，輸出電視製造廠對應的音量大的發送編碼。在按按鈕的期間繼續動作到最大為止。

7) 按音量(VOL－)轉換時，輸出電視製造廠對應的音量小的發送編碼。在按按鈕的期間繼續動作到最小為止。

8) 按靜音(MUTE)的鍵時，輸出電視製造廠商對應的靜音的發送編碼。重複發送輸出動作 5 次就結束。

9) 按頻道切換(TV/CATV/Video)的按鍵時，輸出電視製造廠商對應的頻道的發送編碼。重複發送輸出動作 5 次就結束。

設計能跟隨著狀態的變化來處理，這些的開關控制在實際的功能的實現方面遵從狀態變化能夠設計處理就好。作為基本的處理，從待機狀態電源按鍵若被按時就做處理，把電源按鍵放掉的話又回到待機狀態。為了這個，電源按鍵被按下後(從 OFF 變 ON)和電源按鍵放掉(從 ON 變 OFF)的事，必須要有所認識。再加上必須要認識演算法持續按鍵。

2.4.2　遠程控制器的硬體結構

關於實現電視遙控器的功能的硬體結構說明。圖 2.4.2 是電視遙控器的硬體方塊圖。電視遙控器因為被使用專用半導體來構成，控制半導體的結構零件大約有開關、電池、紅外線發送器、發送器、電阻、電容器及發光二極體等等。

被嵌入到專用半導體內部 4 位元的 MPU(最近也有作為高性能遙控用使用 16 位元 MPU 的東西)，其他像紅外線控制器、I/O 埠(開關)、電源、ROM、RAM、計時器等等進入到一個半導體。

各開關根據按鍵被按的狀態，由於接觸輸出埠和輸入埠的狀態來實現導通功能。

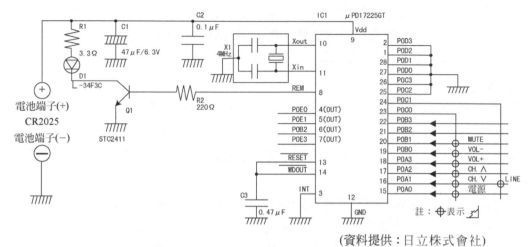

(資料提供：日立株式會社)

圖 2.4.2　電視遙控器硬體區塊圖

被輸出端輸出的電壓準位(H 或是 L)與輸入端連接，從輸入埠檢測是否有按下按鍵。如圖 2.4.2，1 個輸出埠通過按鍵可以連接到 6 個輸入埠及準備 6 個開關(輸入轉換以外的開關)。在一個半導體能實現的這些機能，使用著含 4 位元的微電腦的電視遙控器專用半導體。具有 ROM 4KB、RAM 56B 左右的記憶體。

遙控器的電源銅板電池如果裝入時就是同時投入電源。持續使用大約 1 年左右電池耗盡。為此，必須只有被按下按鍵的時候控制電源消耗。如果被按下按鍵的工作結束了馬上讓 MPU 的電力消耗降低。其次如果開關被按下就起動 MPU，對應這樣的省電力的 MPU 的省電功能和根據中斷起動的功能實現進入專用半導體。

裝上電池在 MPU 裡進入電源 ON 重置的中斷，被收藏從 0 的位址格式化程序處理變化。格式化完成後轉移到待機狀態成為省電力狀態。被按下開關時，進入中斷及進入專用半導體的電源根據中斷來起動軟體程式。判斷是哪一個開關被按下就執行對應的處理。

萬一 MPU 正在處理中，預備根據某種障礙無法處理，如果用監視器的功能一定時間處理好像不被執行，有被嵌入可重置的功能。即使不一個一個拔掉電池，一定的時間內也沒有持續動作狀況電視遙控器會執行重置復位。

在一般使用者所使用的電視遙控器是必需要有防止掉落、防水等事故對應的設計。關於在強度及防水方面有很多種規格存在。

2.4.3　控制開關和震顫

在遙控器方面，如果從開關的 OFF 到 ON 的話，也必須要認識從 ON 到 OFF 的方式。雖說開關也是有很多種方式，就像在這所舉的例子一樣，被接觸機械式的 2 個 I/O 埠開關(在基板上觸摸用導電薄膜當鍵盤薄膜)的情況，從最初開關被按下的狀況到開關安定是非常花費時間的。

在這當中，若 ON 跟 OFF 重複操作會變成像圖 2.4.4 那樣。像這樣 ON 跟 OFF 重複操作現象就稱為震顫。為了讓 MPU 的處理速度加速，若讀取震顫途中的輸入端會變成無法正確處理。被執行跟操作者意思無關係的開關切換結果。

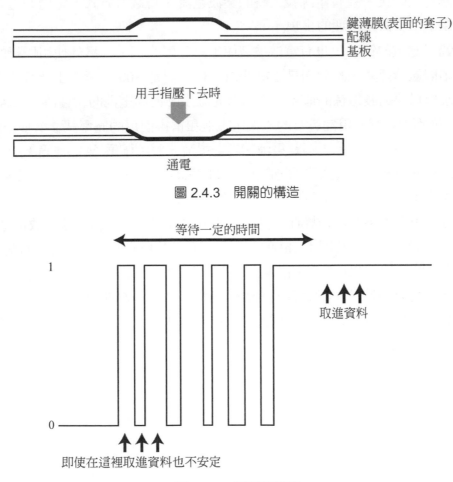

鍵薄膜(表面的套子)
配線
基板

用手指壓下去時

通電

圖 2.4.3　開關的構造

等待一定的時間

1

取進資料

0

即使在這裡取進資料也不安定

圖 2.4.4　震顫的波形

在開關電路，由於使用電容器把電氣的變化緩和可以防止硬體震顫，從電容器的設立面積及零件的成本提高，一般是用軟體來做對策。在小面積(廉價)裝置方面，硬體

用軟體來代替對策也是嵌入式產品的重要的事。在這個情況下，改變開關的狀態後，從經過一定的時間後讀取有利資料一樣的辦法。一般來說，從最初的狀態變化(中斷)放入從 100 到 200 毫秒的等待檢查狀態。同時，持續按下的狀態可以考慮人的反應速度，如果在 100 毫秒裡做 1 次檢查與前面的狀態一樣，則維持繼續按的動作。如果判斷連續 3 次都是一致 OFF 的話，則爲沒有按下任何鍵。

2.4.4　電池的種類和使用方法

在遙控器的例子方面，雖說使用 CR2025 型的銅板電池，電池的選定方法是在執行必要的理解特性之後，還有電源投入時的突波電流、省電力方式、電池的電力用完的處理等很多是用軟體來處理的事項。

因爲搞錯了充電的算法，也有電池破裂使用戶受傷的例子。另外使用同樣的半導體、同樣電池的遙控產品，A 公司是 250 小時、B 公司是 300 小時的工作時間不同變得無法販賣。所以要開發這樣的產品，必須要充分了解把握電池的特性(如表 2.4.1)。

對於電池的種類，有使用完丟棄的一次用電池和重複使用的充電式 2 次使用電池。對於一次用電池有鹼性乾電池、錳鋅電池、鋅空電池、鋰-亞硫酸氫氯電池等；二次電池有鋰電池、鎳氫電池、鎳鎘電池等。配合被使用狀態形狀也有鈕扣型、圓筒型、方型、特殊形狀等差異。

所謂電池的容量是規定電池條件，使放電的時候能取出電量的狀態。放電電流(安培[A])、毫安培[mA])和放電時間(時[h])的乘積是容量(安培·時[Ah]、毫安培·時[mAh])表示單位。電池的規格是以形狀和輸出電壓來規定容量。

所謂電池使用耗盡是說在新的電池裡掛上負載，電壓爲電池的結束時的電壓。而且產品必須設計成爲這樣的功能。使用此方法以外作法的話，電池過度放電就容易發生液體流漏等事件。

電池是因爲化學反應而產生電力，根據溫度所產生的電力也有所變化。就算放著不管也會發生化學反應，有自我放電的現象。表示電池放電時的時間和電壓的變化是放電特性。像錳鋅電池那樣慢慢的降低電壓和鋰系列電池那樣從固定的電壓突然下降，依據電池放電特性而有所不同。

表 2.4.1　電池的種類和特性

電池種類		電池電壓	放電特性	使用溫度範圍	特徵	主要用途	推薦使用期限
一次電池	鹼性乾電池	1.5V		−20〜60	●電量大、最適合連續使用	●數位照相機、液晶電視	單一
					●耐漏液性、保存性優	●MD 播放器及 PDA	3 年
					●水銀 0 使用	●高燈光、玩具	
					●鎘 0 使用		
	錳鋅電池	1.5V		−10〜55	●小電流、最適合時斷時續使用	●收錄音機、遙控器	單一
					●耐漏液性、保存性優	●計算機、時鐘、手電筒	3 年
					●水銀 0 使用	●玩具	
					●鎘 0 使用		
	鋅空電池	1.4V		−10〜60	●對微小電流用途	●助聽器、BB CALL	2 年
					●放電電壓安定	●呼叫器	
					●高能源密度		
	鋰-亞硫酸氫電池	3.6V		−55〜85	●放電電壓安定	●瓦斯表、各種計測器	
					●低於自己放電率	●選台器	
					●動作溫度領域很廣		
二次電池	鎳氫電池	1.2V		−20〜60	●負荷特性優	●數位照相機	
					●放電溫度特性優	●手機、PDA	
					●可 500 次回收充放電	●筆記型電腦	
						●耳機型錄音機	
	鋰電池	3.7V		−20〜60	●3.7V 高電壓	●手機、PDA	5 年
					●約鎳氫電池 2 倍的能源密度	●筆記型電腦	
					●放電溫度特性優	●數位照相機	
					●低的自我放電率	●V8 錄影機	
					●沒有記憶效果		
					●可 500 次充放電		

接下來介紹二次電池的鋰電池和鎳氫電池。鎳鎘電池的放電特性如圖 2.4.5 所示。鋰電池和鎳氫電池、鎳鎘電池等相比，電壓高傷耗方面比較早。而且超過界限的話，輸出功率就迅速地往下降。這樣的情況，超過固定的數值必須要立刻做斷電源處理。另一方面，雖說鎳鎘電池是電氣容量較少，但電壓的降低緩和，斷電源的處理比較有充裕的時間。鎳氫電池是比鎳鎘電池提供較長的時間電源。而且電壓的下降速度也是比較緩和的。

像這樣電池耗盡的處理是要了解每個電池的特性，這是非常重要的。必須要有判斷多少電力需要以後能提供多少給做判斷電源的處理和功能限定。由於這個電源判斷

第 1 章　第 2 章　第 3 章　第 4 章　第 5 章　第 6 章　第 7 章　第 8 章　附　錄　章末習題解答

恰當的處理影響驅動時間，可能會與其他公司的差異化產生。同時如果沒有寬裕的設計，有可能發生因電源斷掉的事故。雖說是高價，不過因為電池自己告知剩餘量的電池也有銷售，關於電池的選擇需要聚集充分的訊息之後才做決定。

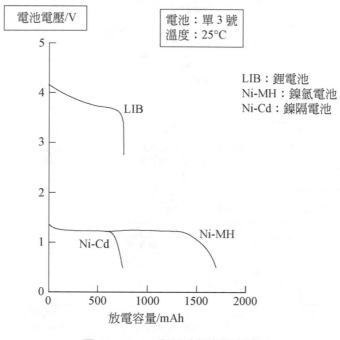

圖 2.4.5　二次電池的放電特性

電力是能源，所謂能積蓄的容量多，萬一讓這個能源急速開放時候(例如短路)就會發熱，經過一段時間後可能會破裂。這個電池內部的液體變得高溫的蒸汽化，電池內部壓力急劇地上升的事。為了不要發生像這樣的事故，必須要保護電池。根據過度充電內部短路發生異常發熱，也有冒火的現象。電池直接跟 AC 電源連接後電池冒煙的事故每年都會發生。

名詞解釋

強度

　　遙控器，常常掉落碰傷等，很多使用在容易被壞掉的環境，在容易被弄壞掉方面成為產品被減輕了價值。

　　雖說在製造工程中，執行很多種強度測試，從很多方向來加到一定的壓力來做破壞實驗，一般是用水泥磚塊或是衫木板從一定的高度掉落在遙控器的上面做破壞實驗。測試的結果，有被破壞的樣子和被實施外框的補強。

　　另一方面，雖有外框體沒有被破壞，但要考慮電池掉出資料破壞等。想辦法讓電池不掉出，即使電池完全脫落資料也可以重新再現的處理方式是必須要做出這樣的產品。

防水

[即使掉入水中但内部水沒有滲入進去]等、稱為 JIS 防水保護等級有根據保護構造的規格、根據等級很多種動作被規定。

在防水設計方面、如果水滴無法進入產品内部的話、那空氣也變成很難進入產品内部、在内部產生的熱度就無法散熱、變成容易產生爆熱。做為對策處置、對熱度的監視是必須要由硬體和軟體來對應的情況也有。

2.5　把多樣的輸出入設置到嵌入式機器(PDA)

在這方面，像電腦一樣提供一般的電腦功能的 PDA(Personal Digital Assistance)的說明。

一般來說，PDA 是有搭載作業系統、灌有周邊機器對應的驅動程式及應用程式等、提供和主機的資料交換等等。而且，執行對任意機器、網路、通訊等的支援提供用豐富高度的功能。關於 1 個公司對這些全部的開發執行，很多情況投入太多成本開發任務增多。為此應用程式及中介軟體等，一般是幾家公司合作開發。如果實際標準的架構活用，成為容易導入。

在本節方面，如果表示用嵌入式，對於周邊的機器的介面來解釋說明。

2.5.1　PDA 的功能

圖 2.5.1 是，採用 Windows CE 的 PDA。從接受作業系統製造商的支援、網頁瀏覽器、郵件信箱等等功能，變成不需要在自己公司開發。還有，從其他軟體也可以從專業製造商導入進來，只有自己公司的差異部份自己開發，這樣開發效率比較好。

當然應用程式是網頁瀏覽器及郵件信箱功能，考慮和主機聯合、文件瀏覽或和通用型的資料可以交換的軟體等裝置如表 2.5.1 所示。

而且，為了保護個人的資料，也會執行資料備份。製造商也有從其他公司導入多種的軟體，開發中心方面也為了執行自己機器介面部份及各應用軟體之間的相關連的功能，變成為處理多媒體的資料，不僅有記憶體量的增加，即使掌握繪圖速度的事，也需要加速器。

表 2.5.1　軟體的規格明細

作業系統	Micorsoft® Windows® CE.NET 4.1 日語版
應用程式	Windows 多媒體播放 Internet Explorer5.5 for CE 電腦相關軟體 文件瀏覽 收信信箱 Windows Messenger for CE 靜止畫面瀏覽 手寫記事本 記事本 PIM 軟體 時間 計算機 基本功能表 記憶卡備份 遊戲

(資料提供：株式會社日立製作所社)

圖 2.5.1　PDA 外形照

註) Microsoft、Windows 是美國微軟在美國及其他國家所註冊的商標

2.5.2　PDA 的硬體結構

PDA 的硬體是小型化、輕量化、考慮擴充性、簡單型。這個 PDA 產品的特徵，有考慮支援到單手操作時輕推轉動，有基於利用極強的對準標準無線 LAN 的裝備點。可裝置在背面持有擴充的 PCMCIA 插槽介面。

關於 MPU，使用 RAM 的架構是採用英代爾公司的 Xscale，其起動周波數是 400MHz。為了可以在 RISC 架構的 ARM 方面用 1 時脈來執行命令，成為約 400MIPS 的性能。有內含 1000mAh 的鋰電池，可以驅動時間約 10 小時。

在 PDA 方面，有搭載著快閃記憶體 32Mbyte 和 SDRAM 32Mbyte。為了支援各式各樣周邊機器，連繫著周邊匯流排的控制器。為了顯示系列的高速化和小型化，採用內建 USB 裝置的顯示卡半導體。開發高性能的 MPU 和週邊電路統合的 FPGA，減低半導體的數量讓基板的面積變小。在圖 2.5.2 的例子方面，使用了 10 層的多層基板。螢幕是 TFT 的 QVGA 大小的液晶 64 萬色顯示。在多媒體功能的支援方面，是用硬體來實現或是用軟體來實現必須要加以檢討。

像這樣在使用積體化高的基板產品的開發方面，實際的機器上很難偵錯。為了降低成本化，記憶體的製作備份等也會發生，變成無法預想得到的故障原因。作業系統及半導體的供應商，可以準備開發各式各樣的工具像通用型的開發一樣。

表 2.5.2　硬體的規格說明

MPU	英代爾 PXA250
ROM	快閃記憶 32Mbyte
RAM	SDRAM 32Mbyte
顯示畫面	3.5 吋型彩色反射 TFT 液晶 解析度 240×320 點 顯示色 65536 色 照明 前置照明方式
輸入裝置	接觸式面板、輕推轉動
通訊	無線 LAN IEEE802.11b 標準
介面	MMC/SD 卡溝槽
電池	內含鋰電池：1000mAh 電池驅動時間(最大)：約 10 小時(25℃) 傳送資料通訊時間：約 1.5 小時 充電時間：約 3 小時
外觀尺寸	77mm(W)×108mm(H)×17.8mm(D)
重量	155g
使用溫度	0～40℃(但充電時為 5～35℃)
使用溼度	30～80%RH(但不可以有結霜的事)
連接架框	USB 主機

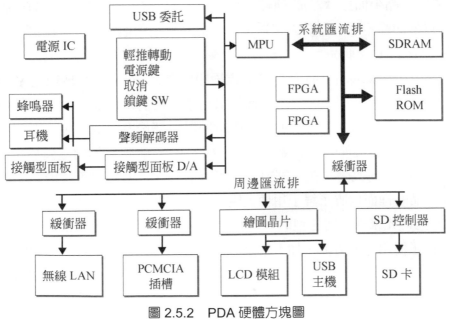

圖 2.5.2　PDA 硬體方塊圖

　　而且，為了使在實機的開發成為可能，根據 JTAG 停止程式，支援根據 JTAG 停止程式，取出記憶體和暫存器的內容，執行複寫程式等功能。JTAG 是使用串列介面可控制 MPU，基板上不需要太大的空間就能實現偵錯功能。關於要使用執行實際機器的開發，必需要確認好作業系統製造廠、半導體製造廠提供哪些的開發環境。同時，關於提供被開發活用 JTAG 介面的模擬器裝置工具製造廠商，最好在資料收集時能好好地檢討。

　　雖說嵌入式機器 MPU 的發展速度驚人，但也有逐漸消失的 MPU。不只有架構的良好而已，根據周圍的開發環境等也是影響很大的原因。舉例說明，即使編譯程式的功能也有所差異，這些是決定產品品質，也是必要注意對於開發環境的錯誤。如果版本的改變，現今傳動的東西也有可能無法傳動的情況也有、編譯程式等的提高開發環境的版本的事也是必須要十分的檢討。

名詞解釋	記憶體的備份
	記憶體只有使用 8MB 的時候，位址匯流排是只能解碼到那裡。若系統超過 8MB 位址的存取的話，8MB 內的記憶體變成為改寫。像這樣不被安裝的記憶體但可以看成有位址空間被安裝在記憶體上的印象稱為記憶體備份。

2.5.3　LCD 控制

　　對於 LCD(液晶平面顯示器)的種類，有 STN(超扭轉式向列型)、TFT(薄膜式電晶體型)。除此以外的顯示器，作為大型扁平顯示器的有電漿顯示器，做為自發光型的第一次被嵌入的有機 EL 等商品。

　　STN 液晶是一張玻璃的上面把 X 軸的電極印刷進入，在另一張玻璃把 Y 軸的電極印刷進入。再把這兩張玻璃重疊結合，像棋盤格子一樣的電極被張貼。液晶是兼具備有液體性質跟固體性質的物質，當加上電壓時固體的部份方向改變，一下可透光一下又不透光。在 2 張液晶玻璃的之間填充進去，如果在 X 軸跟 Y 軸的電極加入電壓，在那交差部份的液晶方向改變。在那裡對光，可以看到文字或影象等被顯示的東西。對於 LCD，在液晶的裡面放置了鏡子用使太陽光反射來顯示出反射型和在液晶的裡面放置了通過背照光的光來顯示透過型的東西和，兼具有兩方特徵的半透過型。

　　在 STN 為了使用電極方面，加上電壓點的周圍也容易受到影響，周圍的液晶也變成像透光一樣，無法產生對比等缺點也有。但是，有構造簡單、低價格的優點。

　　TFT 改善了 STN 的缺點，使用電晶體來替換電極。把半導體製造技術活用往高度精密細緻化前進。

　　電漿顯示器把 2 張玻璃的之間用高壓方式封入氖氣或氙氣，這裡是加上高電壓的發光技術和螢光管或氖氣管同樣原理。比液晶較大型尺寸的產品較容易製造。40 吋以上的大型顯示器裝置是電漿顯示器、小型的尺吋電視也有被使用。為此電漿顯示器不適合加上高電壓、移動等省電力的商品。

　　有機 EL 是有自發光。因為背照光等電力消耗的驅動程式不需要，行動型的驅動程式被受注目。

　　對於 LCD 的解析度，如表 2.5.3 所示，分為通用型和映像型，有朝向實際的標準化前進。

　　用 LCD 顯示的情況，有二種控制顯示的代表方式。

　　一種是使用 RAM 來顯示的方式，稱為 MPU 的 VRAM 的記憶體來顯示所寫出的內容和 LCD 驅動程式的自動的參照 VRAM，在 LCD 裡來設定資料。

表 2.5.3　表示區域的名稱及解析度

	名稱	解析度	畫素數
通用型	QVGA	320×240	76800
	CGA	640×240	153600
	VGA	640×480	307200
	SVGA	800×600	480000
	XGA	1024×768	786432
	SXGA	1280×1024	1310720
	UXGA	1600×1200	1920000
	QXGA	2048×1536	3145728
	QUXGA	3200×2400	7680000
ITU(映像通訊相關)	CIF	325×288	93600
	4CIF	704×576	405504
	QCIF	176×144	25344
	Sub-QCIF	128×96	12288

　　這個方式是，如果在靜止畫面等的顯示方面只有讓 VRAM 和 LCD 運轉的話，為了讓其它的設備為待命模式，可以實現省電設計。但是，因為無法同時取得寫入，動畫顯示等的情況，LCD 驅動是一個畫面寫入結束前，如果 MPU 在 VRAM 裡把資料重

複寫入的話，有的畫面無法顯示正確的情況。為此，放入從 LCD 到 MPU 的平行同步信號的中斷，也有在這個時序裡把一個畫面部分的資料寫入用軟體程式來處理的產品。在 PDA 的例子方面，是使用這種方式來處理的。

還有，VRAM 是附屬在 LCD 上，如果 LCD 控制器的位址和資料的寫入，也有被顯示的類型。這個方式是，在 LCD 控制器上有 1 畫素的暫存器，在這的畫素同步脈衝結合每個寫入的畫素資料。為了控制 LCD 的硬體幾乎和 LCD 是一體化，雖說可以把硬體縮小，為此如果畫素不繼續寫入的話 MPU 常常無法驅動，無法設計成省電。

使用 DMA 來轉送寫入的顯示資料，是為了有效減低 MPU 的負載。DMA 控制器沒有介於 MPU 之間，從輸入裝置把進入的資料寫在記憶體、或是記憶體的內容轉送到別的記憶體，帶有把記憶體的內容寫到輸出裝置上的功能。在這之間，如果沒有匯流排的競爭，MPU 是能去作別的處理。由於改變 DMA 控制器的設定的事，變成可能不使用 MPU 的資料的轉送。

2.5.4　輸入輸出介面

在嵌入式機器的輸入輸出機器的連接方面，為了顯示出輸入輸出的功能，周邊機器的輸入功能和考慮 MPU 的處理能力的平衡，必須要決定介面。(表 2.5.4)是做為通用型的輸入輸出介面，有並列介面和串列介面。印表機跟電腦等的通用電腦相連接的時候所使用介面轉換器是有 8 位元平行介面。同時為了 8 位元的資料處理、連接器的形狀也變大，電線也變寬。

另一方面，用 RS232 跟數據機及電腦等的連接到通用電腦，是串列介面。電腦內部的使用 LSI 把平行的資料為了用每 1 個位元傳送到 UART 等。USB、IEEE1394 等也是使用串列介面技術，使用紅外線的 IrDA 也是使用串列介面的。

這些的介面作為被連接在周邊機器的有外部記憶體、高速的 LAN 整流變壓器等。這個時候，如果有 USB 介面及平行介面的利用情況，而且有使用高速的電腦介面卡規格(PCMCIA 介面)的情況。為了在電腦介面卡規格是用 32 位元的匯流排(Card Bus)來傳送資料，可能變成高速的處理(最大 1Gbps)。

另一方面，為了 68 接腳的連接器部份有發生插拔次數的限制。在嵌入式機器跟通用型不同方面，也有驅動程式、介面電路沒有被配備的。USB 或是平行，PCMCIA 卡介面的支援可寄望選擇設備支援的事。選擇 MPU 的時候，選擇對周邊機器的驅動軟體程式的配備是很重要的重點。

表 2.5.4　代表性的通訊相關連的輸入輸出介面規格一覽

	介面名稱	通訊方式.速度	特徵	主要用途
1	串列	RS232C 最大 115.2kbps	根據美國電子工業工會的標準	用在連接通用型數據機
2	USB	USB2.0 最大 480Mbps	利用主機計算機和周邊機器的連接。非對稱的介面	CD-R、HDD 等的連接
3	IEEE1394	最大 400Mbps	最大可以連接 63 台的菊花鏈機器。可供應電源	通用型的機器和其周邊機器連接用
4	IrDA	IrDA1.2 0.2m 以內 最大 115.2kbps	使用紅外線串列通訊	通用型、行動電話、印表機的連接用
5	Bluetooth	Bluetooth1.0 10m 以內 最大 1Mbps	使用在 24GHz 附近的無線	通用型、行動電話、周邊機器的連接用
6	平行轉送	轉換器 IEEE1284 (原本的轉換規格、標準化過的規格)	用 8 位元單位的傳送	通用型、周邊機器的連接用
7	Ethernet	1000BASE-T 1000Mbps	配線容易在協定堆疊也豐富	LAN

2.6　有必要的特定功能嵌入機器(數位相機)

從數位照相機到行動電話為止，照相機功能有向上提升的需要。跟軟片照相機相比較，所謂和以往數位照相機的照片品質差異，可期待對應功能向上。很難配合顏色的調整，對於要調出萬人看了都能稱讚「很漂亮」是需要花費很多的時間及經驗技術，對於決定日期的產品開發是很難的。而且，操作性、外觀設計等也都被重視，人體工學設計、通用設計等廣泛意思的可用性必須重視具有對應的政策。

在開發數位照相機方面上有以下幾點的任務：

(1) 畫質

(2) 色澤調整

(3) 連續攝影

(4) 省電設計

(5) 小型輕量化

(6) 照片印刷

(7) 成本

在這一節，特別對於照相機的零件部份、特徵來解說。

2.6.1 數位照相機的功能

初期的數位照相機是，使用稱爲「靜止畫面照相」JPEG 取代提供軟片照相的功能。但是，根據加速器等的開發，動畫 JPEG、MPEG 等技術的進步，變成也可以錄製動畫。

動畫的資料是大容量的，只有內建的記憶體是不夠用的，變成必須外掛記憶體來支援。還有，雖說是數位照相機，也有 USB 及 IrDA 等介面的支援，透過電腦等直接發送資料到印表機，變得能列印照片。

2.6.2 數位照相機的硬體結構

數位照相機的硬體方塊圖在(圖 2.6.1)的例子方面，主要半導體的晶片是 JPEG(聯合圖像專家小組)、MPEG(動態影像的壓縮標準)、DSP(數位訊號處理器)、把記憶體堆疊的半導體 SiP(系統整合型封裝)和 MPU 成爲主要產品。

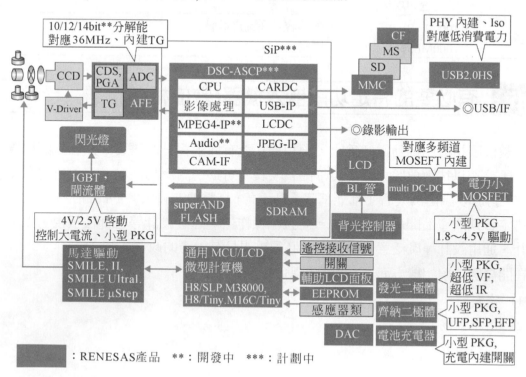

(資料提供：株式會社)

圖 2.6.1 數位照相機的方塊圖例

照相機部份是，照像部份、閃光器、鏡頭驅動的馬達控制部份所構成的。外部記憶體有 SD(安全數位記憶卡)、MMC(多媒體記憶卡)、CF(Compact Flash)等介面的支援。為了連接印表機、USB 主機也有支援。

2.6.3　照相功能

在最近，從 CCD(Charge-Coupled Device)零件有高解析度，省電的立場到 CMOS (Complimentary Metal-Oxide Semiconductor)零件的一點一點改變中。

CCD 零件是用專用的處理來生產。而且對於驅動必要有驅動程式 IC，根據 CMOS 變成需要很多的硬體。CCD 是用類比擷取資料，在 MPU 轉成數位化。為此，可作出漂亮的畫質。CMOS 是為了取得變成數位的資料，在電路的中途不用注意雜訊，且可以使用 MOS 系列半導體技術，可期望小型化。CCD(12V～15V)比 CMOS(3V)的低電壓省電(約 1/5)設計，容易高積體化。在 CCD 方面，在強光下面發生縱格紋出來的稱為污點現象。污點是對資料擷取轉送中上構成 CCD 的照片感應器，如果被照射到強光的話就會有縱格紋的現象。

對於 CMOS，宣稱有暗示雜訊、縱列雜訊、動態失真的弱點。暗示雜訊用在黑暗的照片雜訊發生。這些原因是從零件的洩漏電流，在電壓高的 CCD 方面變成不容易洩漏電流的構造。縱列雜訊是零件受光電壓變換時雜訊產生的現象，隨著畫素數的增加這個雜訊也增大。動態失真是零件的資料讀出時間內被寫體移動而產生的歪斜的東西。這是把讀出速度變為高速就可以解決的。

對於產品化時，照相機的照相部份，根據在鏡頭等的設備畫質差異的特徵的認知方面，必須要執行顏色的調整。而且根據個人及文化對色彩的喜好而有所不同。為此，對於在世界各地所販賣的數位照相機的情況，色彩調整功能變成是有必要很大變更的事。

名詞解釋

人體工學設計

有從人體工學來思考設計的事，人體使用方便的方向來設計。很多適合人體的接觸。「比較不容易疲倦」、「感覺合身」等作為目的設計。

通用設計

通用設計的提倡者是北卡羅來納州立大學的朗·麥斯先生。為了沒有區別讓很多人都可以利用，定義了產品、建築物、空間的設計，直覺就是可以利用的樣子，插圖中心的使用也是一個例子。

2.7　追求行動性的嵌入式機器(行動電話)

　　根據行動電話的急速普級化，從以往以通話為中心的功能轉變成多媒體的意識功能。1979 年的汽車電話發行以來，小型化、輕量化和價格低廉的進步。1987 年的類比式行動電話是以 750g 被生產的，1996 年的數位電話生產時是變成突破到 100g 重量。只有語音或是資料的通訊都便成可能，各式各樣的內容普及化，也產生新的商業機會，來電音樂、來電影像等，朝著多媒體化前進。

　　在行動電話開發方面有幾個方向：
(1)　省電
(2)　良好的回應操作
(3)　安全性
(4)　信賴性
(5)　小型化、輕量化

　　本節的課題將從雜訊在聲音的數位化標準、省電設計、應用處理器、共處理器、加速器對於開發的流程來解說。

2.7.1　基礎設備的變化

　　在行動電話的世界裡，雖說 GSM 方式取得較大的比例，在使用者的急速增加頻率的有效利用變成為不可欠缺的，GPRS 等新的高速資料通訊也是可能的方式，還有對抗雜訊很強的多媒體能對應 CDMA 方式的行動電話，也投入市場。

　　GSM 的普及，架構的實際標準化也跟進半導體裝配，如果購買軟體到放入筐體被作成行動電話一樣的塑膠模型的水平已經是被實際標準化。

　　CDMA 是隱密性比較高，可以有效活用頻率的方式。作為半導體製造商的戰略和 GSM 一樣的，提供半導體配備及軟體，誰都可以以開發為目標。但在日本的多媒體對應是不怎麼對高性能的支援也有不追求的狀態。在市場裡投入把產品差異化是各製造商把通訊的部份及應用程式的部份讓別的 MPU 處理(應用程式處理方式)、或讓複數的 MPU 處理不足的能力(共同處理器方式)、或讓搭載的專用硬體處理(加速器處理方式)。

　　在日本方面，導入 PDC(Personal Digital Cellular)、PHS(Personal Handy phone System)等獨特的系統。最近被稱為第三世代 CDMA2000 1xEV-DO，對應 W-CDMA、電子郵件、網際網路、多媒體功能裝置行動電話投入市場。另一方面，美國即使現在這方面，類比行動電話也是具有相當比例的。

2.7.2　行動電話的功能

本來在行動電話裡必須要有的通話功能。通話功能是比全部的功能優先執行的功能。即使不管在任何情況下，如果有要接收電話的情況，打電話的人絕對要讓使用者知道有來電。最近在這方面，電子郵件也變成重要的功能。在美國方面，除了緊急電話外，可以通知來電顯示的功能也非常盛行。這是使用 GPS 的經度緯度來通話和同時顯示功能。

在日本方面，多媒體的功能非常盛行，有提供數位照相機、螢幕電話、MP3 播放、錄影、讀取條碼、遊戲、JAVA、BREW、網路攝影機、收音機、電視等等很多流行的功能。

2.7.3　行動電話的硬體結構

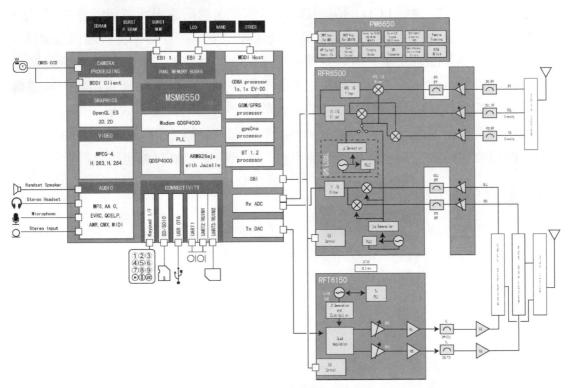

圖 2.7.1　行動電話的方塊圖

圖 2.7.1 為行動電話的方塊圖，這是具有 CDMA 和 GSM 兩種方式，用五個半導體所構成的。由電源、天線、通訊基頻部的三部份所搭配構成的，雖說 ARM 處理器和通訊部分所對應的 DSP、MPEG、2D、3D 繪圖器及聲音對應的 DSP、加速器、照相機對

應的 DSP，作為週邊機器的介面、SD 卡的介面、USB 介面等，現在流行全部都加入在一個半導體裡面。

行動電話是不能允許有什麼原因，讓行動電話無法使用的產品。尤其是跟人命有相關的時候，製造商與通訊公司方面，不希望有這樣的情形發生，這需要花很長的時間來進行測試，且花很大的費用來做信賴性的評估及實施現場測試。

2.7.4　雜訊

行動電話是靠擷取電波的產品，雜訊對行動電話的品質影響非常大。對於所產生的雜訊有基板的配線、天線的位置、和相關顯示機器，與框體等複雜的原因相關連。為此，實際上的手機最後測試是必要的，也有無法通過測試的手機。

所謂雜訊，就是不正常的脈波頻率，舉例來說，為了執行高速 LCD 畫面顯示，必須把顯示內容用高速轉送到 LCD 的驅動設備。這個轉送越高速畫面越清晰漂亮。但是，如果零件設備裡面有 LCD 佔有面積較大時用高速頻率來傳送資料，資料通過匯流排，大雜訊都是在內部製品裡產生。有時是變成發生錯誤的動作的主要原因。特別是像行動電話一樣擷取電波的產品方面。如果這些是雜訊源頭，天線要如何長距離配線成為重點，還有，像怕雜訊的機器能不受影響一樣的話必須要用軟體程式來控制雜訊產生的起源的機器。產品雜訊產生不要輻射到外部被呼籲，且擔心對人體有所影響。隨著不要輻射的增強對健康有害，對產品外部不要的雜訊產生必須有義務要執行對策。

2.7.5　聲音的數位化的標準

從把聲音的資料輸入、放聲、儲蓄、活用方面來整理的話如表 2.7.1 所示。各個資料的壓縮率、音質等有所差異，必須根據用途來分類使用。

表 2.7.1　聲音的資料形式

功能簡介		必須的檢查重點	規格
輸入	從麥克風的輸入	為了聲音是類比的資料必須要轉換數位化	A/D 轉換器
	從 DVD 等的目錄的輸入	用數位的標準化格式處理	PCM ADPCM MP3 AAC MIDI SMAF
	從通訊的輸入	在類比電話方面、聲音是用類比來傳送 在行動電話方面、是用數位方式來傳送	QCELP CELP G.711
放聲	從喇叭的輸出	把用數位收藏的資料類比化	D/A 轉換器
	用目錄的輸出	遵從數位的格式輸出	放聲引擎
儲蓄	檔案的輸出	把格式化檔案輸出	標準格式、獨自格式的收藏
活用	認識	認識和引擎合作。語言設定、來電者設定等	──────
	合成	聲音資料的放聲	──────

2.7.6　省電力設計

在行動電話產品方面電源的問題很大。舉例，在行動電話方面，為了跟基地台頻繁電波狀態監視來執行通訊，電力消耗變得很大。為此必須設法使用省電力(圖 2.7.2)。

所謂省電力設計，用一句話來形容就是不使用時把電源關掉，在行動電話方面內部 MPU 的時脈為動態變化，努力用必要最低限的能力處理。還有，如果全部處理完成的話，MPU 立即進入等待狀態，讓消耗電力降低。而且過一段時間後就進入睡眠狀態。最後成為處於電源關機的狀態。對 MPU 電源關掉的轉移的時候是必要顯示的情形，只操縱顯示低消耗電力的 LCD 控制器。還有，消耗電力較大的後照燈等的亮度調低，於幾分鐘後熄滅。

雖說像這樣的狀態改變用來實施省電力設計，在硬體方面，如果有在各個的狀態產生漏電的情況。

在高集積的開發方面，需要由設計的時候作為討論項目。試製的時候，電力的消耗狀況必須要常常檢查，如果不採用省電力對應策略，對連續開機的時候有很大的影響。

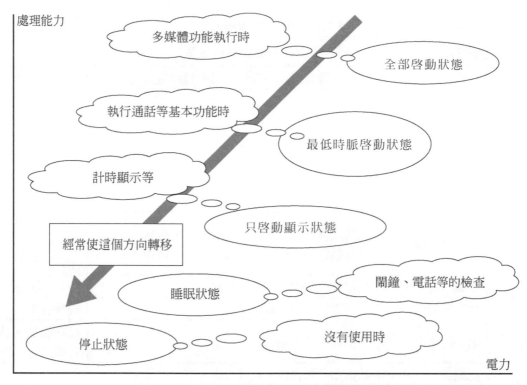

圖 2.7.2　省電力狀態

　　為了把這些的功能效率有效實現，在行動電話方面，電源控制用特殊的硬體或使用小型省電力的 MPU 等，定期的把本機啟動，且也要檢查環境的情況。如果於定期的狀態檢查中，也有電話、電子郵件情況，由使用者要求系統全體啟動能使用狀態。

　　把哪個程度的 MPU 時脈啟動，依存在應用軟體上。如果只有通話功能的話，把 LCD 的電源開機，MPU 是通訊時必要最低的功能被建立起來的。沒有繼續任何的動作狀態的話 LCD 後照燈熄燈，終於到電源關機時轉移。而且，被要求多媒體等的 MPU 功能的情況，把 DSP 及 MPU 的處理能力最大化。把 MPU 的時脈幾個要啟動，根據處理的內容。對於一般來說，使用高速時脈，雖說於短時間處理完成的比較省電，要用具體的例子來好好檢討的事是有必要的。

名詞解釋

小型化

　　在嵌入式機器方面，小型化成為很重要的因素。在行動電話等方面，容量和重量是顧客判斷的主要原因。為了實現小型化，使用 3D 的 CAD 系統。

　　在最近的 3D CAD 方面，基板、加強板、屏蔽板等，實際的部品資料和組裝情況進入的話，最後製品的容量和重量用在電腦上檢查。同時也可以計算強度，對從很多方面來的應力、強度的問題有沒有問題，事先可以檢查出來。

熱

　　零件的動作環境是根據零件廠商的規定。在汽車用的製品方面，炎熱的夏天被停車的車內有將近 80 度左右的熱度，在寒冷的冬天，也有零下 30 度或零下 40 度。因為是人要乘坐，雖說考慮在－10 度～40 度之間動作就可以，即使沒變成為動作環境還是可操作。

　　像這樣的時候，硬體爆裂的情況也有，也有再現性低的故障發生的事。

第 1 章
第 2 章
第 3 章
第 4 章
第 5 章
第 6 章
第 7 章
第 8 章
附　錄
章末習題解答

總結

　　在嵌入式機器方面，軟體跟硬體及配合使用者的需求也是很重要的。取得可以平衡的成本、功能在製品的開發進步是營業成功的重點。在本章方面對以下幾點加以解說。

1) 基礎知識

① 收集根本工作的表面、半導體或製品的不同資料，能使工作進行順利圓滿。

② 有安裝合適硬體的半導體封裝的種類。

③ 使用分類出記憶體的種類產品的特性的事物開發。

2) 對特定用途的處理器

　　使用 DSP、GPU 等的特殊半導體，使用這個方法，來考慮嵌入式機器的架構，製作出高性能的嵌入式機器。

3) 小型化的技術

　　根據 FPGA、SoC 技術來實現小型化。還有，進行開發語言，也有可能縮短事前的模擬開發期。

4) 單純的嵌入式機器(遙控器)

① 用軟體程式來對應硬體的顫動現象等。

② 使用電池的種類和特性，必須從了解注意事項來開發。

5) 有輸入輸出的嵌入式機器(PDA)

　　實際標準活用的事可能用經濟的開發上。

6) 必須要有特定功能的嵌入式機器(數位照相機)

　　在訴求人間的感性產品方面，有用在熟練後技術的調整等。為了實現單元的開發，功能提昇等技術革新也是必要的。

7) 追求行動電話的嵌入式機器(行動電話機)

　　對於行動電話的基本設備和多媒體的對應，須要大規模的軟體開發，須要高信賴性開發的技術。

　　作為最近的開發方式，市場已經取得信賴性贏得勝利的模式實施(軟體、硬體)組合成產品開發、開發期間的縮短和開發費用的減低，而且，製造方向也以信賴性高的產品。變成核心考核技術是自己本公司開發的，打算提高競爭力。產品的附加價值和信

賴性是製造加入自己的東西。想努力製作出好的產品累積經驗,從平時開始收集資料。現在是,到達到硬體的功能提升,即使還有 2 年的議論、5 年後的事,所以還不可以和客戶約定。另外,對於必須要給予注意的再利用的事,其考慮到嵌入式機器的生命周期,硬體的選定、軟體的繼承,5 年或 10 年的保障也是不可少的。

第 1 章
第 2 章
第 3 章
第 4 章
第 5 章
第 6 章
第 7 章
第 8 章
附　錄
章末習題解答

習題

問題 1 請把下列文章的 a 到 u 填入適當文字

① 對於電池的種類，有 a 和可充電的 b 。根據構成電池的物質的放電時間、電壓的改變，這稱為顯示特性 c 。

② 半導體的開發技術是， d 、 e 前進，用一個半導體產品的基本功能把嵌入技術 f 被注目收集中。

③ g 是，稱為當開關放入時不穩定狀態。為了防止錯誤動作，根據 h 加入負載，根據 i 必須要有的對策。

④ 對於記憶體種類，有無法寫入的 j 和可以寫入的 k 。最近的大容量記憶體是， l 被使用。

⑤ 對於 LCD，有代表的 m n 兩種類。 m 是，反應速度也快，最近在行動電話方面也變成越來越多被使用。

⑥ 在 o 架構的 MPU 方面，考慮這個動作的時脈、命令的執行速度，使用 400MHz 時脈的 MPU 方面，有 p 的能力。

⑦ 對於 FPGA，有 q r s 的三種類、 q 是如果關掉電源的話為了邏輯的消失，必須要外掛 t 。

⑧ 在多媒體分類方面，為了多用積和演算，使用 u 的情況也有，被製作成用 1 時脈來執行可以演算積和。

問題 2 在以下的開發表面方面，以那些資料為基礎，應該要注意那些在開發前進方面請述敘說明。

(1) 選定半導體及零件的情況

(2) 選定零件運用自如的情況

(3) 不良品及故障的發生時

問題 3 作為提高嵌入型機器的功能，雖然有考慮到提高對應運作時脈的事，把時脈提高的話，周邊機器也必須使用高價位的東西，還有，也須要電力。時脈不提高的話，分散處理的事在嵌入式機器裡開發方式請舉出兩種方式。

第3章
軟體基礎知識

在本章將談論和以前的串列作業系統相關知識學習，對必要的 ROM 化、省電力、中斷、程式設計等的嵌入式軟體基礎說明。關於 ROM 化方面，說明把區段和位址再定址為中心。還有，關於中斷方面，說明結構的概要與每個使用方法和優點。

中斷是為了構築即時系統，硬體必須提供的功能。RTOS 是利用中斷功能，為了提供構築即時系統的結構。在這章裡把中斷和即時功能的關係，用舉例方式加以說明。

即時系統雖說是多數的執行單位(任務)，且把同時以進行多程式的處理作為前提。說明作為多程式的必須知識，重入子程式的製作和執行其它相關控制。

3.1 執行程式環境的製作
從軟體的觀點來看記憶體的種類及使用方法，嵌入式軟體特有的一個連結模組和為了讓執行多數連結模組的載入器功能等說明。

3.2 區段及位址再定址
對於為了把程式 ROM 化，構成程式的區段相關知識是必須要有的。在這方面區段的意思及處理方法，為了位址再定位，編譯器，連結器，說明載入器完成的功能。從那觀點來執行 MMU 簡單的說明。

3.3 電源管理功能
電腦的電源管理功能是為了讓電腦的電力消耗減少的功能，簡單說明省電力功能的概要。

3.4 中斷功能的利用
對這功能執行簡單整理，根據上下文的獨立性和排除浪費的輪詢迴路的事。說明對有效利用空出時間，對 RTOS 功能的本質理解介紹。

3.5 為了設計即時程式的基礎知識
很多的場合說明有嵌入式軟體是即時系統。在這方面，為了構成即時系統必須的基礎知識有其它控制和重入常式的說明。

3.1　執行程式環境的製作

　　嵌入式軟體程式是所屬開發觀點層級模式的上層，即使不依賴執行環境的軟體開發沒有的限度，經常考慮執行的時候環境必要迫近。如果是通用型的應用開發程式，不太考慮執行的時候環境，只考慮開發環境所提供的功能依賴來執行程式開發。在這點，嵌入式軟體開發和通用型有很大的差異。在這方面成為必要 ROM 執行環境為前提知識的說明。

3.1.1　ROM，RAM 的使用方法

　　當嵌入式軟體程式開發時，首先要考慮到的是執行程式設計記憶體的構成。在電腦等通用型的應用程式開發方面，不被要求關於執行環境要很多的知識，程式被執行於當必要的處理時，編譯器及連結器，還有作業系統全部被執行。這些是關於程式設計怎樣給予處理，不必要了解太深。

　　可是，在嵌入式系統方面不能這樣。因此，為程式的執行環境整合作業，軟體程式設計者必須要思考。而且必須事先成立，原本嵌入式機器使用方法和嵌入式軟體更新辦法等的要求，怎樣的記憶體構成也必要討論。

　　實際上，記憶體的構成常常根據硬體設計上的問題和記憶體的價格來決定。可是如果不預先知道從軟體的觀點、有什樣的記憶體種類，作為對象的硬體取著怎樣的記憶體構成是無法設計軟體。

　　嵌入式軟體程式是較多提供被 ROM 化的。從軟體利用 ROM 的觀點大致區分的話，如圖 3.1.1 所示，大致區分為 2 種，有不能用程式重寫的類型和可以重寫的類型。

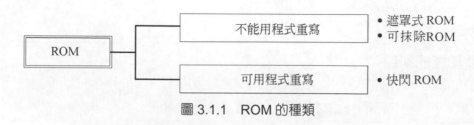

圖 3.1.1　ROM 的種類

　　不能用程式重寫類型來表示的 ROM 是嵌入式系統製造時就把資料寫入，所以不可以第 2 次寫入的遮罩式 ROM(Mask ROM)。根據紫外線的遮罩，可以再次把資料寫入可抹除 ROM(Erasable ROM)等的存在，從軟體來看同樣種類可以分類出，在特別的環境沒有操作的限制，另有不能重寫類型。

另一個是根據程式的指令，內容可重寫，稱為快閃記憶體(Flash ROM)。但是，雖說根據程式能重寫，但無法像重寫 RAM 一樣。可以說用某塊單位，像重寫外部記憶體的扇區一樣的操作重寫 ROM。快閃記憶體除了可重寫以外，也有 ROM 作用，快閃記憶體上的程式也能執行，不過，比一般的 Mask ROM 等存取速度慢。

對於修改程式，快閃記憶體比較便利，對於程式設計版本變更的支援機器維護有必要使用快閃記憶體。最近使用快閃記憶體的嵌入式系統變得比較多。

像這樣的 ROM 怎樣利用，軟體程式設計是重要任務。做為一般的使用方法，如圖 3.1.2 所示，有 2 種使用方法。一種是把 ROM 當做外部記憶體來使用，作為檔案的一種(ROM 檔案)處理方法。這個情況，用 ROM 儲存程式，傳送到 RAM 執行。在這方面，從通用型的外部記憶裝置讀取記憶體來執行程式是採用同樣的方法。快閃記憶體被這樣使用的也很多。

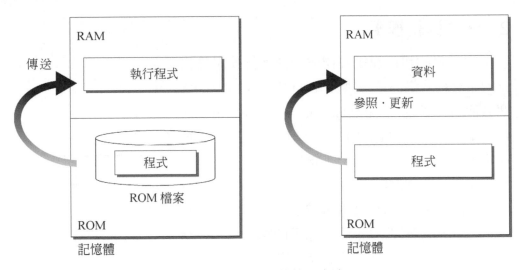

圖 3.1.2　ROM 的使用方法

別的使用方式是把 ROM 裡所寫入程式和資料的狀態執行參照的方法。這個情況，程式需要可以執行的狀態在 ROM 裡被寫入。雖說在通用型是不必要知道的事，其實，程式在連結後的狀態和執行的狀態是有所差異。關於上述，在後面的節會詳細說明。

另一方面，RAM 也是有幾個種類。在大容量的程式執行使用的 RAM 來說，DRAM(Dynamic RAM)被使用的較多。DRAM 只有在提供主電源的情況下才有持續記憶，如果把主電源關掉記憶的內容就消失。

保持被重寫的內容，下次執行時候常常想參照那個的情況也有。例如，住址名簿的記憶、功能指示、某處理的日期和時刻的記憶等，常會有的要求發生。主電源斷電，用電池和乾電池繼續記憶的SRAM 被使用。從電池的消耗量的問題以外，SRAM比 DRAM 容量小不能裝配。

構成記憶體的 ROM 和 RAM，從程式設計來看只有位置不同，如圖 3.1.3 所示。用 MPU 的載入／儲存等指令，雖說是記憶體讀寫，怎樣的記憶體被配置，能寫上資料或不能寫上，記憶體的大小決定成爲對象的地址。

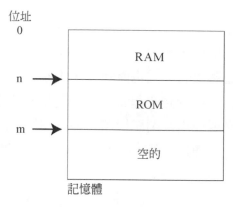

圖 3.1.3　根據位址區分

3.1.2　一個連結模組

把多個編譯過的目的模組製作成一個執行模組是嵌入式系統的設計程式最簡單的執行環境，如圖 3.1.4 所示。

這個名稱爲一個連結模組(One Link Module，單一連結模組)。一個連結模組如圖 3.1.5 所示，被配置的 ROM和 RAM 執行移除。一個連結模組跟程式容量的大小無關，多被用在嵌入式軟體程式方面。

當投入電源時，電源 ON 的中斷產生。不管是何種的MPU，從這個中斷處理被開始時。在這個時點方面，RAM的內容是有不定，RAM 變數初始值等還沒有被設定。

即使是通用型的設計程式，對於被連結的程式，開發者在撰寫程式以外，爲了整合程式的執行條件，作業系統及編譯器準備了被附加的模組。這個模組稱爲是起始例行工作。例如，起始例行工作是準備使用浮動小數點及例外處理的登錄等。如果用程式爲前題環境的寫作，呼叫 C 語言的 main()函數，如圖 3.1.6 所示。Main()函數是根據 C語言的規則，用連結模組全體，成爲只有一個被允許的事。

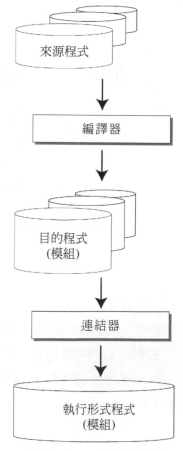

圖 3.1.4　一個連結模組

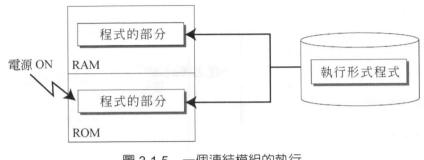

圖 3.1.5　一個連結模組的執行

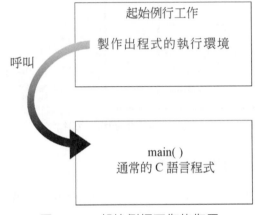

圖 3.1.6　起始例行工作的作用

　　在嵌入式系統方面，編譯器準備了修改起始例行工作，把一個連結模組的執行環境整合。在執行環境中，要能運作程式的狀態是區段配置最大的任務，那個任務於下面的節說明。RAM 設定初始值的處理，根據區段配置被進行。

　　即使通用型的系統，這個流程也是不變的。在通用型方面，如圖 3.1.7 所示，被啟動的程式是對 RAM 讀入，執行起始例行工作。起始例行工作是一邊把那程式的執行環境作業系統的服務整合，之後呼叫 main()函數。

　　總之，在一個連結模組方面，把通用型之一程式的執行環境整備處理，也可說是系統全體的執行環境整合結構擴充。為此，也有在嵌入式軟體的情況，硬體的初期設定可說是很大的執行任務。而硬體的初期設定是，若在起始例行工作裡執行的情況，不被呼叫到 main()函數裡執行的情況。

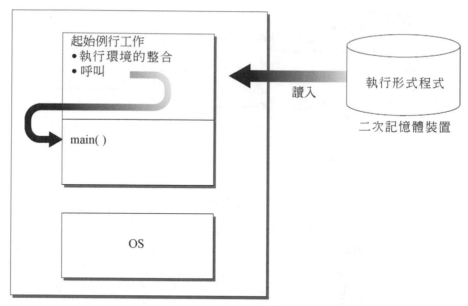

圖 3.1.7　通用型的程式執行

3.1.3　多數的連結模組和載入器

　　即使是嵌入式系統，不一定須要全部用一個連結模組來構成。以 MMU 前提的使用在高功能作業系統方面，來作為把 ROM 區域檔案利用，從那把程式 RAM 對呼叫出來被執行功能提供的情況也有。當然，外部記憶體裝置也可利用。這個情況，幾乎可看成和通用型一樣的程式開發方法。

　　而且，如果對於程式容量變得大，每次對程式做修正，另外的模組全體必須重新連結一個連結模組，程式開發效率太差。考慮程式的保守性及開發效率，如圖 3.1.8 所示，全體的程式有幾個分割，也有如果製作多數的一個連結模組。這個情況是在彼此的模組間，怎麼解決公共符號的參照成為問題。借開發工具的幫助，在記憶體上的位址參照，進一步解決參照問題。

　　程式不只一個連結，有幾個連結單位組合，連結單位的各個執行環境整合功能成為必要的。提供像這樣的功能模組稱為載入器。通用型的載入器是從外部記憶體裝置傳送程式到 RAM，提供執行的功能。

　　但在嵌入式系統方面，有很多程式常駐在 ROM 上，就那樣傳送到 RAM 執行，如圖 3.1.9 所示，有容量的浪費。為此，不被更新的程式被燒錄到 ROM 來執行，只傳送 RAM 的資料部分等辦法來執行。

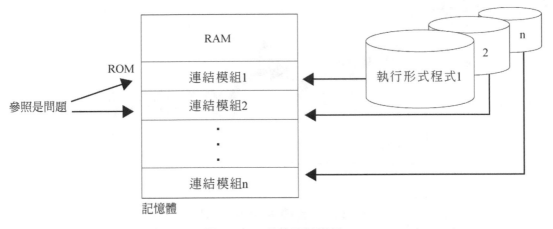

圖 3.1.8　多數連結模組

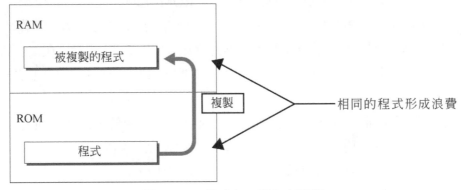

圖 3.1.9　程式有 2 層存在浪費

3.2　區段及位址再定址

相關程式區段和位址再定址的知識是在通用型的應用程式製作方面，幾乎不需要認識。但是，在嵌入式軟體開發的作業系統層級的程式開發及一個連結模組開發方面，成為必須的知識。

雖說把程式 ROM 化，程式包含資料部分全部變得不能重寫資料，變得不能完成作為程式的作用。為了避免上述情況，把程式分成重寫的必要性，根據指令的資料參照的辦法應對的屬性對應了的四個部分來進行。這各部分的事稱為區段。在這方面，各區段的屬性和對應記憶體屬性的配置來說明。

程式最後，如圖 3.2.1 所示，必須給記憶體分配變數，操縱那個區域一樣地被編譯。把在記憶體區域分配變數，處理的指令，像把那個地址作為操作對象一樣地設定的事，稱為位址再定址。

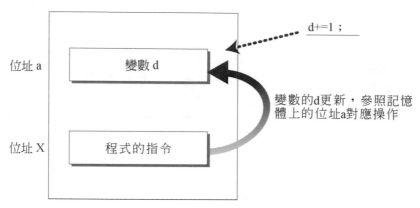

圖 3.2.1　記憶體的變數分配

　　被 ROM 化的區段不可以重寫，爲此，對於被 ROM 化的區段的參照位址，參照的資料必須預先被配置。是 ROM 化程式的情況，進行配置，成爲起始例行工作的作用。可是，起始例行工作，要完成作用，需要有關配置的位址的資料。還有，在沒有被 ROM 化的程式方面，把位址再定位，程式在 RAM 讀入的時後執行也可以。其他方式，可以有彈性的使用 RAM。

　　在這方面，雖說位址再定址，是根據功能來執行說明。關於位址再定址是編譯器、連結器、作業系統的載入功能。在嵌入式軟體的一個連結模組方面，沒有載入功能。替代載入功能是位址再定址，來完成載入的一部分的作用。

　　區段和位址再定址相關的知識是考慮程式的 ROM 化的時候，必須有的知識。同時，稱這個知識是虛擬記憶及記憶體保護功能，通用型的作業系統的必須功能也是有被應用上。

3.2.1　區段

　　在來源程式方面，雖說幾乎不需要認識，但執行時的程式是隨著屬性不同的四個部分構成。屬性的不同稱爲區段。程式如圖 3.2.2 所示，由文件、資料、BBS，堆疊的區段構成的。各區段的屬性是，在通用型方面，是作爲 MMU 的屬性被利用，在嵌入式軟體方面，是作爲利用記憶體配置的屬性。

　　文件(Text)區段只是收集指令的區段。指令沒有根據程式執行來變更，變更也不成立。總之是不可以重寫的區段。可隨著這區段 ROM 的配置，不移動被分配到的場所來執行。

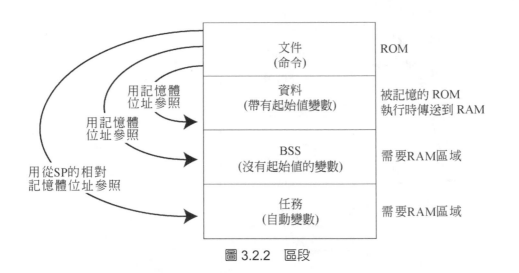

圖 3.2.2　區段

對於資料(Data)區段，只有收集帶有起始值的資料。為了定義來源程式的起始值，其內容不可以被記憶。在一個連結模組方面，資料項目是跟文件一樣，必須在 ROM 記憶初始值。但是，資料項目和文件做法有所不同，資料項目在於執行時不可以被傳送到 RAM。不那樣的話無法將內容重寫更新。

BBS(Block Started by Symbol)區段是，沒有帶有起始值的資料收集。為了帶有起始值，不必要各個的資料實體。為了定義 BBS 必要的資料，BBS 區段的開始只有位址和大小。

堆疊(stack)區段是對應必要的被擴充及削減的區域。堆疊內的區段資料只是從堆疊指標(SP)的相對位置來存取。堆疊區段被擴張的情況是，減去 SP 指的位址，對於削減的情況，用單純的增加方法進行區域確保，如圖 3.2.3 所示。C 語言的自動變數是分配在這個區段。如圖 3.2.4 所示，如果呼叫出函數時，其函數必須要做的是函數全部區域被確保，函數內的堆疊指標暫存器對應到特定的變數區域。函數被提出時，這個區域被削減，變成下次被呼叫函數時被使用。把這樣的使用方式用在堆疊區段內的變數

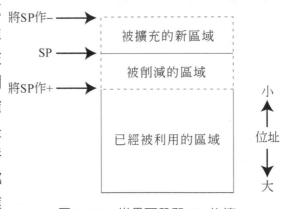

圖 3.2.3　堆疊區段和 SP 的值

是為了不存取在直接記憶體上的位址，堆疊區段最好是有最大的區域容量。可以配置在 RAM 的最前面。

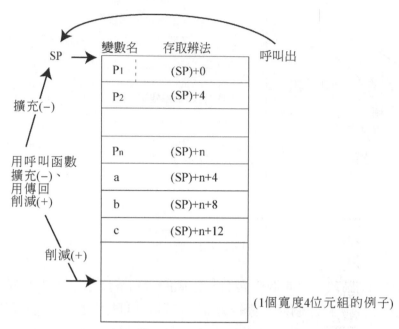

圖 3.2.4　堆疊內的變數

　　為了能了解以上所說的，製作出來的程式環境，對於 ROM 上的程式，如圖 3.2.5 所示必須要有資料，文件部分的指令在區段配置後的位址必須指定出來。文件部分的指令操作資料區段及 BBS 區段內被配置為變數的位址，那些區段配置後一定要變成位址。ROM 無法重寫，一開始就不可以變成那樣。

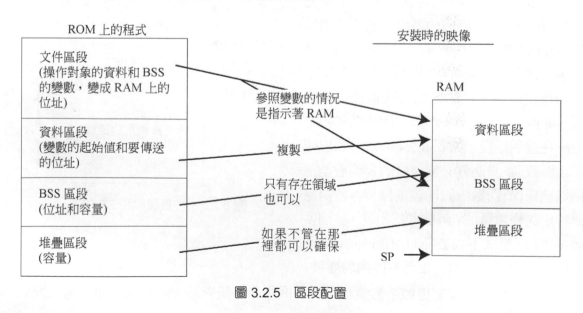

圖 3.2.5　區段配置

　　一個連結模組的起始例行工作及載入，把程式的執行環境整合功能提供給程式，如圖 3.2.5 所示，必須要執行配置處理下一個區段。①把 ROM 上的資料區段指示傳送到 RAM 位址。②遵從 ROM 上的指示，將 BBS 區段分配 RAM 區域歸零。③在 ROM 上指示區域可確保 RAM 區域的前面位址用 SP 暫存器設定。

　　這些準備，可以執行文件部分的程式。為什麼要從 main()作為程式的開頭，是考慮到環境的關係。

3.2.2　位址再定址和編譯器及連結器

　　嵌入式軟體開發的編譯器及連結器的功能和通用型應用程式的開發相同。像通用型應用程式開發的編譯器及連結器那樣，嵌入式軟體開發使用的情形也很多。

　　編譯器是有解譯原始程式，在程式的編譯單位，目的檔案內把堆疊作出。如圖 3.2.6 和圖 3.2.7 所示，在文件內，對於把資料或 BBS 區段的變數參照的指令，把操作對象變數的區段和區段內位址記憶起來。屬於堆疊變數的參照是，稱為(SP)+n 變換位址，而且為了不必位址再定址，用編譯成為最後的指令。將文件區段內的指令位址及 BBS 區段內沒有資料的變數設初始值，而資料區段內的資料、區段的變數和區段內位址被變換。

　　那樣的，再定址應該做文件和資料內的個體所在位址記憶，作為再定址對象位址而記憶。

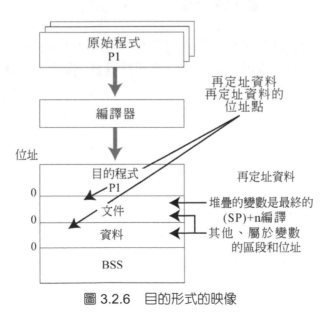

圖 3.2.6　目的形式的映像

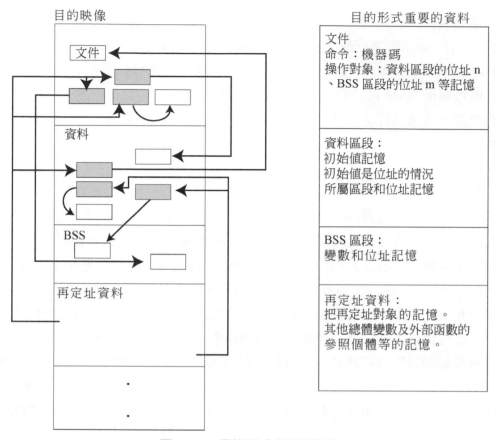

目的映像

目的形式重要的資料

文件 命令：機器碼 操作對象：資料區段的位址 n 、BSS 區段的位址 m 等記憶
資料區段： 初始值記憶 初始值是位址的情況 所屬區段和位址記憶
BSS 區段： 變數和位址記憶
再定址資料： 把再定址對象的記憶。 其他總體變數及外部函數的 參照個體等的記憶。

文件

資料

BSS

再定址資料

圖 3.2.7　目的形式必要的資料

　　對於目的形式，及對於相關再定址資料以外，從別的目的參照總體變數的位址及反過來參照外部個別的記憶變數。進行連結外部符號參照解決的時候被使用的。

　　像這樣多數的目的檔案是，根據連結，如圖 3.2.8 所示，一個的執行形式檔案被製作出來。如圖 3.2.9 所示，連結器是把目的檔案內的再定址對象位址的內容，最終執行程式時的變數配置位址重寫。那些必要的資料是，資料區段和 BBS 配置 RAM 上的位址。對於為了指示把位址連結，寫程式的工程師，在這之前，必須把一個連結模組的記憶體映像圖製做出來。

　　把這些位址和文件區段被配置到 ROM 上的位址通知和連結，是指令及資料內被保持的再定址必要的位址內容可以重寫。像這樣，根據編譯器和連結器，把一模組的執行環境考慮過的再定址完成。然後指定 ROM 位址到程式，如果有被設定的話就準備完成了。

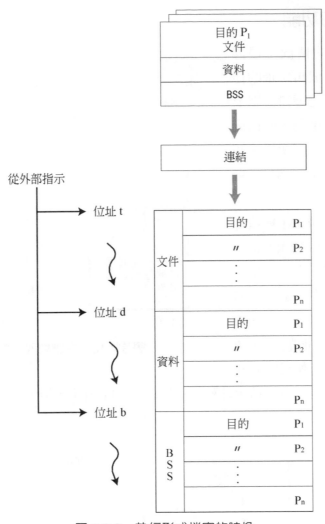

圖 3.2.8 執行形式檔案的映像

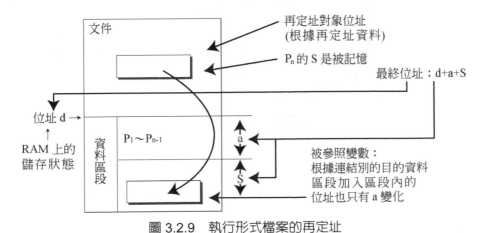

圖 3.2.9 執行形式檔案的再定址

3.2.3 載入器的功能

　　一個連結模組的情況是根據
編譯器及連結器，完成再定址的作
業。但是，作為外部記憶體裝置及
ROM 程式儲藏地方來利用的情況
下，如圖 3.2.10 所示，即使從那些
媒體把程式傳送載入到 RAM，可
能有執行再定址的情況。

　　如果程式只有在 RAM 被執行
通用型的情況，最終執行 RAM 上
的位址決定了再定址，晚一點執行
比較能夠構成有彈性的系統。連結
器在很早就結束了再定址的話，那
個記憶體區域可被其他的程式使
用，等待需要執行等。如果需要執

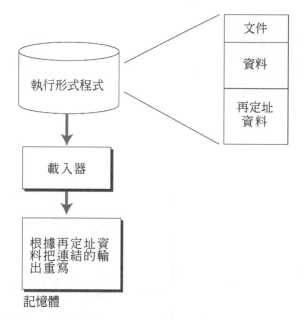

圖 3.2.10　根據載入器再定址

行程式時，根據載入器，最後再定址執行，如圖 3.2.11 所示，提供在空的 RAM 區域能
像程式執行一樣的功能。

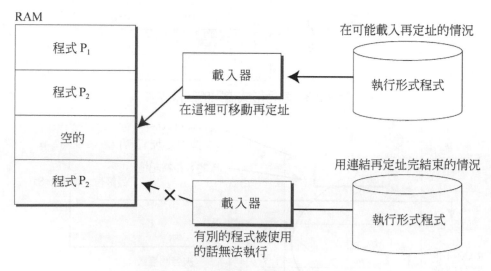

圖 3.2.11　根據載入器再定址的優點

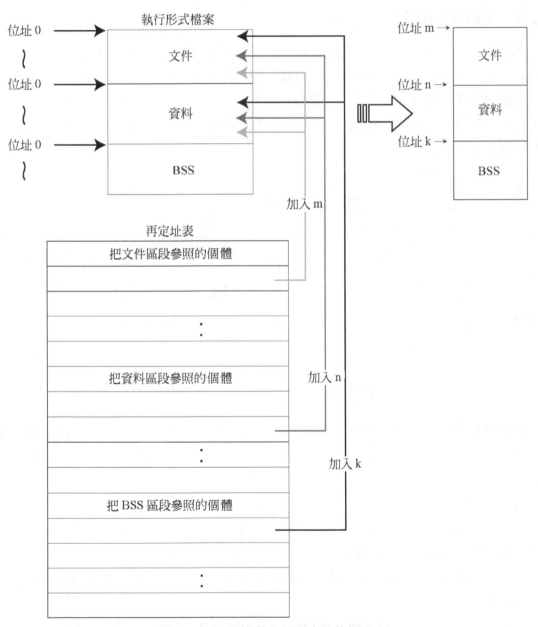

　　為了執行載入器再定址，如圖 3.2.12 所示，連結程式的各區段，例如說從 0 編號來連結。然後把做為再定址必要的個體，所可能執行模組裡預先附加再定址表。載入器是參照再定址表，對其指示的程式編號，如圖所示，加上配置區段的 RAM 的位址。

執行形式檔案

位址 0

位址 0

位址 0

文件

資料

BSS

位址 m →

位址 n →

位址 k →

文件

資料

BSS

加入 m

再定址表

把文件區段參照的個體

:

把資料區段參照的個體

加入 n

:

加入 k

把 BSS 區段參照的個體

:

圖 3.2.12　根據載入器再定址的例子

這樣也可能成為根據載入器對程式的再定址。MS-DOS 等通用型的作業系統有提供這樣的功能。但是，對於這樣的功能使用，必須滿足可以限定程式執行區域 RAM 的限制。在 ROM 寫入的地方執行的程式是不能重寫的，所以再定址是不可以的。

3.2.4 MMU 的功能

如果有 MMU(Memory Management Unit)的功能，執行再定址就更有彈性。MMU 的功能，如圖 3.2.13 所示，MPU 是在程式的記憶體上保持指示位址，把程式開頭的位址自動的加進來。為了 MPU 執行加算操作，例如連結器是從 0 編號程式作連結。載入器等作實際程式執行轉移的功能，把那些程式的開頭位址通知 MPU，之後是 MPU 去執行再定址。

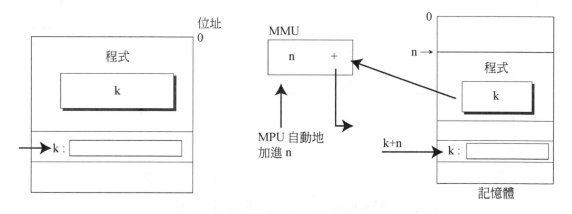

圖 3.2.13　根據 MMU 再定址的例子

在整體程式裡，把相同位址加進的方式稱為基底位址方式。如圖 3.2.14 所示，也有每程式的區段能設定基底位址的方式。一般而言，程式帶有位址稱為邏輯位址(Logical Address)，將記憶體上的實際位址稱為物理位址(Physical Address)。

而且，如圖 3.2.15 所示，把程式用 4KB 及 8KB 等固定容量來分割，也有其他單位設定基底位住址的方式。於是如圖所示，能配置程式到零亂的記憶體上來執行。這個方式稱為分頁法(Paging)。在通用型方面，使用這個方式，如圖 3.2.16 所示，只有把程式的一部分放在記憶體來執行，當其他的分頁變需要時，執行讀入被要求的分頁使用之虛擬記憶方式。

在嵌入式軟體方面，如果使用 MMU 的話，與 ROM 上程式的邏輯位址無關，也可以讓程式執行。嵌入式軟體使用的 MMU，有很多種方式，各作業系統有獨自提倡使用的方法。

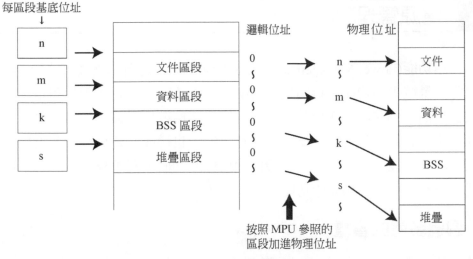

圖 3.2.14　多數的基底位址

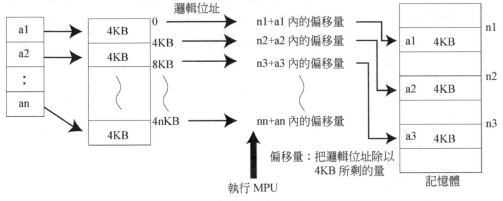

圖 3.2.15　分頁法方式

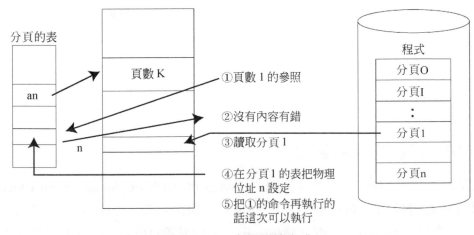

圖 3.2.16　虛擬記憶方式

3.3 電源管理功能

電源管理功能(Power Management，電源管理功能)，還有稱為省電功能，是為了使機器的耗電能量減少的功能。特別是，在沒有被連接到 AC 電源而使用電池當電源的嵌入式機器方面，為了讓電源能持久使用，即使作為環境對策也是變得很重要。對於有效率執行省電對策，只有靠著硬體無法解決的，也變成必要根據軟體來控制。以嵌入式作業系統的功能，很多情況下不設計通用性的介面，應用程式設計者是以核心及驅動程式來修改，製作出獨立的功能。

3.3.1 週邊裝置的省電

對於安裝週邊裝置的省電，變成由軟體來控制是很重要的。例如，如圖 3.3.1 所示，如果把輸入輸出埠的旗標設定為 ON 的話，變成通常動作模式，設定為 OFF 的話就變成待機模式由硬體來執行控制電力消耗的控制。

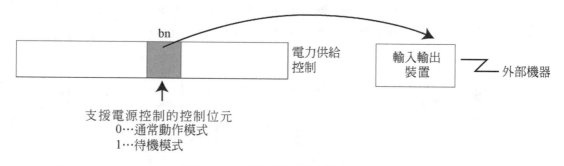

支援電源控制的控制位元
0⋯通常動作模式
1⋯待機模式

圖 3.3.1 　輸入輸出裝置的省電控制

週邊裝置是智慧型的話，具有裝置協定的狀態變多了。然而，裝置在待機模式的時候，保持狀態，返回的時候像返回到緊接之前的狀態，會有麻煩的設備不太存在。

對於像這樣的裝置省電控制，保持狀態，返回通常模式的時候，返回原來的狀態的控制，必須由軟體程式來執行。對於執行省電控制和驅動程式的協調，也必須要執行週邊裝置的狀態管理。

3.3.2 MPU 和記憶體的省電

很多嵌入式使用 MPU 具有省電控制的控制器 PMU(Power Management Unit)，來實現幾個低消耗電力模式。對於低消耗電力模式，對應於電力消耗量的多寡有，待機(Stand-by)、暫停(Suspend)、睡眠狀態(Sleep)、冬眠狀態(Hibernate)等名稱的稱呼。各

名稱都是有節約電力的意思，每個製造商都有不同的用法。

　　一般而言，如圖 3.2.2 所示，對於省電模式，MPU 停止等的輕省電模式和執行像效果大的時序停止那樣的深省電模式。從通常模式到省電模式的轉移是 MPU 根據特有的命令執行，從省電模式到通常模式的返回是根據中斷來執行。

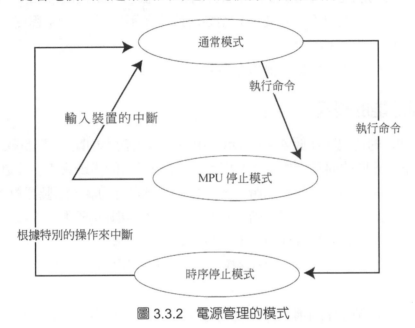

圖 3.3.2　電源管理的模式

　　一般來說，效果不好的模式，是較接近於通常模式，從全部的裝置來接受中斷的發生，並直接執行返回通常模式。但是，隨著耗電變小，接受可能被限制的中斷，對返回通常模式的時間也會變長。

　　在時序停止的輸入省電效果佳的模式，通常的中斷發生也變得不接受中斷。為此，在執行時序停止的系統方面，為了返回通常模式，必須準備特別的中斷。而且，返回的時候，變得要花很長的時間等到時序安定為止，這時，MPU 必須持續等待下去。

　　對於為了讀寫 DRAM 的資料，必須從外部持續提供刷新脈衝(Refresh Pulse)。為了省電，也有把這個脈衝停止的情況。如果這個脈衝停止的話 DRAM 裡的記憶內容也變成無法被保障，預備這樣的情況，DRAM 具備了自行刷新(Self Refresh)的作法。在自行刷新方面，雖說 DRAM 的內容被保持住，但卻變成無法讀寫。

　　利用像這樣的硬體準備來省電的功能，把具體的省電功能用軟體寫入製成。例如，在一定的時間，沒有執行輸入輸出也沒有中斷發生，或只有像螢幕保護程式一樣的處理，捉住一定時間執行這樣的情況，進行轉移省電模式。

3.4　中斷功能的利用

在 RTOS 方面，中斷是被隱藏在核心及驅動程式的功能，為了利用發揮即時性為前提。使用中斷的功能是，像嵌入式系統的代名詞一樣。在系統設計和通用型的最大差異是能判斷是否有考慮或不考慮使用到中斷功能。在不使用 RTOS 程度的小系統方面，必須直接使用中斷。

下列介紹有關中斷組合知識的簡單整理及利用方法。

3.4.1　中斷功能的整理

RISC 型 MPU 的情況，如圖 3.4.1 所示，中斷是輸入輸出中斷、內部(軟體程式)中斷等，共有群單位相同的向量。如圖 3.4.2 所示，經過下面的步驟會產生中斷。①如果在某輸入輸出裝置結束了資料的讀寫時，裝置的中斷被許可的話，那裝置對 MPU 讓中斷要求發生。②只限於沒有被遮罩中斷，MPU 接受發生中斷的要求。③接受中斷後的MPU，在發生的時候所執行的 IP(Instruction Pointer)等的自動把內容破壞的暫存器在特定的地方(特別的暫存器或堆疊區域等)存檔。④之後，在中斷被分配的向量設定跳躍位址。

如圖 3.4.3 所示，在執行中斷處理轉移子程式的情況稱為中斷解析子程式。中斷解析子程式代表從設定的特定暫存器，讀出中斷的主要原因，那個中斷處理的 ISR(也稱呼中斷處理器)則呼叫副程式。

ISR 是執行有關發生中斷的主要原因的處理。例如，處理讀進來的資料，若是寫出結束的，則進行下一個資料的寫出處理。ISR 必須到哪裡進行怎樣的處理，作為系統設計和 RTOS 的想法，必須被明確定義。總之，ISR 結束處理，返回到中斷解析子程式裡。

如圖 3.4.3 所示，中斷解析子程式若是從 ISR 返回到被中斷的程式。那個時候，必須保證被中斷處理在中斷處理之前的處理不變，使能繼續執行處理。為此，有必要將原本 MPU 資源暫存器在被中斷的時候的狀態及值作復原。中斷解析子程式是，如圖3.4.4 所示，在中斷發生的時候在暫存器裡儲存記憶，再從中斷返回的時候恢復原狀。

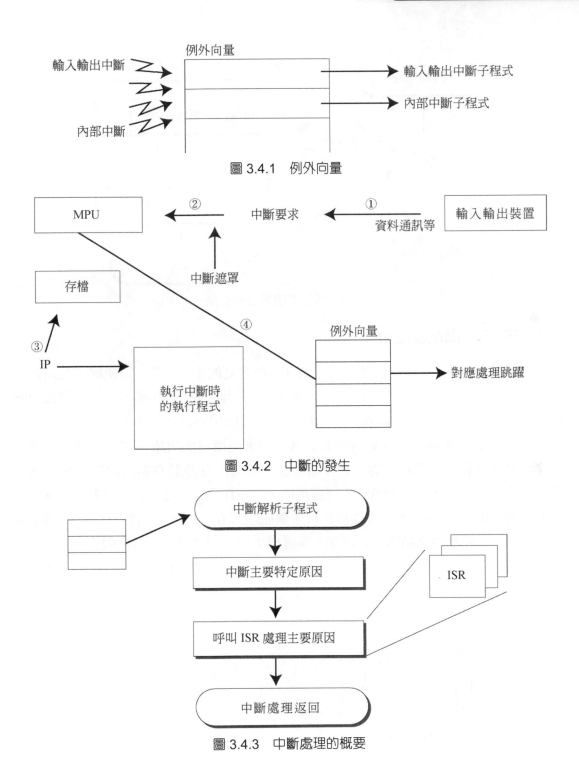

圖 3.4.1　例外向量

圖 3.4.2　中斷的發生

圖 3.4.3　中斷處理的概要

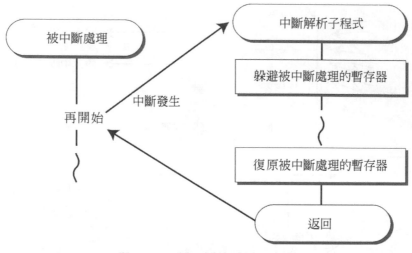

圖 3.4.4　暫存器的躲避與復原

3.4.2　內文結構(context)

　　暫存器是有 MPU 資源，根據程式來執行處理變更的事。當然，即使增加記憶內容的變更等，因為記憶體不是單一的資源，必須共用相同的記憶區域，可以保證被中斷處理的內容。MPU 資源是系統獨一無二的，必須要使用儲存、再生。

　　連續著一連串處理的情況稱為內文結構。如果使用這個用語，在中斷發生狀態下的內文結構是根據暫存器的儲存、再生被保證。總之，保證暫存器的內容，是根據中斷及返回中斷再開始，事實上是不連續處理的，但被作為是一連串的內文結構(context)執行。根據中斷執行 ISR，到那裡為止被中斷處理都在不同內文結構執行，所謂返回原始的處理，為原始內文結構的再開始。像這樣地切換內文結構，稱為內文結構切換。

　　在 ISR 執行中有別的中斷發生，這種多重中斷是可以被執行的，如圖 3.4.5 所示。根據中斷內文結構的執行，除非是使用中斷遮罩才會有被禁止中斷的發生，變成優先執行之後發生的中斷。

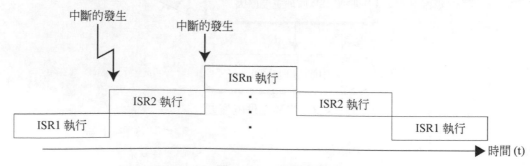

圖 3.4.5　多重中斷

3.4.3　保持內文結構的獨立性中斷的利用

中斷是對電腦為了傳達有什麼要求處理的結構。如果只有一個內文結構系統的情況下，無法很有效的利用中斷。儘管如此，通知電源異常的中斷或許還有利用的價值。即使電源異常，電腦還是可以正常動作使用一段時間。為此，如果發生電腦異常中斷，如圖 3.4.6 所示，在外部記憶體裝置或 SRAM 或許可以躲避中斷的狀態。但如果外部記憶體或 SRAM 沒有的話，為了無法躲避中斷，這個中斷是沒有意義的，程式只好無視中斷發生。

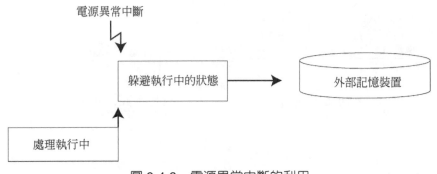

圖 3.4.6　電源異常中斷的利用

例如，想像成執行計算機的程式。這個程式是從按鍵來讀入資料，把那些資料演算後顯示其結果。如圖 3.4.7 所示，不使用中斷來執行處理可以照著流程圖來執行。從按鍵中把一個個文字資料輸入，若 "=" 記號被輸入，也是執行演算的字元。對於輸入文字的表示及結果顯示，特別的記憶(VRAM 等)只在文字的寫入，使用那個被表示這樣的裝置，特別的輸入輸出裝置變成不使用。只要這個處理進行的話，再從按鍵的輸入處理，中斷是沒有利用價值的。

但是，如果加上別的處理情況就會完全改變。例如，如圖 3.4.8 所示，從通信線路(是怎樣的東西不估計)來的資料到達的話，蜂鳴器響起，思考資料到達時的顯示處理。這個處理稱為資料顯示處理。如果，不使用中斷的話，計算機處理如圖 3.4.9 的流程圖所示把資料顯示啟動處理，必須在各處插入中斷。

在各處所插入中斷到被執行的中間，資料處理將變成要等待，如圖 3.4.10 所示。假設，到達資料要等待的時間如果需要 1 毫秒以上才消失的話，若還有在下次的資料顯示形式轉換結果顯示，計算機處理是比 1 毫秒還短的間隔，變得不得不設法執行讓資料顯示啟動處理。

而且，追加計算機程式處理的功能變得不容易。例如，如果追加簡易記憶功能的計算處理，在記憶功能裡，不得不放入呼叫出資料顯示處理的功能。

3-23

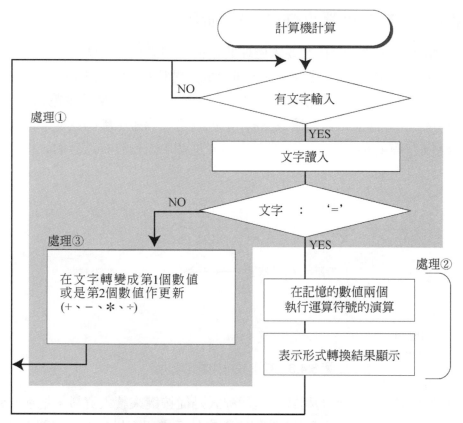

圖 3.4.7 計算機計算的流程圖

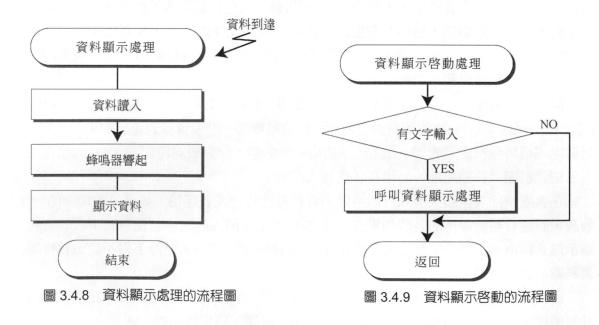

圖 3.4.8 資料顯示處理的流程圖   圖 3.4.9 資料顯示啓動的流程圖

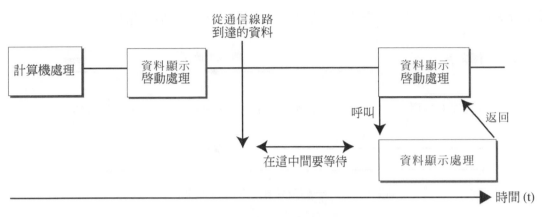

圖 3.4.10　資料顯示處理的延遲

　　在這樣的情況，利用中斷，如果有從通信線路資料到達的中斷發生處理如圖 3.4.11 所示一樣可以執行。像這樣，把計算機處理和資料顯示處理分離的價值是很大的。不管是計算機處理還是資料顯示處理，變成互相考慮到對方的處理是不需要的。根據利用中斷處理，不管是計算機處理還是記憶功能，解開了不具關係的內文結構處理的煩雜考慮。

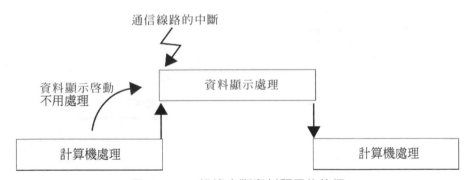

圖 3.4.11　根據中斷資料顯示的執行

3.4.4　為了利用空閒時間的中斷利用

　　利用中斷也有別的大優點。如圖 3.4.7 的流程圖所示，從等待循環按鍵輸入的一個一個文字的存在。試著考慮這個循環的時間。按鍵的輸入是由使用者押下去的。從鋼琴的鍵盤敲打速度是 1 秒最多按下 13 個鍵左右的情況來看，即使再快也需要 80 毫秒左右。

　　這樣來看，圖 3.4.7 的循環如圖 3.4.12 所示那樣，為只是等待文字輸入使用大半的浪費處理。電腦的演算處理以奈秒單位進行，不過假設即使 1 微秒，對於 80 毫秒之間，

可以執行 80,000 次的演算。這個差別無法用圖形表示，大概能理解吧。

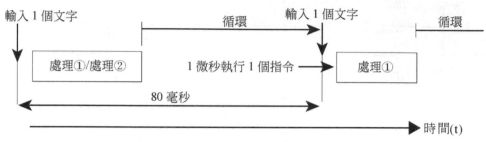

圖 3.4.12　一個文字輸入循環的時間

在這個浪費的循環，為了試驗輸入只用跳躍，使用 MPU。為了有效利用，可利用中斷。如果鍵盤輸入利用中斷的話，圖 3.4.7 程式流程圖的處理是像圖 3.4.13 一樣地改善。此時，MPU 使用方法變成如圖 3.4.14 所示。

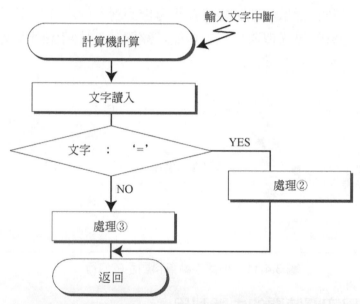

圖 3.4.13　使用中斷的計算機處理

前項的計算機處理和資料顯示處理的例子，為了資料顯示處理被執行中斷，計算機處理即使沒有浪費時間，也沒有執行其他的處理，所以圖 3.4.14 的「可以執行其他的處理」之處仍然浪費。就算創造出能執行其他的處理的情況，如果沒有別的有效處理，也是浪費的循環，MPU 空轉以外是沒有用的。可以執行其他不相關的處理，如果是可以有效利用的處理，不去利用的話就會讓這種財寶腐朽。

圖 3.4.14　使用中斷來改善處理時間

　　但假設圖 3.4.8 的資料讀進的顯示處理，變成激烈的使用 MPU 來處理，呈現出令人感激。例如，從通信線路讀進的資料被壓縮，在被暗號化的畫面資料，那些變換可以顯示解壓縮後的形式也要花費 400 毫秒。

　　假使，不使用中斷的計算機處理的文字輸入，從通信線路的中斷發生的話，在圖 3.4.15 好像明確地顯示出結果的悲慘。根據文字輸入裝置的功能，400 毫秒之間的輸入文字沒有被處理，打字下去大概會變成消失不見。像這樣的情況，不得不使用文字輸入的中斷。

　　接下來，對於無法有效的處理，浪費的循環重復返回交換，永久顯示畫面的邊緣團團旋轉轉球來顯示螢幕保護裝置的情況。像這樣，如圖 3.4.16 所示被改善。即使從文字輸入裡的通信線路的中斷發生，根據下一個文字輸入中斷資料顯示處理是不會被影響的。還有，計算機處理，資料顯示處理也不使用 MPU 的情況下，由執行螢幕保護裝置來處理。

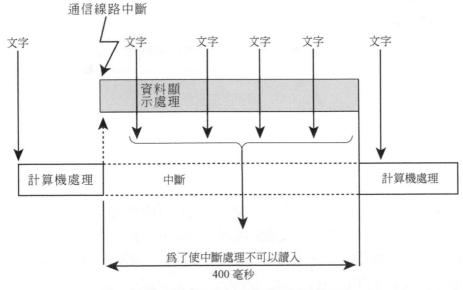

圖 3.4.15　如果不使用中斷的話文字會消失

3-27

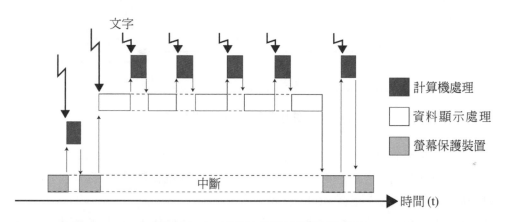

圖 3.4.16　使用中斷來處理的執行

3.4.5　即時作業系統功能

在這裡表示的例子，乍看之下，有可能解除全部的問題，但是，從圖 3.4.16 提出有問題的個體，從圖 3.4.17 來看就可了解。這個執行順序稱為中斷順位優先處理。

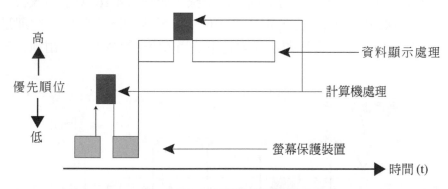

圖 3.4.17　中斷順位優先處理

螢幕保護裝置處理是為了不發生中斷，常常處於最低優先順位。計算機處理和資料顯示處理是如果發生中斷的話是高優先順位中斷。會變成這樣的理由是為了不控制處理的執行順序，交付給中斷。

像在這表示的例子一樣被限定處理的情況，也有可能會有問題發生，中斷順位的模式是如果一般化馬上就會有問題發生。所謂中斷順位，頻繁發生中斷的處理執行結果優先順位變高，和處理的緊急度不同順位處理變成被控制的情況。總之，作為即時處理的控制方式是不可使用的。

對於為了把中斷順位優先處理用可以控制緊急度順位優先處理那樣，必須要改善被啟動的中斷用 ISR 執行全部的處理方式。為此，從用中斷來啟動處理，只有在 MPU 可執行處理部分讓其獨立在作為別的內文結構，必須要執行處理執行優先順位排程。RTOS 的核心變成承擔那個作用。

像以上那樣，在有 2 個內文結構左右的簡單處理，隨著 MPU 中斷的使用較少的情況，只有利用中斷，也有可以執行系統設計。但是，隨著中斷輸入輸出裝置的數量增加，內文結構的數量也會增加，即使全部的狀態可以預測的到，在中斷的執行設計變得不可能。

RTOS 在這裡是沿襲著中斷的活用方法的說明，即使不通知使用者利用空閒時間的方式來提供。從中斷到使獨立出來的 MPU 執行處理的內文結構用任務來管理，空閒時間的利用任務的中斷(分量)所說的狀態實現。

3.5　為了設計即時程式的基礎知識

即時系統是，在任意的時刻有邊切換任務的處理及執行的系統。所謂任意的時刻，即使無法預料到發生切換的時刻。那樣的環境，多數的任務使用共有資源的存在。例如，核心、驅動程式那樣的軟體，多數任務同時使用的檔案及記憶體的資料等，稱為共有資源。

共有資源是在處理多數的任務執行分擔多重程式方面，變成必須的資源。共有資源使用時，必須要知道的基礎知識，互斥控制和有重進性。下面對於這部分來進行說明。

3.5.1　互斥控制

例如，在一個連結模組有任務 1 和任務 2，公共變數 Pdata 的讀入處理。那個情況，發生如圖 3.5.1 所示一樣的事態。①任務 1 是 Pdata 讀入。②執行那些變更處理。③在那途中優先順位高的任務 2 開始執行。④把 Pdata 讀入。⑤給予處理。⑥在 Pdata 裡寫入結果。⑦在之後，任務 1 再開始，執行繼續的處理。⑧在 Pdata 裡寫入結果。這個結果，任務 2 的執行處理喪失，變成只留下任務 1 的處理結果。

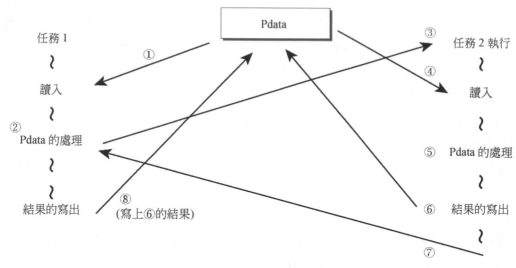

圖 3.5.1　共有資源的同時更新

　　這樣的事態，像 Pdata 的例子，任務不是發生明示性地讀入 Pdata。例如，直接操作 Pdata 的情況也會發生。用 C 語言等高階語言做成的程式是，作為機械語言被執行。機械語言是像，[Pdata++；]及[Pdata=2+3；]那樣使用暫存器的執行演算。使用暫存器的情況是，沉默地讀入 Pdata。為此，必須認為上面的例子表示同樣的結果。

　　為了不使這樣的事態發生，如果讀入 Pdata，直到寫回復，讀入 Pdata 需要讓其它的處理不被執行一樣。總之，必要按照次序執行共有資源變更。為此，如圖 3.5.2 所示，如果共有資源開始存取的話，打算存取相同的資料，那其他的處理就必須要等待。

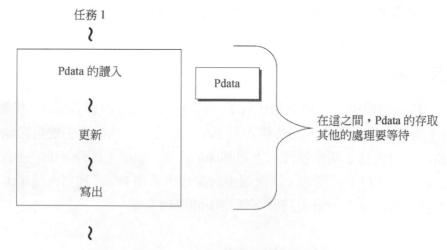

圖 3.5.2　共有資源的存取要等待

　　像這樣，按照順序對共有資源的存取稱爲互斥控制(Exclusive Control)。互斥控制是在某期間，只是爲了自己的處理而獨佔共有資源的處置。把互斥控制的必要處理區間，稱呼爲臨界區段(危險區域，Critical Section)。

　　對於互斥控制的方法，有幾個方法。任務和任務資源共有的互斥控制方法是系統呼叫的功能來提供。這種方法稱爲旗號。旗號是，如圖 3.5.3 所示，想使用資源的話，這個任務稱爲 P 操作，由系統呼叫所叫出。P 操作是，如果執行 P 操作的話因跟其他的任務有相同的旗號，要等待到其次說明的 V 操作被執行爲止。如果 V 操作被執行的話，根據如果有 P 操作的被等待任務，從那裡面解除一個被等待的狀態。結果，這個被等待的任務根據排程再開始執行，能進入共有資源的使用。

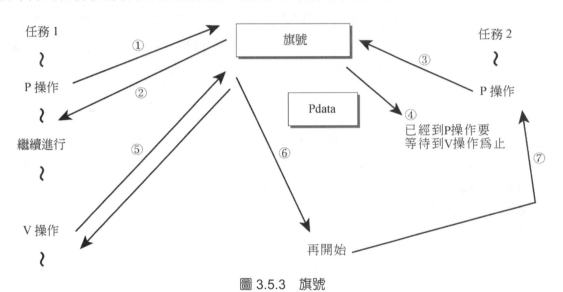

圖 3.5.3　旗號

　　雖說任務之間的互斥控制是能執行旗號，沒使用作業系統的處理之間、作業系統的內部常式之間、ISR 之間等，不能使用系統呼叫。這個情況是，使用中斷禁止。如果全部的中斷都被禁止的話，如圖 3.5.4 所示，被保證那中斷被禁止處理的 MPU 能維持原狀繼續使用。中斷禁止是作業系統內部的常式或 ISR 等的互斥控制常常被使用的互斥控制方法。

　　在多工 CPU 結構方面，也沒有充分的中斷禁止。多工 CPU 的情況是準備爲了執行 CPU 的互斥控制指令。互斥控制的指令是，Test 指令和 Set 指令，Lock 指令和 Unlock 指令等這些指令。這些指令，CPU 間準備一個旗標，按照那個旗標的 ON/OFF 的狀態，能時而繼續執行，時而等待到旗標的狀態變化爲止。執行旗標的檢查期間的互斥控制是硬體的，以其他的 CPU 不能讀入旗標的狀態執行。

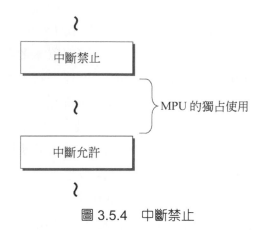

圖 3.5.4　中斷禁止

像這樣，多重程式環境的程式，必須經常共有資源存取時候的互斥控制認識執行。特別是，一個連結模組的情況，對公共符號的變數的存取為了能簡單執行，容易忘記互斥控制。像這樣不注意的重大錯誤引起的例子，有很多必須小心注意。

3.5.2　重入常式

如圖 3.5.5 所示，在即時系統那樣多重程式的環境方面，頻繁發生執行任務相同處理共有常式。像這樣的常式稱為共享常式(共有常式，Shared Routine)。共享常式是被執行任務的文字結構。總之，被執行作為任務的一部分。照那樣做，即使在執行共享程式中發生任務切換。也有被切換的任務情況是呼叫同樣共享常式。

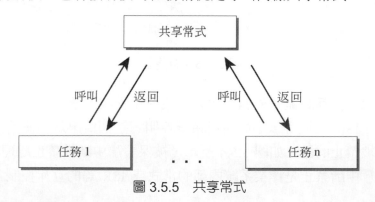

圖 3.5.5　共享常式

不限制從任務被呼叫出來，如圖 3.5.6 所示，常式的執行中發生處理的切換，其結果即使從別的處理被呼叫出來，對各個處理的正確結果返回常式，稱為重入常式。

重入常式是在內部互斥控制一定要持有的必要的共有資源。在敘述過像互斥控制的說明，在共有資源參照中發生了處理的切換的話，變成無法保證正確的結果。總之，如果只是互斥控制的沒有必要的資源進行執行，變成重入性是被保證的事。

　　C 語言的函數是，製作重入常式有帶著方便的性質。根據 C 語言的方法，函數的自動變數是，變成去取得的堆疊範圍。如圖 3.5.7 所示，堆疊範圍是各任務固有的範圍。為此，只有更新自動變數處理執行函數，才變成有重入常式。為了靜態變數使用記憶體上的同一範圍，從各別的處理同時被呼叫的環境，變成為共有資源。公共變數是為了共有資源，在重入常式不可以使用。

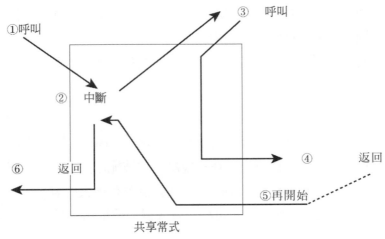

圖 3.5.6　重入常式

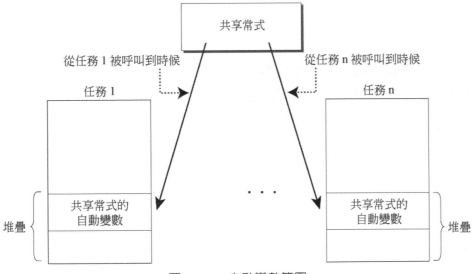

圖 3.5.7　自動變數範圍

　　無法讓重入常式性等待的情況下，互斥控制那個常式變成可以使用的情況。重入常式性和互斥控制在其他意思裡，可以說是有外面和裡面的關係。

總結

歸納整理在本章，如下的說明。

1) 程式執行環境的製作

   ① 對於執行程式環境，有 ROM 及 RAM，這些也是有很多的種類。

   ② 歸納整理多數的程式於一條的執行形式程式設計，讓 ROM 常駐在一個連結模組，而在嵌入式軟體裡常常被使用的。

   ③ 除了一個連結模組以外，也有製作出多數的模組，把那些載入器到 RAM 使執行讀入的方法。

2) 區段和位址再定址

   ① 程式是對應執行時的屬性，被分割成本文、資料、BBS、堆疊的各區段。區段內的指令及資料所參照的位置是，在記憶體程式被配置為止，多次被再定址。

   ② 在執行位址再定址的過程中，編譯器及連結器會有很大的變動。

   ③ 對於 RAM 執行程式的情況，也可參加載入器及位址再定址。若照著那樣的話，可提供更有彈性的功能。

   ④ 若使用 MMU 的話，於位址再定址的功能，分頁及虛擬記憶體等的，可以導入非常有彈性的功能。

3) 電源管理功能

   ① 在嵌入式系統方面，為了控制週邊裝置的電力消耗且提供省電功能。

   ② 也有提供給記憶體及 MPU 的電力消耗控制功能。

4) 中斷功能的利用

   ① 詳細的中斷功能是正式將文本學習完畢做為前提。

   ② 把獨立處理的單位，稱為環境。

   ③ 根據利用中斷保持環境的獨立性。

   ④ 根據利用中斷，變成輸入輸出的等待時間能變得有效利用。

   ⑤ 使其不認識，向使用者提供這樣的中斷機能是 RTOS 的作用。

5) 為了即時時間程式設計的基本知識

   ① 對於為了共有資源的更新，必要有互斥控制。對於互斥控制有用旗號、中斷禁止、MPU 指令等方法。

   ② 所謂重入性，即使在執行中被再進入且能執行正確的處理。

習題

問題 1　請選出二個關於記憶體及程式的正確描述

① 根據程式不可以改寫程式的記憶體稱為 ROM。

② 對於啟始例行工作，關於程式的區段資料為必要的。

③ 如果有外部記憶裝置的話，ROM 就不必要了。

④ 即使 AC 電源關掉，被輸入資料記憶在 RAM 裡是沒有那樣的方法。

⑤ 在 C 語言方面，不利用 RAM 是無法製作出程式。

問題 2　從 a 到 j 填入適當的用語

雖然機械語指令是記憶體上的資料指示，還是必要有記憶體的位址。為了那個位址能正確的操作位址稱為 a 。簡單地說， b 是 c 內的產生相對位址。通用型作業系統的情況， d 是多數的 c 結合編輯起來 e 內的相對位址產生， f 是可決定最終的位址。但是，在程式庫被設定的 ROM 的環境方面， d 是必須要決定記憶體上的最終位址。那個時候，資料的存在位址變成必須是在 g 上。對於為了決定最終位址，在 d 必須要告知 h 和 i 。這裡被指定 RAM 在 ROM 上的執行資料傳送的是，在一個連結模組方面，有 j 的作用。

問題 3　舉出構成程式的 4 個區段，請敘述一個連結模組的啟始例行工作為了將記憶體各區段展開的執行操作

問題 4　從 a 到 k 填入適當的用語

如果輸入輸出的中斷是被 a 的話，在輸入輸出的操作完成後，在裝置讓 MPU 對 b 發生。如果那個中斷沒有被發生 c 的話，MPU 是把在執行中的處理 d ， e 被設定到跳躍的位址。在 RISC 的情況，從被開始的常式的那個位址稱為 f 。 f 是解釋分析中斷的主要原因，呼叫出那個處理的 g 。根據這個中斷功能來使用的情況，根據 h 程式的製作容易度，根據 i 被達成 MPU 的有效利用等。而且，RTOS 是以觸發器作為中斷發生處理的開始，和等待讓 j 處理，可以根據緊急度來執行處理，可以把 k 實現出來。

問題 5 在內文的圖 3.4.16 上，如果使用執行 RTOS 的話，變成如下圖一樣。請寫出從 a 到 g 的處理名稱

※如果這個問題無法正確寫出也不須要嘆氣。把第五章讀完後再來試做一次也是可以的。能解出這個問題的讀者是，把中斷和 RTOS 的精髓都理解清楚的讀者。

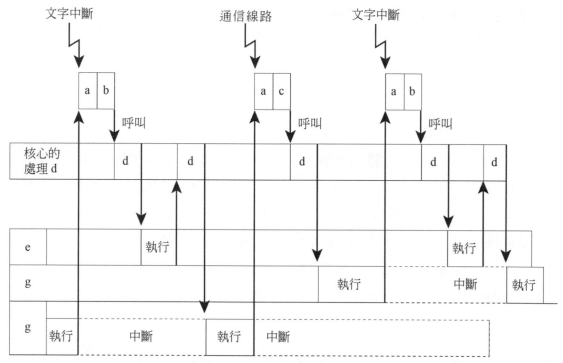

問題 6 重入的共有子程式，對於用 C 語言的製成，要怎樣做才好。還有，請敘述在重入沒有共有的子程式的使用方式。

第4章
即時核心

在第 1 章(1.2.5 節)所敘述過，核心是提供模組給作業系統的中心功能，分配器是為了要切換任務，怎樣的任務執行是由排程來決定的，系統呼叫群成為對任務的各種功能提供。持有這樣的功能的作業系統使用在 CPU 能有效率使用，另一方面是會有記憶體更佔用空間的缺點產生。

在這裡，與不使用作業系統的情況的軟體開發比較，和開始觀察使用作業系統的好處，以及針對為了活用好處在重要的技術的觀點來解說。另外，在設計任務的重要任務分割及任務結合，針對為了安裝任務間的介面的利用系統呼叫方法等來解說。在此，解說用的任務設計法是結構化分析及目的導向等的各種方法，用在製作的動作模式執行時可以利用。

4.1 作業系統的好處
針對使用作業系統的好處及理由解說。

4.2 任務的概念
任務是根據作業系統被導入的概念。任務的動作不僅僅是根據原始碼決定，其排程運轉也被控制。根據排程控制為中心解說。

4.3 系統呼叫
關於根據原始碼任務的控制解說以任務間介面為中心。

4.4 任務分割
針對為了設計多任務系統，在重要任務分割的辦法解說。

4.1　作業系統的好處

雖說根據作業系統帶來了各種好處，在那當中最重要的是能有效率利用硬體及軟體等的系統資源及可能同時進行開發。後者是程式開發專員能有效率的利用。於此並對前者的好處提出來說明。

4.1.1　基本概念

根據各個作業系統核心所稱呼的部分有所差異。在通用機器方面為了使用虛擬記憶體，並不是全部的作業系統模組都存在實際的記憶體上。像這樣的狀況在記憶體必須要常駐的作業系統模組稱為核心。

另一方面，對於嵌入式用 RTOS 的情況，即使提供各種的系統呼叫，未必全部利用那些應用軟體。不使用系統呼叫通常是為了節約資源在應用軟體不做連結。從這個觀點來看，也有系統呼叫群不包含核心的情況。而且，在引線型 RTOS 方面，系統呼叫是在呼叫出任務的環境裡比較多被執行的部分，如果考慮到作業系統的內部不如變成在任務被提供像程式庫那樣上面位置不能包含核心。像這樣，根據 RTOS 的安裝方法及設計思想核心的範圍也會變化。在這章裡，將包括系統呼叫群及核心的解說。

使用作業系統開發的情況，RAM 等的系統資源變成需要很多。為此，單晶片微電腦等的資源少的環境也繼續不使用作業系統開發。本來的用意是把作業系統運用自如，不只理解作業系統的使用方法，是使用作業系統比較好還是不使用比較好，必須作到可以判斷說出為止。

對於電腦等的通用型系統用程式製成的情況，從 main 函數執行開始作為前提製成就好，而且，最近在 Windows 系統上的 GUI(圖形使用者介面框架)利用程式或.NET 等，在利用特定的業務型框架的程式，使對 main 函數的認識變得不必要。

另一方面，嵌入式系統的情況是，需要製作從打開電源的地方控制系統執行的程式。由於起始例行工作執行到 main 函數交付為止的控制初始化處理在 3.1.2 說明過。而且，對於嵌入式環境的程式設計方面，不只有起始例行工作，附屬於編譯器標準程式庫連安裝方法也必須要有所認識(圖 4.1.1)。這樣的情況使得嵌入式開發入門的門檻很高。

但如果使用 RTOS，隱藏這樣的執行環境。為此，在移植以外方面，這樣的執行環境不必要有所認識。在嵌入式開發方面，不使用 RTOS 適合單晶片微電腦的開發是可以想像為簡單的開發。但對業務型等其他的領域有經驗的工程師來說，從使用 RTOS 的 main 函數執行開始環境的門檻比較低。這是 RTOS 的效果之一。RTOS 可分離為上

面的世界和下面的世界(圖 4.1.1)。

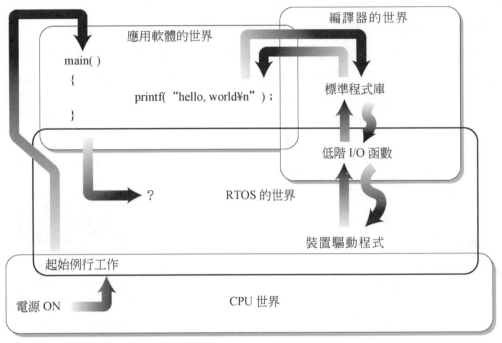

圖 4.1.1　用嵌入式環境的程式設計

　　並且，在上面的世界方面更加根據任務分割應用軟體變得可能。這個結果有可能分散開發及同時進行開發。而且，開發者的技術分層的自由度也變大。

　　對於不使用 RTOS 的情況，製作程式是為了執行處理 main 函數。這個時候，和 main 函數執行的環境不同是為了不浪費 MPU 時間，也利用根據中斷處理的環境。在 3.4.4 節裡說明過如何利用中斷，能與 main 使執行另外的處理有效使用 MPU 為事件驅動。

　　但是，在只有準備 main 函數的環境和中斷處理的環境，在哪個地方發生重複的浪費。像在 3.4.5 節裡說明過，變成了利用 RTOS。利用 RTOS，在「計算機處理」、「資料顯示」、「螢幕保護裝置」的處理是根據原始碼的變更，不必要有嘗試錯誤的執行順序。這是根據從 RTOS 被導入任務的概念來的。

　　上面所記述的各處理把任務分配的事，變成可能執行順位的控制是交給 RTOS 處理，為了交替切換的處理也變成不需要原始碼。若任務增加一個的話，環境也是均等的增加一個。可以稱說每個任務都可利用 main 函數。

　　任務環境是根據被準備的 RTOS，為了環境交換原始碼也準備在 RTOS 裡，稱為分配器。使用介面有系統呼叫群(API)。對於任務的概念，改在 4.2 節說明。

　　在中斷像有中斷層級一樣，對於任務有優先順位(Priority)。中斷層級和任務優先順位的關係如圖 4.1.2 所示。雖說 Timer Interrupt 的中斷層級是被設定為高層的，這些是使用 RTOS 情況的一般分配方法，並不是用全部的系統都這樣做。Dispatcher/Scheduler 是 RTOS 本身有的環境層級。不使用 RTOS 情況的 main 函數執行的環境也有。

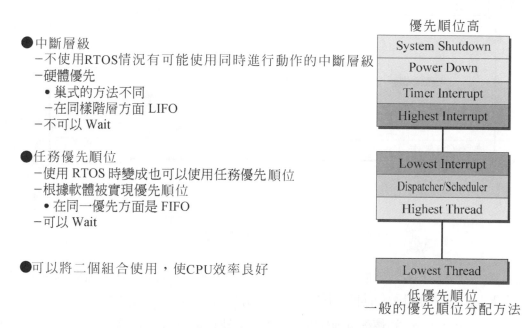

●中斷層級
　－不使用RTOS情況有可能使用同時進行動作的中斷層級
　－硬體優先
　　●巢式的方法不同
　　－在同樣階層方面 LIFO
　－不可以 Wait

●任務優先順位
　－使用 RTOS 時變成也可以使用任務優先順位
　－根據軟體被實現優先順位
　　●在同一優先方面是 FIFO
　－可以 Wait

●可以將二個組合使用，使CPU效率良好

優先順位高
| System Shutdown |
| Power Down |
| Timer Interrupt |
| Highest Interrupt |

| Lowest Interrupt |
| Dispatcher/Scheduler |
| Highest Thread |

| Lowest Thread |
低優先順位
一般的優先順位分配方法

圖 4.1.2　中斷階級和任務優先順位的關係

　　Dispatcher/Scheduler 以下任務有被分配環境的優先順位。利用 RTOS 在 Dispatcher/Scheduler 以下部分被追加軟體的動向記述自由度變大。處理的切換部分是為了被彙集在 Dispatcher/Scheduler，處理方面的程式碼對自己的處理的記述能專心一致。根據這個事，RTOS 的上面的世界也變成可以分割。在每個處理分配到另外開發人員的並行開發的容易度有相關連。

　　一般的任務構成和對應如圖 4.1.3 所示。在即時系統方面，作為任務優先順位分配方法，把啟動周期短的作為高優先順位的速率單調(Rate-Monotonic)，和時限時間短的作為高優先順位的時限時間單調(Deadline-Monotonic)為基本。實際是把處理時間長的為低優先順位，處理內容重要的為高優先順位等修正分配優先順位。

在中斷處理常式水準方面處理時間是數微秒，裝置驅動程式任務的執行較長的變成數十毫秒左右是普通的。在那上的應用軟體任務的執行時間變成是秒的指令的情況也有。像這樣，雖說時間的指令的不同處理混在一起，是由核心來裁判的。

應用軟體任務是結束一個處理期間，驅動任務是數千次的啟動／結束的重覆操作。在一個環境下的處理不具有現實性，是 RTOS 分割的理由。

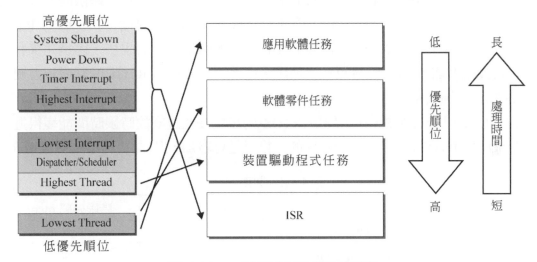

圖 4.1.3　一般的任務構成及其對應

4.1.2　CPU 使用率

CPU 使用率表示程式使用 MPU 時間的幾個百分比。為了理解即時排程的基本量。從 CPU 使用率的觀點來說明 RTOS 的效果及特性。CPU 使用率用(4-1)式來計算。用 MPU 執行處理的處理時間，被啟動的那個處理乘上頻率的值，對全部的處理把它加在一起的值就是 CPU 使用率。若是被啟動的頻率是固定周期任務的話，成為啟動週期的倒數。(4-1)式以這個形式來表現。如果 CPU 在使用率超過 1 則表示一個 MPU 不能處理。在 1 以下的情況，是不是全部的處理，決定了時限時間之前結束必須考慮調查個別的條件。

譬如，具有 10msec 的處理，在每 15msec 執行情況的 CPU 使用率是，10/15=0.6666…等，變成大約 67%。在每 15msec 還有多出 5msec 可以使用。具有 10msec 的處理，在每 10msec 執行情況是 CPU 使用率變成 1。這是 MPU 時間被百分之百的使用狀態沒有多餘的時間可以再使用。

而且，具有 10msec 的處理在每 5msec 執行的情況，雖說 CPU 使用率 10/5=2，但在一個的 CPU 是無法處理的，須要二個 CPU 才可以執行。譬如，準備了二個 MPU 有

5msec 邊錯開邊交換剛好可以每 10msec 的執行。把 CPU 使用率整數的結束值變成 CPU 必要的大約值，只有大約的數，因爲必須考慮個別的條件。

$$CPU\ 使用率 = \frac{處理時間}{起動周期} + \cdots \qquad\qquad (4\text{-}1)式$$

在任務利用上，MPU 的使用利率變得較好，到現在爲止沒有遵守時限時間變成由程式來遵守時限時間的例子。時常有人根據 RTOS 誤解 MPU 會變得快。因爲 RTOS 並不是一個加速器，所以 MPU 無法變的比較快。寧願是相反的說法，因爲如果利用 RTOS 的話負擔增加，MPU 變得更多次使用。因此，如果利用 RTOS 的話處理會變得很慢，那也是一個誤解。

那爲什麼要利用 RTOS，在不使用 RTOS 的環境沒能遵守的時限時間能變得遵守嗎？，如果使用 RTOS 的話，雖然 MPU 的負擔只是會增加，但 CPU 利用效率會提高。

表 4.1.1　範本

外部事件	發生模式	處理時間 msec	時限時間 msec
event1	周期的 25ms	10	25
event2	Burst, 25, 200ms	1	200
event3	周期的 350ms	120	350

譬如，參考看看表 4.1.1。如果必須要處理硬體時限時間具有 3 種類的事件。3 種類中的 event1 及 event3，是利用了在內部時序周期事件，CPU 使用率可以簡單的算出。如下所示那樣有 74%使用率。

$$\frac{10}{25} + \frac{120}{350} = 0.74$$

event2 不是周期的，而是散發用於發生在外部的事件。但是，最大在 200msec 的期間連續發生了 25 次，最小發生的間隔大約是 1msec。event2 最大的頻率發生的情況之 CPU 使用率是如下所示 86%。根據如此，這三個事件有可能是用一個 MPU 處理的。

$$\frac{10}{25} + \frac{120}{350} + \frac{20}{200} = 0.86$$

首先，隨著速率單調法，發生間隔是最短 event2 的中斷層級設定爲最高，以下 event1，event3 的按照順序。如果像這樣不使用 RTOS 只有想把中斷實現的話，event1 是會超過限定的時限時間。譬如，全部的中斷同時發生的情況下如圖 4.1.4 所示。

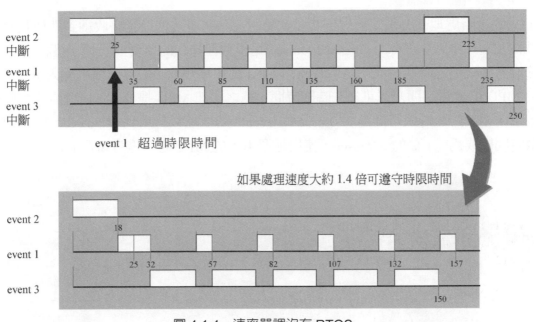

圖 4.1.4　速率單調沒有 RTOS

　　連續的 event2 的處理執行了 25 次的期間在 event1 的時限時間被超過了。在圖中 event1 的處理被開始的時候變成是 event1 的時限時間，CPU 使用率是 86%，雖說還有時間，但時限時間超過了，不能使用作為即時系統。雖有時間，但無法遵守時限時間。應答延遲的時候的對應是提早處理的時間。

　　怎樣提早多少才可以呢？如果計算的話，對 event1 的應答時間的 35msec 提早到 25msec 的話，大約是 1.4 倍最好。總之，要 MPU 提早 40%，還是程式提早 40%，看要選擇哪一種。

　　如果這樣，因為 event2 的處理是 18msec 結束，繼續執行 event1 的第一次的處理，而且連續 event2 的第二次處理變成是到了 32msec 以前結束。在圖中 event1 的第一次的處理和第二次的處理是連續被表示出來的。程式提早 40%的時候的 CPU 使用率是有 62%。總之，有將近 38%的時間 MPU 變成什麼動作也沒做。

　　那麼，如果使用了 RTOS 變成怎樣？根據 RTOS 任務環境變成可以使用。在這例子的情況是，把 event2 和 event3 中斷處理和任務處理分開。在中斷處理方面，任務處理部分先啟動，下一個只有大約可能的執行中斷處理，到現在為止的處理的大半是任務部分的轉移。

　　event2 的中斷部分是，因為中斷必須要排隊，一次的處理須要花費 0.1msec。這是在引起突發的 200msec 中只有 2.5msec(若計算麻煩的話，用 3msec 來代表)使用 MPU。

event3 的中斷處理部分是，因為不必要軟體的突發處理，可以忽略收納到即使長到數十微秒左右。中斷處理部分(3msec/200msec)是根據任務化的事變成負擔了(圖 4.1.5)。儘管沒有變成超過時限時間，這個時候的 CPU 使用率變成 88.3%。使用導入 RTOS，減少 MPU 的浪費時間變成可遵守時限時間。總之，把 MPU 提早 1.4 倍會變成有同樣的效果。相反的，時限時間是 350msec 的 event3 的處理只有用到 296msec，因為即使時限時間變成為 1.1 倍的 326msec，使用延遲 10%的 MPU 也可遵守時限時間。

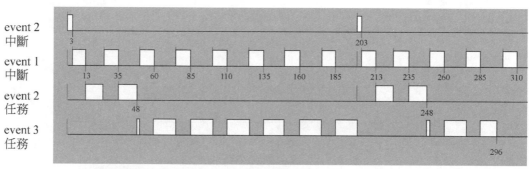

如果處理速度大約 1.4 倍可遵守時限時間
相反地，即使延遲了 10%也遵守時限時間

圖 4.1.5　速率單調-有 RTOS

隨著下一個時限時間單調法，在時限時間的短處理，考慮看看給予中斷高層級的情況。即 event1 的時限時間因為是 10msec 最短中斷層級也變得較高。event2 用 200msec 周期處理時間 25msec 的處理來考慮，中斷層級設定為第 2 順位。這個情況，全部的事件是在時限時間以內處理結束(圖 4.1.6)。但是，因為 event2 是外部中斷，對於下一個中斷想要儘可能可以早一點接受情況，還是有必要將中斷層級變高。這樣的設定一般的情況很多是無法安裝的。

CPU 使用率是 1 以下的情況對於是否在要遵守時限時間的判定，從圖 4.1.4 到圖 4.1.6 所示那樣個別的檢查是必要的。但是，對於成立下一個條件時不必要個別的檢查通知。任務是被啟動所有周期，沒有相互作用，對於在速率單調附加優先順位情況，作為 CPU 使用率是 n 個任務數(4-2)式若有表示值以下則可以遵守時限時間。對於必要的個別判定 CPU 使用率的範圍，如圖 4.1.7 曲線上的範圍。用(4-2)式表示值從曲線以下，限於滿足前面的條件及不必要個別判定。

$$n(2^{\frac{1}{n}}-1)$$

(4-2)式

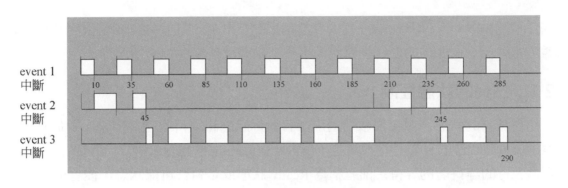

圖 4.1.6 時限時間單調-沒有 RTOS

- n 作爲任務的時候
- 如果 U 是 n($2^{1/n}-1$)以下就可以保證即時性。超過 n($2^{1/n}-1$)的情況是必須要個別的檢討

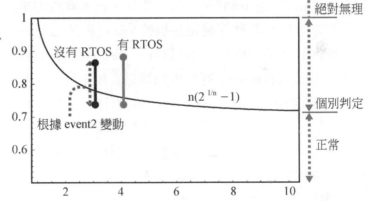

圖 4.1.7 根據 CPU 使用率來判定即時性

在表 4.1.1 的範本，event2 常常發生 CPU 使用率的情況，必須要進入個別判定範圍作個別判定。

4.2 任務的概念

在軟體開發方面有利用 RTOS 及不利用 RTOS 的情況，最大的差別，是使用 RTOS 產生任務的概念。任務是根據 RTOS 被製作出來具體的單位，根據 RTOS 同時進行可排程的對象有執行、中斷、再開始。雖說不使用 RTOS 的情況，main 程式對於插入根據中斷和再開始是有的，爲了像任務那樣的等待狀態是不存在，必須用循環事件等待。

RTOS 是把 main 程式的多數任務環境使分割安裝的事成爲可能。在多數任務內，在某些時候只可能執行一個任務。沒有被執行到的任務的狀態稱爲等待狀態。正執行的任務變成等待狀態的話，根據排程立刻被選擇到別的可能執行的任務，分配器是使

那些任務開始執行。執行中的任務的狀態稱為執行狀態。任務在一種情況會變成等待狀態，當執行 RTOS 內的閒置情況，及事先準備閒置任務執行的情況等。

4.2.1 任務的狀態控制

作為任務的狀態，像全部敘述過那樣有執行狀態和等待狀態。但是，對於在等待狀態裡，這個狀態的分類不是很清楚，雖然是執行狀態卻是無法執行，需要[等待]和變為可能執行的等待著的等待。前者稱為 Ready 狀態或是執行可能狀態，後者稱為 Wait 狀態或是 Block 狀態、等待狀態。

Ready 狀態的解除，即是對執行狀態的遷移是根據排程來執行的，不會從任務直接控制。Wait 狀態的解除是，沒有根據排程來執行的事。其他任務還有是根據 ISR 來執行。總之，任務的狀態變化是根據系統呼叫所發生，也有是排程自主發生的。如同打算一樣對於為了任務的操作，排程的作用有必要去理解。排程的作用稱為排程政策。

雖說每個 RTOS 系統呼叫的結構是有所不同，如果任務不形成不存在的話，只有製作而不運作，則其構造相同。任務的製作方法是，像 cre_tsk()那樣的系統呼叫，呼叫出活動的製作情況，在編譯時作出靜態的方法。

系統呼叫的結構是，為了產生任務的話作業系統管理任務的資料結構和任務利用堆疊領域等被確保。把這個狀態稱呼為 Suspend 狀態或是 Dormant 狀態、停止狀態、休止狀態等。這個狀態是，只有製作任務用排程不成為對象。把這個狀態的任務 act_tsk()等啟動，變成啟動狀態。如果變成啟動狀態就變成排程的對象。啟動狀態的任務有多數的時候，前面所述那樣，只有最優先順位的高任務變成執行狀態，其他的任務是變成 Ready 狀態 (圖 4.2.1)。從 Ready 到 Running 的遷移稱為 Start 或 Dispatch，從 Running 到 Ready 的遷移稱為 Preempt。

任務的狀態如果有如圖 4.2.1 的範圍，因為只有優先順位的高任務優先活動，如圖 4.2.2 所示那樣變成任務的動向。這個動向跟作成中斷巢狀時是一樣的。這個時候的堆疊操作，與呼叫函數巢狀時是一樣的，像圖 4.2.2 那樣在任務間堆疊是共有的。為省記憶體，像這樣的任務層級可定義為 RTOS。

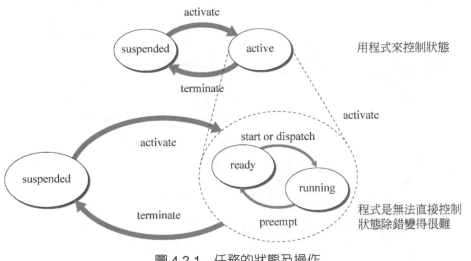

圖 4.2.1　任務的狀態及操作

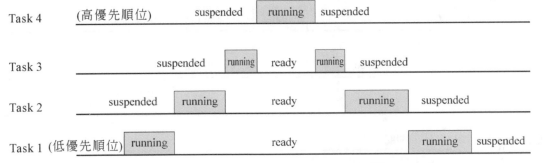

圖 4.2.2　只有 Ready 和 Running 的任務狀態

　　RTOS 導入時必須要注意的一個問題是，RAM 使用量的增加。並且，最浪費 RAM 的是任務堆疊很多。任務是個別時具有堆疊情況的堆疊容量，任務以作為能決定必要的最大堆疊容量。任務是多數的情況是，雖然全部的任務的最大使用量的和，變成系統必須要提供堆疊的容量。但是，不常有全部的任務是同時最大堆疊。有的任務很忙的時候是其他的任務有空間是常有的事。隨著，每個任務的最大堆疊使用量的計算和變成 RAM 使用過度的結果。

　　RTOS 是任務準備為了等待 MPU 以外的資源的空間，等待某種事件發生的狀態。那些稱為 Wait 狀態，Block 狀態。圖 4.2.3 所示那樣，執行中的任務是變成 Wait 狀態是，馬上下一個優先順位的 Ready 狀態任務被變成 Running 狀態。並且，如果 Wait 狀態被解除則再次最初執行過的任務變成 Running 狀態。由於任務允許像這樣的執行，任務設計的自由度提高。在多數的 RTOS Wait 可能如圖 4.2.4 所示那樣執行任務的控制。

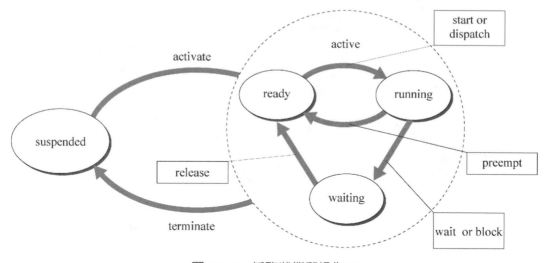

圖 4.2.3　任務狀態和操作 2

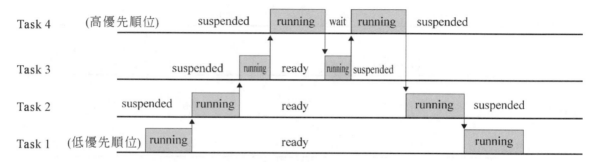

圖 4.2.4　Wait 可能情況的任務狀態

　　圖 4.2.4 的情況，在啓動狀態內執行進入可能狀態(Ready)、執行狀態(Running)、等待狀態(Wait)的 3 種狀態。等待狀態的任務是不須要成爲排程對象。對於從執行狀態到等待狀態的遷移，如果有任務由於自己的情況變遷和由於其他的任務原因變遷。作爲其他原因的遷移，優先順位高的任務的等待被解除情況也有。優先順位低的任務原因在優先順位高的任務被等待的事稱爲區塊(block)，和 Preempt 有所區別。自己等待進入的時候是稱呼爲 Wait。如果無法正確使用區分 Block、Preempt、Wait 的話和除錯作業等對任務的動作狀況將無法有效率的溝通。

　　Wait 是根據系統呼叫自己引起的所以不稱爲 Wait，各個的系統呼叫很多用固有的呼叫名來呼叫。「睡眠狀態」、「延遲狀態」、「等待訊息狀態」等。

　　從等待狀態的遷移是，根據發生等待主要原因的除去。進入等待狀態對於系統呼叫，解除等待狀態系統呼叫成爲對等存在。成爲這個對等系統呼叫，是因爲等待狀態的任務無法呼叫，變成執行其它狀態的任務或是 RTOS 的執行。即使任務是可變成從

自己的等待狀態，卻自己無法返回。變成須要從外部來解除。

　　如果被解除等待，任務是再次變成排程的對象，對應那時的狀況，執行狀態是變成執行可能狀態。被解除等待的任務的優先順位，比等待解除過任務的優先順位高的話就變成直接執行狀態。而且，根據 RTOS 的種類是執行狀態的任務是執行可能狀態的任務，也可以是被等待狀態。隨著，於 RTOS 下的任務的狀態遷移是最後的如圖 4.2.5 那樣型式應該可理解。

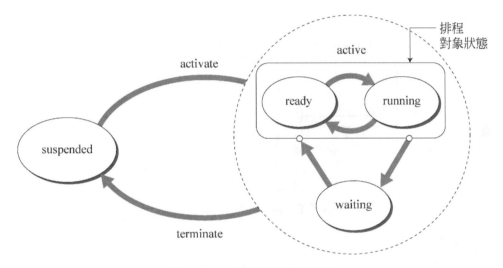

圖 4.2.5　任務的狀態及操作 3

　　實際的 RTOS 的任務狀態遷移圖是比圖 4.2.5 更複雜。譬如，µITRON 的情況是變成圖 4.2.6 那樣。即使變得複雜但重要的是 Ready 狀態和 Running 狀態之間的遷移那樣根據分配器被控制住遷移。根據這個分配器遷移是不是用原始碼層級直接控制的必須要用設計層級間接的控制。用設計層級控制，原始碼變得單純並且也改善電源管理。對於 RTOS 運用自如，任務設計是很重要的。

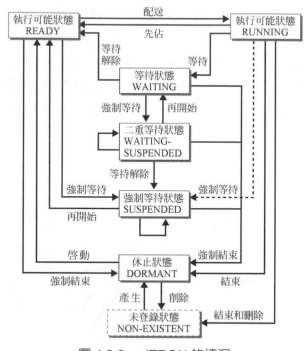

圖 4.2.6　μITRON 的情況

4.2.2　優先順位

所謂任務設計，是製作出幾個怎樣的任務，怎樣分配優先順位。

排程對象狀態任務，是基於任務的優先順位能放入排程管理執行等待行列(Ready Queue)。一般，這個等待行列是，如圖 4.2.7 那樣的結構。執行狀態的任務是，變成執行狀態的時候於基本的最高優先順位，優先順位層級內在變成最初的排程對象任務。即是優先順位是優先順位層和被決定在最早順位的第 2 階段。最優先順位層的高任務執行狀態的情況，那個任務是，變成等待狀態或是停止狀態如果不做其他的任務不能執行。像這樣的排程方式稱為優先順位最優。最優先順位高的任務是 MPU 佔有繼續的事。隨著高優先順位的任務是使需要快速地執行結束變成等待狀態。這些可能執行有設計階層的控制，無意義的進入延遲的是原始碼階層的控制。

為了製作硬體即時系統時單純的優先順位基本排程方式被利用。不被追求即時性的情況時，一樣優先順位層級裡根據時間片斷優先順位變更的情況也有。譬如，μITRON 時稱為 rot_rdy()的系統呼叫。這個系統呼叫用循環排程器可實現。還有，根據執行時間優先順位層級變更排程執行的情況也有。這個情況，長時間被等待中任務的優先順位層級，是慢慢變高，被執行一次的話被執行回到操作原本的優先順位層級。

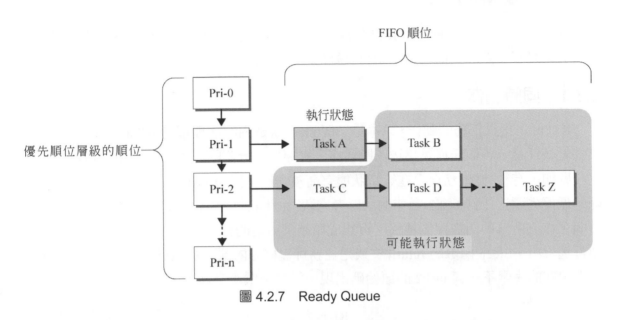

圖 4.2.7　Ready Queue

　　像這樣排程方式的差異是，想縮短最壞應答時間或是平均應答時間，對各任務平等想根據分配 MPU 時間來選擇。

　　在一組的嵌入式系統內，硬體即時部分和軟體即時部分和對即時沒有關係部分有混在一起的事。對於像這樣的情況，對於高優先順位任務適用的優先順位基本排程器，對於中優先順位以下的任務是用循環排程器。

　　不是等待狀態排程對象的任務是，每個等待主要原因製作等待行列。即是，任務是等待狀態遷移和執行等待行列的構造是如圖 4.2.7 一樣的情況也有，為了節省記憶體單純的一條名單內被分類的情況也有。對於執行分類的情況，系統的負荷狀態，譬如因為根據任務數的增加變動系統呼叫的執行時間，變成確保即時性時負荷狀態的分析是必要的。

4.3　系統呼叫

　　系統呼叫是理解 RTOS 運用自如的第一步。作業系統的系統呼叫是記憶體管理等的管理系統的東西和任務間相關的介面，對有關例外處理的東西有很大的分別。雖說都有提供很重要的功能，多任務程式設計為前提從嵌入式系統立場來看，任務間介面和為了例外處理系統呼叫的重要。在實際的 RTOS 方面，任務間的同步及為了通訊系統呼叫的種類很多，了解任務之間的介面也很重要。但是，為了類似的側面也有，種類豐富很難明白其差異。

因此，只有理解表面方面很難去運用自如。為什麼必要有那樣的系統呼叫其按照背景的事是很重要的。而且這個跟有良好的任務設計是相關連的。

4.3.1 同時動作

RTOS 所提供任務的動作，原本是一個 main 函數內的處理環境分割的東西。因此，雖然是多任務，各個任務是無法同時運作。實際是，分割的環境一邊轉換一邊運作。

譬如，有 2 個任務自己在等待狀態有高優先順位任務(task1)和任務的等待狀態解除的低優先順位任務(task2)動作的狀態考慮觀察(圖 4.3.1)。task1 是呼叫出 Sleep()系統呼叫，核心內部的函數控制轉移。可想成原始碼所附的核心使用除錯步驟執行。步驟執行進行中，Sleep 函數的 return 文或是任務排程核心內部函數執行的話，突然畫面改變與現在的完全不一樣 task2 的原始碼出現。這些是環境交換。

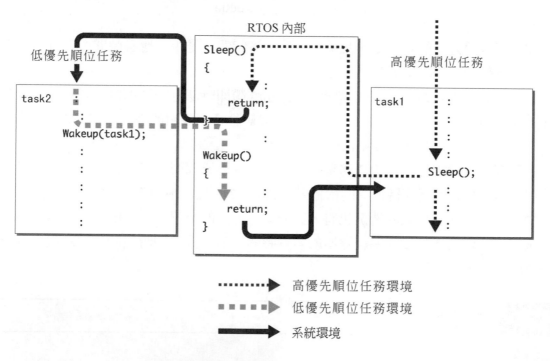

圖 4.3.1　同時進行動作：同步

如果原始碼層次使用除錯有突然狀況，組合程式層次如果使用除錯排程及通過分配器內部 task2 出來可以有實際的感覺。組合語言命令的 RTS 執行 RT1 則從別的出口出來。task1 不是從 Sleep()進入從別的出口出來，也有分配器的內部用任務的切換或通用暫存器更換變成 task2 在 task2 的原始碼上出來。

　　在那之後，task2 是執行進行 Wakeup()函數進入 task1 解除等待。如果這樣的話，途中 task2 從執行狀態被執行的可能狀態變成無法執行。但是，因爲那是從 RTOS 的外部來看任務的觀點，實際上 MPU 的執行是進行的，還有經由組合語言的世界，從 Sleep() 的 task1 出來的，task2 是從 Wakeup()的 task1 執行結束後出來的。這些是 RTOS 的動作，在任務的觀點稱爲同時進行動作。而且，像 Sleep/Wakeup 那樣控制的互動，用 task1 和 task2 稱爲「同步取得」。系統呼叫是隨時隨地可以移動像小叮噹那樣有個任意閘門的東西。

　　另外，RTOS 的動作是不使用閘門來控制移動的東西。這裡，如圖 4.3.2 所示，I/O 的結束等是根據外部的主要原因突然發生了環境交換。task2 執行時發生斷移動至 ISR 來控制，從 ISR 返回的時候 task2 無法返回而變成在 task1 控制轉移。中斷是與進入 task2 的理由沒有相關，像這樣的動作和圖 4.3.1 對應稱爲非同步。

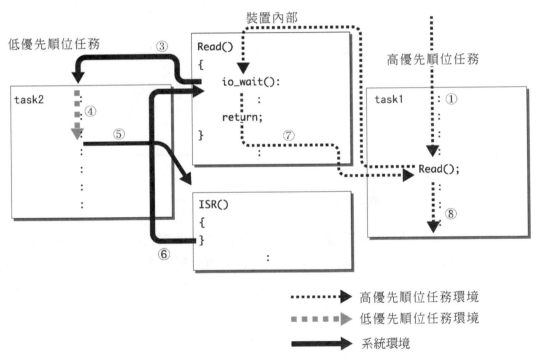

圖 4.3.2　同時進行動作：先佔

　　像 task2 那樣低優先順位的任務在非同步時被高優先順位任務控制取得的事必須要有所覺悟。還有，在控制的途中被取得的事，任務本身是完全沒有發現的。

4.3.2 多線程安全

　　如圖 4.3.2 所示那樣發生任務被取得突然控制的情形。這是發生了多數的任務共有副程式所產生的問題。譬如，如圖 4.3.3 所示定義 swap(a, b)，更換函數的 a 和 b 值，先放入函數到低優先順位 Temp=*x；執行時，高優先順位的 task1 變成執行狀態，還是作為呼叫出 swap()。因為 task1 是優先順位高的，趕過 task2 脫離了 swap()。如果 task1 的執行結束則 task2 開始動作脫離 swap()。像這樣的動作 task2 根據 tsak1 被另寫到 Temp 的值是存放在 y1 裡。因此像這樣的函數在多工任務環境是無法安全的使用。

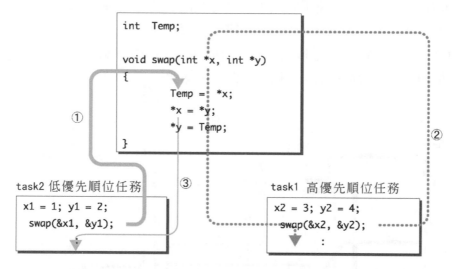

　　　y1 = 3　　　如果 ①②③ 按照順序執行的話 y1 就變成是 3

圖 4.3.3　任務之間共有常式的問題

　　共有常式在多工任務環境可以使用時，像 Temp 的全域函數停止使用或是必須用同步取得利用任務間的函數。圖 4.3.4 即是多工任務下也可利用改良過的函數來表示。像這樣稱為多線程安全函數。這個情況，因為 Temp 是在堆疊上被取得即使在原始碼上是一樣的函數，在 task1 和 task2 方面 Temp 是因為能分配各自的位址所以不會互相干擾。task1 和 task2 是堆疊共有任務，因為偏移量不同所以沒有問題。

　　附屬編譯器的資料庫、多工任務用的資料庫裡面變成像是這樣的構造。從 RTOS 導入利用過的 Legacy software 多工環境再利用的情況時，必須要確認是不是多線程安全。

　　共有例行程式為了作多線程安全時，不使用全域變數或靜態變數，使用在堆疊上被堆積了函數引數及區域變數的話更好。如果是不能的話，呼叫出來源作使用若能變更就更好。像這樣的性質稱為再重進(Reentrant)。

```
void swap(int *x, int *y)
{
        int  Temp;        ←──── 定義為區域變數

        Temp =  *x;
        *x = *y;
        *y = Temp;
}
```

圖 4.3.4　多線程安全的函數

4.3.3　互斥控制

　　無法把全部的函數再重進的情況。無法再重進把函數共有時，在任務之間必須要同步取得。即是，另外的任務利用共有變數之間，必須等待配合其他的任務。為了佔有利用任務之間等待配合(同步)的控制，稱為互斥控制。

　　雖然互斥控制的具體方法有很多種，典型的有旗號(Semaphore)的使用方法。在 μITRON 的情況，如圖 4.3.5 所示。使用 Temp 的部分，wai_sem()和 sig_sem()像挾著那樣。旗號是，Windows 及 UNIX 等嵌入式以外的作業系統也有的系統呼叫。Wai_sem()和 sig_sem()被挾著的部分，稱為臨界區段(Critical Section)。

```
int  Temp;

void swap(int *x, int *y)
{
        wai_sem(sem_id);  ┐
        Temp =  *x;       │
        *x = *y;          ├ 臨界區段
        *y = Temp;        │
        sig_sem(sem_id);  ┘
}
```

圖 4.3.5　取得同步函數

　　執行臨界區段時，如果別的任務進入臨界區段來執行 wai_sem()的話，會變成等待狀態。事先被執行過的任務是執行 sig_sem()，從臨界區段脫離，後面來的任務等待狀態被解除，可以進入臨界區段。這個例子的情況是如圖 4.3.6 所示那樣的動作。

　　task1 是以 wai_sem()1 次被停止，等待 task2 的 sig_sem()被解除為止變成等待狀態。task2 是 Temp=*x 執行中根據用任何的理由取得 task1 控制，task1 是 wai_sem()被停止的時候，到達再次執行開始 sig_sem()。在這裡，變成 task1 是進入臨界區段，task1 又再次取得控制。

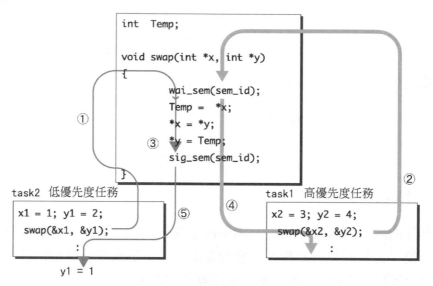

圖 4.3.6　根據同步問題的解決

　　在圖 4.3.3，雖說箭頭的數目有 3 個就可以解決，在圖 4.3.6 則有 5 個箭頭。不可以忘記箭頭的間斷是由排程和分配器運作。即是，由互斥控制解決跟再重進化比較會增加負擔(圖 4.3.7)。

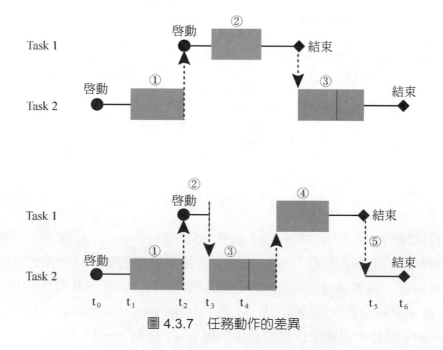

圖 4.3.7　任務動作的差異

　　而且，即使先佔的負擔以外，task1 的結束時間會有延遲的事。從圖 4.3.7 可以了解，task2 的結束時間是同時的，task1 的結束時間是，最壞的情況，臨界區段③只有執

行時間的部分變慢。③的執行時間可以確定是因為 task1 的執行時間也可以確定，確定過的時間如果是時限時間以內的話那作為即時系統就沒有問題。

4.3.4　優先順位逆轉

　　用旗號等待的任務的執行時間會無法確定。譬如像圖 4.3.8 那樣，有比 task2 更高優先順位比 task1 更低優先順位的 task3 的存在情況。task2 是一直根據 task3 控制取得的可能性。還有③執行中被取得控制的話，task3 的執行結束為止因為 task2 的執行中斷，間接的變成根據 task1 及 task3 的區塊。這個結果，task1 的執行結束時間會像 task3 那樣，變成具有中間的優先順位任務，會有全部的執行時間的合計延遲。這些是，實際 task1 的等待時間不能確定相等。這個現象為優先順位逆轉或稱為優先逆轉(Priority Inversuion)。如果優先順位逆轉發生的話會變成無法保證即時性。

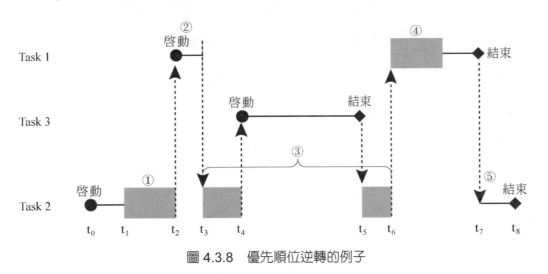

圖 4.3.8　優先順位逆轉的例子

　　優先順位逆轉是，在優先順位不同的任務間發生臨界區段共有的情況。即使像這樣的情況為了保證即時性，知道優先順位繼承協議這個方法。這個動作如圖 4.3.9 所示。task2 是臨界區段執行時 task1 進入等待，一時之間把 task2 的優先順位和 task1 作為同樣的優先順位。像這樣，task3 無法先佔 taks2。但是，task3 的執行結束時間也和 task1 一樣，task2 只有在臨界區段執行時間部分變得較慢。μITRON 的情況不是旗號，用互斥(Mutex)使用優先順位繼承。

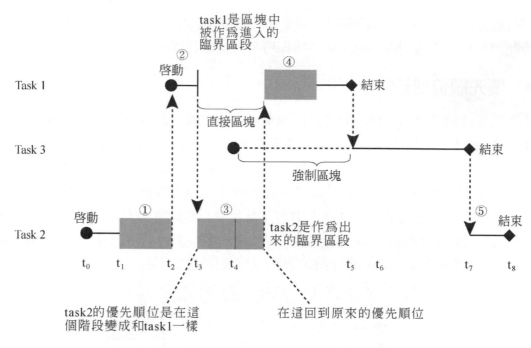

task1是區塊中
被作為進入的
臨界區段

② 啓動
Task 1

④ 結束

直接區塊

Task 3 結束

強制區塊

啓動 ① ③
Task 2

task2是作為出
來的臨界區段

⑤ 結束

t_0 t_1 t_2 t_3 t_4 t_5 t_6 t_7 t_8

task2的優先順位是在這
個階段變成和task1一樣

在這回到原來的優先順位

圖 4.3.9　優先順位繼承協議

使用優先順位繼承的情況，優先順位高的任務是變成在等待臨界區段，為了產生臨界區段執行中的任務對環境交換和優先順位變更，根據 RTOS 會更增加負擔。而且，如圖 4.3.10 所示高優先順位的任務是常常被區塊起來。這表現出因為環境交換次數的增加不只會使效率變差，還有高優先順位任務的等待時間會變長，最壞執行時間計算也花時間。

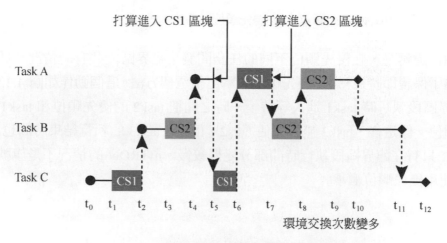

打算進入 CS1 區塊　　打算進入 CS2 區塊

Task A CS1 CS2

Task B CS2 CS2

Task C CS1 CS1

t_0 t_1 t_2 t_3 t_4 t_5 t_6 t_7 t_8 t_9 t_{10} t_{11} t_{12}

環境交換次數變多

圖 4.3.10　連續區塊

4.3.5　死結

　　還有另一個互斥控制的問題就是死結(Deadlock)。死結是，二個臨界區段，發生了逆順巢狀。

　　臨界區段是如圖 4.3.11 所示有二個的時候，如圖 4.3.12 所示執行順序的任務動作，變成互相等待的狀態。死結是，互斥控制是在執行循環時發生的。二個的情況是逆順發生的時候，三個以上的情況是在要求循環順序時發生(圖 4.3.13)。多數的臨界區段在程式整體裡分散時很難被發現。

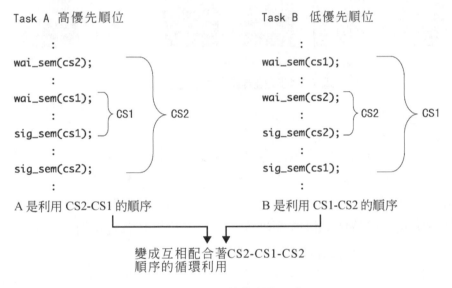

圖 4.3.11　巢狀的臨界區段

- 臨界區段是巢狀
- 巢狀的順序是成為循環
- 這樣的條件會發生死結

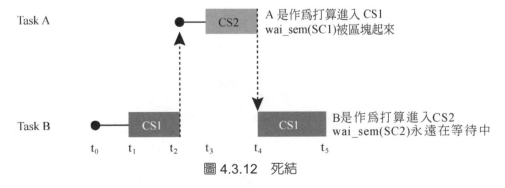

圖 4.3.12　死結

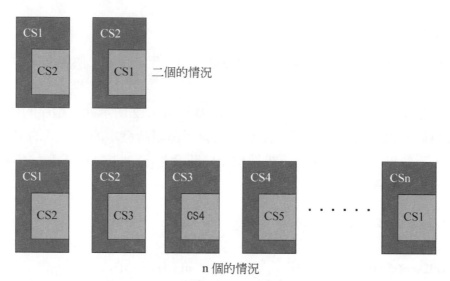

二個的情況

n 個的情況

圖 4.3.13　臨界區段的循環式巢狀

4.3.6　任務間通訊

如果不只是共有資料，作為訊息交付，就變成不必要執行互斥控制。譬如，不只是共有的裝置，設置為裝置管理的專用任務只作為 I/O 資料的訊息交付。像這樣利用任務間通訊系統呼叫，設計任務間的介面。在任務間系統呼叫方面，可以執行任務的同步和訊息的接收。因為用資料作為訊息交付，不只是共有資料可以有單方面所有的任務。這個結果，變得更有設計的自由度(圖 4.3.14)。

- 避開互斥控制
  －讓資料是單方面所有、用複製交付
  可以避開互斥控制
- 比互斥控制來得更有設計的自由度

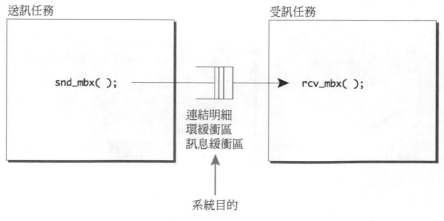

圖 4.3.14　通訊型系統呼叫

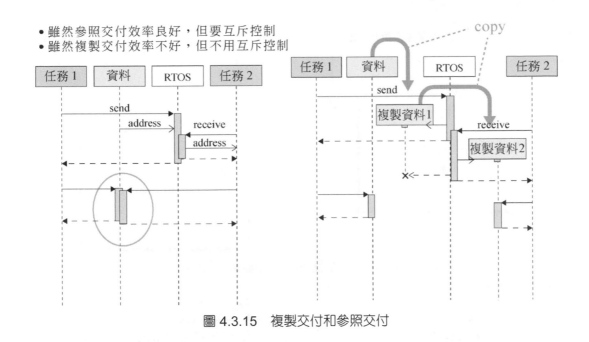

- 雖然參照交付效率良好，但要互斥控制
- 雖然複製交付效率不好，但不用互斥控制

圖 4.3.15　複製交付和參照交付

　　在一般的 RTOS，用任務間通訊的系統呼叫，使任務實現產生成別的系統目的。被準備在系統目的內的緩衝區，當這個緩衝區是空的情況時如果想要讀出的話就要等待。而且，沒有空位的時候想要寫入的話也是要等待。

　　資料的傳送方法，在資料用複製交付情況時，只有資料的位址參照交付(圖 4.3.15)。參照交付是，因為在複製時不會發生所以效率非常好，受訊方面的任務是在資料存取的時候，結果，也會有執行必要性的互斥控制。只有複製交付的情況變成不需要互斥控制。但是，送訊方面任務是在緩衝區複製資料，而受訊方面任務是從緩衝區複製，變成需要 2 次的複製。資料容量大的時候，變成增加很多負擔。

　　為減少複製次數的方法，有活動式的記憶體確保其位址交付方法(圖 4.3.16)。這個情況是，在受訊方面發生了可以不用複製的事。只是，活動式的確保記憶體是一定要歸還的，一定要注意這些事。作為系統目的被確保的電子郵件信箱若被刪除的話，那個緩衝區也被刪除，可利用被開放的記憶體區域。但是，系統目的是別的被確保之資料區域無法被開放。因此，受訊任務具有責任若不開放的話會變成記憶洩漏。

　　而且，也有稱呼為直接型方法。像歷來的 RTOS 通訊方法那樣，從任務獨立出的緩衝區，作為受訊用的緩衝區任務的具有屬性的方法。

　　確保活動式記憶體的情況是，對於交付資料的所有權，直接型的情況是，從最開始緩衝區所有權的受訊任務。這個情況是，複製 1 次結束。系統目的型的情況是，訊息地址是變成為系統目的，直接型的情況的地址是，變成收訊任務。RTOS 有採用新形

式的方法。直接型是，雖然變成更有設計的自由度，任務數的增加也是其缺點(圖 4.3.17)。

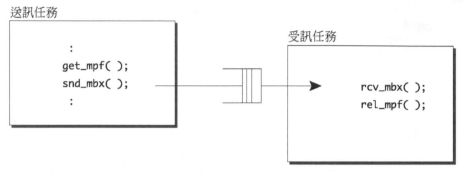

圖 4.3.16　參照交付及活動式記憶體確保的組合

● 直接型
－新式RTOS/中介軟體框架
－複製負擔較少
－只有任務 ID 可能送訊
－指示暗號是在受訊任務中有的
　，根據訊息類別任意的順序被取出
－對分散環境的擴張簡單

● 系統目的型
－歷來的 RTOS
－發生2次複製的情況
－訊息是從頭照順序取出
－可以靜態的多對多

圖 4.3.17　訊息傳遞的種類

4.4　任務分割

　　作為設計對象的系統，同時進行的動作任務分解，分配各任務優先順位的事稱為任務設計，也有決定任務間的介面，及任務設計的類別。任務間的介面是，RTOS 提供系統呼叫來實現。任務設計是對於系統的活動部分的定義。另一方面，把系統模組分割，決定模組間的介面，對應靜態的部分來定義。模組間介面是，根據全域變數及呼叫函數規定，任務間介面是根據啟動及同步、通訊等組合來規定的。

在系統，為了決定怎樣的任務分割時，首先分析對象的應用軟體，有必要製作動作的模式。現在，可以利用各種設計的方法論。根據每個方法論呼叫方式也有不同，可以製作出共有的動作模式。動作模式也有是系統代表的活動式表示被構成的方案。動作模式是，在第 8 章以被製作成模式的一部分來說明分析。在這方面，為了執行從動作模式到任務設計，以一般的方法來說明。

不需要的任務數太多的話，系統也複雜化，也會增加負擔。另一方面，任務數太少的話結果變成增加各任務的介面，各個的任務變得複雜化。因此任務設計者是必須選擇適當的任務數。適當的任務的數量是，從提出模組同時進行的功能及各函數的執行時間等來決定的。在模組提供功能的情況，有幾個函數是按照順序呼叫出來的，如果可以實現的話，呼叫函數的機構是變成候補的任務。但是，模組分割是，而任務分割則是別的基準，譬如根據資料決定隱藏等。

為此，為了決定最終的架構時，變成必需要調整任務構造和模組構造。要決定由誰先來，應用軟體的特性依存於想要的開發。在控制型的應用軟體方面，先討論任務構造的情況比較多。在 PDA 等資訊應用軟體方面，先討論模組構造的情況比較多。

4.4.1 任務分割基準的分類

作為任務分割的基準，如表 4.4.1 代表的有 4 種類。

表 4.4.1 任務構造化基準

基準	概要
I/O 任務構造化基準	決定被連接在系統物理裝置的特性對應的任務。譬如，對應著非同步輸入裝置的一個任務分配。平均輪詢周期對應多數的輸入裝置歸納成一個的任務分配等。
內部任務構造化基準	關於 I/O 任務以外的任務的分配方法基準。裝置間的調整及，計算演算法的執行等內部處理分配的內部任務。
任務結合基準	動作模式分析時抽出處理，啟動周期及處理的順序性等考慮為了結合一個的任務基準。
任務優先順位基準	任務的優先順位、重要性的對待。

4.4.2 I/O 任務基準

決定內部任務之前，一般會有檢討 I/O 的任務。對於檢討 I/O 任務，變成需要硬體資訊。因此，在實際的開發方面，到這個階段為止，需要 I/O 裝置相關的硬體規格。

最基本的資訊是，輸入裝置和輸出裝置的數量。其次是以各裝置的特性，同步裝置及不同步裝置變得很重要。

所謂非同步，是有利用裝置的中斷。非同步輸入裝置的情況是，如果有輸入中斷發生時，變成必須通知系統處理輸入資料。非同步輸出的情況是，如果現在繼續的輸出結束的話，發生中斷，通知系統變成可能是下次的輸出。從裝置方面到通知系統，也稱呼為主動裝置。

另一方面，所謂同步裝置，輸入輸出結束的時候，指示不讓中斷發生。同步輸入裝置的情況，在系統方面，必須要檢查有沒有周期性的輸入。像這樣的處理，稱呼為輪詢。同步輸出裝置的情況是，變成系統必要的時候開始輸出。雖然這是和非同步裝置相同，輸出結束不只有中斷裝置忙碌的訊號輪詢判斷。想要輸出的時候若是忙碌，變成系統方面要等待，像這樣必要的同步稱為同步裝置。也有被稱為對應主動的被動裝置。

在非同步 I/O 裝置方面，導入一個的 I/O 任務，取得系統和裝置間的介面。非同步輸入任務是，被啟動初始化後，變成進入到中斷為等待狀態。若從 ISR 被喚醒的話，讀入輸入資料，從資料內部任務執行引起交付處理。

如果只有這些的處理，在前節所說明那樣只有在 ISR 執行也不是不可能的。在這個情況，不必要導入 I/O 任務。把 I/O 任務作為必要或不必要，是根據最小中斷間隔及一連串的處理時間來決定的。雖然使用 RTOS，限制在 ISR 內利用可能的呼叫系統，從 ISR 對於任務訊息無法送訊號的情況等，變成非同步輸入是必要的。不管哪一個，非同步輸入的處理，是如何趕快許可下一個中斷是比較重要。但是，為了確保系統的堅固性，最小中斷間隔之間把中斷遮罩起來是比較好的情況(圖 4.4.1)。

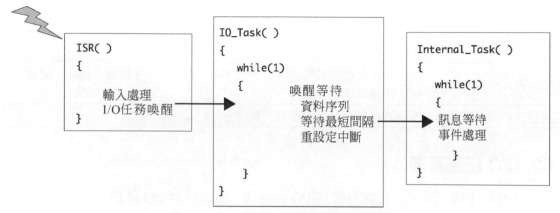

圖 4.4.1　根據 I/O 任務堅固性的確保

最大中斷間隔有定義的情況時，等待喚醒的系統呼叫使用有附帶計算時間過時的東西，根據硬體的故障變得中斷無法進入的情況也可以檢查出來。

驅動程式提供 RTOS 使用的情況時，也有 I/O 任務不必要的情況。在下一章驅動程式來說明，也可以考慮非同步 I/O 任務一般化的東西。

對於同步輸入裝置方面，執行導入固定周期 I/O 任務輪詢。固定周期 I/O 任務是，根據計時來喚醒，執行 I/O 處理，再次變成等待狀態的情況一直重複。不使用中斷單純感應裝置或使用暗按鈕等接點輸入。固定周期 I/O 任務的周期是，輸入對象的變化的速度和，輸入資料的利用處理等根據時限時間來決定。啟動周期變短情況時，對於系統負擔變得很大。類比輸入裝置如果是非同步的話，因為輸入值變化的時候中斷進入，系統變成超載。為此，很多是利用輪詢。但是，變化快速的類比輸入，為了捕捉精確度良好，輪詢周期必須要縮短，當然負擔也會變大。有輸入變化的情況處理的時限時間為 D，輪詢周期為 Tpoll，處理全體的時限時間為 Dpoll。

$$D \geq Tpoll + Dpoll$$

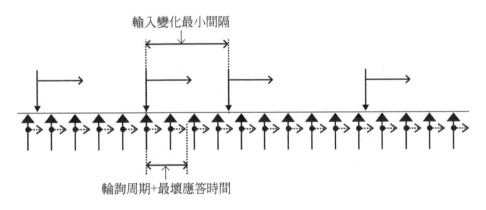

圖 4.4.2　輪詢周期和最小事件間隔

參閱(圖 4.4.2)，Dpoll 不是輪詢任務和處理用任務的最壞執行時間的和，是處理全體的時限時間。總之，在 Dpoll 之間時，優先順位更高的任務先走，或是插入中斷。

　　例如，即使資料變化最小間隔有 50msec，如果有輸入變化情況的處理的時限時間有 5msec，輪詢任務是比 50msec 更短的周期則必須要輪詢。有輸入變化後馬上是，50msec 之間，雖然沒有變化，51msec 後或是 52msec 後或許會有變化。然後，變化是在 56msec 後或是 57msec 後時處理必須要結束。為了這個負擔是無法不去注意的。為此，嚴格的時限時間的情況時輸入固定周期任務是不適合的。這個例子的情況，資料處理的最壞執行時間如果是需要 3msec，為了確保那個時間 Dpoll 必需是 3msec 以上。其結果，輪詢周期必需是 2msec 以下。最壞為只有 50msec 一次變化輸入，用 2msec 做輪詢是很浪費的。因此，像這樣的情況是，非同步輸入任務是有必要的，為此中斷電路的追加等變成是必要的。

　　沒有控制限制同步輸入輸出裝置的情況時，不成為任務，也有是當作單純函數的情況。但是，雖然有多數的輸入輸出要求，從各個的內部任務發生的情況時，互斥控制準備在函數內是必要的。還有，必須要有為了準備要求接受的任務。像這樣的任務被稱為資源監視器。

4.4.3　內部任務基準

　　緩衝器等裝置或資料處理時，處理的起點成為必需要有固定周期內部任務(圖 4.4.3)。例如，從同步輸入裝置讀入資料，作為計算處理，其結果像同步裝置輸出那樣處理，根據固定周期內部任務被驅動。和 I/O 任務不同，多數的同步裝置或內部資料可以使用。

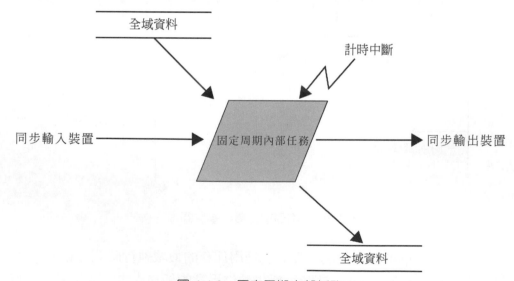

圖 4.4.3　固定周期內部任務

另一方面，根據從其他任務的事件及訊息被啓動的任務是，變成非同步內部任務(圖 4.4.4)。對應伺服器／客戶委託模式的伺服器。其他的任務和介面時，利用非同步任務間通訊系統呼叫。

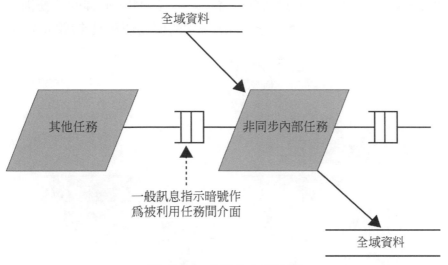

一般訊息指示暗號作
爲被利用任務間介面

圖 4.4.4　非同步內部任務

執行控制嵌入式機器方面，做爲動作模式，有很多利用狀態機器及狀態遷移表。這些的狀態基礎的控制安裝任務，被稱爲控制任務(圖 4.4.5)。作爲輸入用介面方面，非同步任務間利用通訊系統呼叫。另一方面，作爲輸出方面同步系統呼叫或是使用任務內函數呼叫。

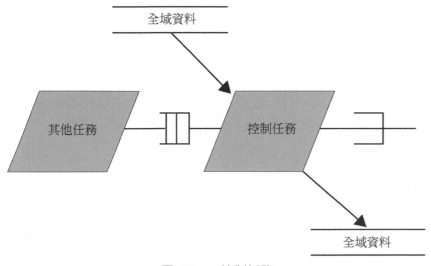

圖 4.4.5　控制任務

在連接網路嵌入型機器，對來自遠程控制監視功能的提供，以及對於遠程端末區域操作面板和同等的功能提供的情況。這個時後，爲了接受命令，會有利用任務的情況。也有執行安全性重要的使用者認證。像這樣的任務被稱爲使用者介面任務。

像這樣的任務是，每個使用者對話有被啓動的情況。即是同樣的任務被多次啓動。對於一個的函數，根據被對應多數的任務對應多次的啓動任務設定(圖 4.4.6)。

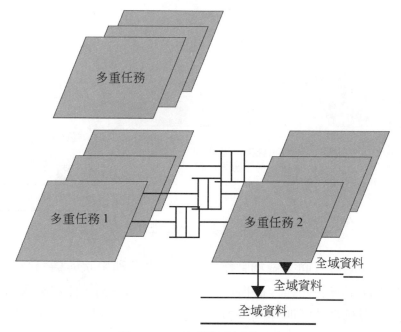

圖 4.4.6　多重啓動任務設定

4.4.4　任務結合基準

任務結合基準是，用怎樣的處理，作爲一個的任務歸納或適當表示的基準。例如，有用同樣周期輪詢的必要同步輸入裝置的情況，這些的輸入處理可以是一個的固定周期的任務處理。這稱爲時間的結合。任務結合基準是，像這樣多數的處理結合成一個的任務基準。結合基準，有時間結合、順序結合、控制結合、功能結合等。

1)　時間結合

根據同樣的事件有多數的處理被啓動，不指定這些處理的執行順序的情況，這些的處理是可以一個的任務執行。這個結合基準爲時間的結合。作爲同樣的事件，被這樣稱呼是因爲很多是利用固定的周期計時。但是，時間結合即使是對應非同步事件也可適用。

　　結合處理當中時限時間有較短處理情況時，爲了確保即時性，必須要附加不同的優先順位作爲別的任務。理想上，在同樣的事件被啓動處理，時間的特性及處理的重要性也幾乎一樣。寄望能提供有相關功能的東西。啓動周期是有倍數關係的處理，也有同樣任務的情況。這個情況是，各啓動周期的公倍數作爲周期可以結合固定周期任務。但是，過度使用時間結合會變成利用 RTOS 的好處沒有了，保持性也降低。

2)　順序結合

　　在一連串的處理情況時必須決定執行的順序，把這些一個的任務結合的情況，稱爲順序結合(圖 4.4.7)。變成執行單純的順序結合和製作每個事件的流程任務。順序結合是，稱爲結合不如稱說是像事件流程一樣把一連串的處理考慮相關規則並在哪裡分割任務比較好。例如，像以下那樣分割的基準。

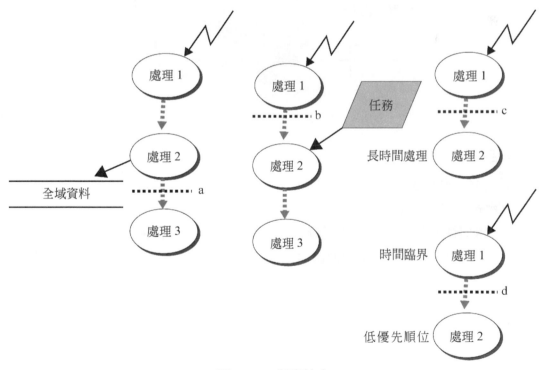

圖 4.4.7　順序結合

(1)　寫入處理全域資料作爲最後的順序。
(2)　從其他任務等接受處理訊息作爲最後的順序。
(3)　對於處理時間較長的事，優先順位較低作爲別的任務。
(4)　在時間臨界處理之後，繼續優先順位低的處理情況是作爲別的任務。

3) 控制結合

作為動作模式狀態機器利用的情況很多。把狀態機器任務化時被使用為控制結合(圖 4.4.8)。在圖 4.4.5 的控制任務裡，放入怎樣的處理，或是有怎樣的回答規則。

(1) 狀態遷移被觸發的時候開始，遷移中處理結束，作為同樣的任務。

(2) 根據狀態，被處理是有效或是無效時候，作為別的任務。判斷處理的有效、無效任務和執行實際處理任務區分。

(3) 在 UML 狀態圖的 do-動作的情況，do-動作方面是作為下次的狀態遷移的觸發情況是同樣的任務。其他情況是，作為別的任務。

(4) 在不依靠狀態處理，對於像狀態機器觸發送訊那樣，而且，其狀態機器的觸發有全部的情況時，作為同樣的任務。

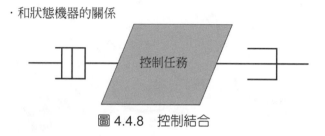

· 和狀態機器的關係

控制任務

圖 4.4.8　控制結合

4) 功能結合

是對於提供有關秘密的功能處理的使用基準。所謂有關秘密，不僅僅類似的功能和有依存關係的功能，也包含了互斥的功能等關係。

功能的類似性及依賴性是，不是動作模式，和靜態的資料模式關係很深，和任務分割的直接關連很弱。於目的指向使用事例模式那樣形式，應該是最初要被考慮到的。從功能的關係考察，被導入順序結合及控制結合、時間結合。總之從功能的關係被任務分割的情況幾乎沒有，在別的基準被當機以來，在任務分割被利用間接的事比較多。直接，可利用任務設計功能結合是，據說互斥的功能是可以用同樣的任務。這樣做，不用多餘的互斥控制也可以。

5) 任務優先順位基準

這個基準是，為了檢討任務的優先順位的基準。系統的即時性是，決定附加任務的優先順位。對於嵌入式系統，即時性是重要的要件。因此，雖說早的開發階段想要判定即時性，任務分割結束後如果不出來就無法判定。還有，必須準備開發系統的特性，還有對於性質內，有安全性及效能等很多的東西。在這些性質中，如果用構成系

統的各組件成立，即使這些組合的系統全體是成立的，在各組件成立系統全體方面成立不一定有被保證的性質。效能及即時性是屬於後者。因此，變成即時性的檢討是系統全體顯現出來之後檢討的事。

到上一節為止說明過基準執行適用的任務設計、時間臨界的任務，和變成明確不是那樣任務。時間臨界的任務是給予高優先順位。優先順位是被給予任務單位。在順序結合，歸納一個的任務處理，時間臨界的處理和，不是那樣處理是混在一起處理情況是，在這個階段說不定有必要再度分割。一般非同步 I/O 處理是，有時間臨界情況較多。以非同步 I/O 也無法確保即時性的情況，即是根據附加任務優先順位無法對應的情況時，對 ISR 作用分擔必須要重新評估。

4.4.5 任務逆轉

任務逆轉(Task Inversion)是，把任務合併的方法。和任務結合一樣把任務數減少。但是，不是作為設計方法來減少而是作為為了減少負擔的重構方法，利用的重點不同。如圖 4.4.6 所示那樣任務重設作為一個任務合併的情況，也有對應多重化的情況。

1) 多重啟動任務的合成

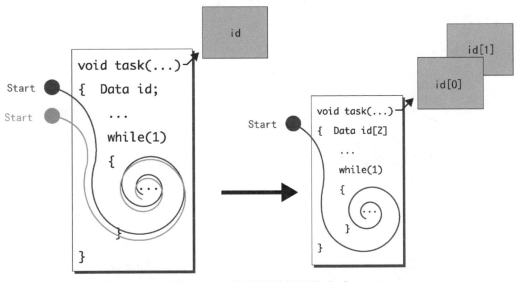

圖 4.4.9 多重啟動任務的合成

所謂多重啟動任務，像哲學家的用餐問題一樣的並列處理任務。這個問題是，同樣的任務有 5 個哲學家提出互斥控制死結問題的發生。因為是同樣的動作對應一個函數啟動的五個任務比較多。把這五個任務合成為一個，稱為多重啟動任務的合成(圖

4.4.9)。因為減少任務記憶體使用量變少。特別是，可以節約堆疊區域。還有，因為變成無法同時進行所以互斥控制也變成不必要了。但是，因為變得不需要同時進行，變成常常只有一位哲學家可以用餐，也包含著其他的哲學家是無法用餐而變成死亡的問題。但是，同時在這種情況若可以用餐的哲學家有 2 位的話，若有兩個任務確保同時進行，則可以節約系統資源。

多重啟動任務的任務數減少的情況，因為變成各個任務的資料不放在堆疊上，必需要從任務外部提出。這個結果任務函數本身是複雜化，多重性的變更時變成工時也增加。

2) 順序任務的合成

像會合那樣同步訊息通訊等的秘密結合任務之間的介面使用任務同伴是，有可以結合一個的任務情況。代替同步訊息送訊號，若使用呼叫出函數就好。在發送訊息的每個種類，受信方面任務準備了函數，訊息資料是作為交付引用函數(圖 4.4.10)。

3) 時間任務合成

這些是，時間結合已經說明過處理，作為周期任務的情況和基本相同。時間結合的情況是，結合有關連的功能處理，任務合成的情況是，因為效能調整是主要目的，利用同樣觸發做合成。

但是，繼續性及再利用性變得不好。

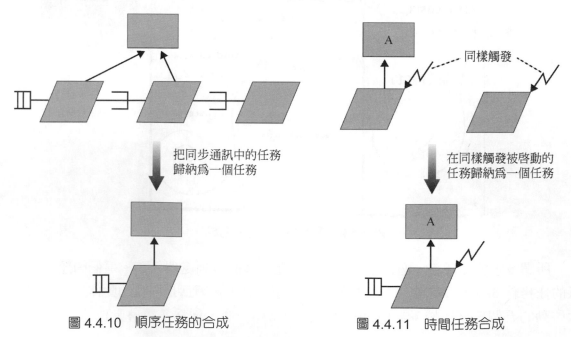

圖 4.4.10　順序任務的合成　　　　圖 4.4.11　時間任務合成

總結

在本章，如下的說明。

1) 作業系統的好處

　① 從 CPU 使用率可以時限時間保證性判定的情況。

　② 根據先佔 CPU 可有好的效率利用。

2) 任務的概念

　① 任務的概念是根據作業系統被製作的每個任務於狀態可以被變化的情況。

　② 在 RTOS 方面被使用優先順位基本排程方式。

　③ 根據任務優先順位必須要有設計任務動作。

3) 系統呼叫

　① 在多任務環境方面必須要注意多線程安全，重進性。

　② 不可以重進化情況時，根據旗號變成必須要注意互斥控制。

　③ 必須要注意根據互斥控制發生死結等複雜的問題。

　④ 利用基本複製的訊息在程式設計的自由度變大。

4) 任務分割

　① 任務分割時，有分割標準。標準的利用在設計任務變得容易做。

　② 任務分割後，根據任務合成(任務結合和任務逆轉)任務設計需要重新評估。

習題

問題 1　從以下的任務狀態遷移來推定 TaskA，B，C 的優先順位

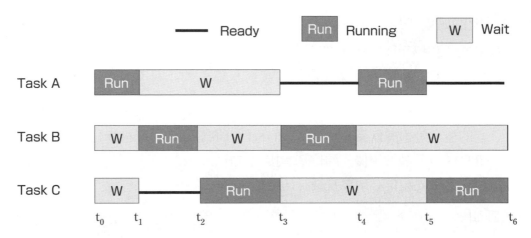

問題 2　為了避開死結改善了優先順位繼承以下所示優先順位最高限制協議。請讀這個說明後回答(a)，(b)。

- 最高限制優先順位
  - 用臨界區段的屬性，那個臨界區段共有任務的優先順位之中具最高優先順位
  - 臨界區段是即使一個被鎖上也成為有效
- 現有系統最高限制
  - 被鎖上的全部臨界區段的最高限制優先順位的最高的值
- 優先順位最高限制
  - 比任務的優先順位現有系統最高限制還要高的情況放入於臨界區段。平均較低的情況是，進入之前就被區塊起來。
- 稱為被優先順位最高限制
  - 任務被區塊起來的話，區塊的任務被繼承優先順位

(a)　於下一頁的圖，CS1 及 CS2 是表示臨界區段。每個的臨界區段的最高限制優先順位是哪一個任務的平均優先權呢？

(b)　於下一頁的圖，為什麼 TaskA 是在時序 t3 不可進入 CS2 的情況 TaskB 被區塊起來請說明。

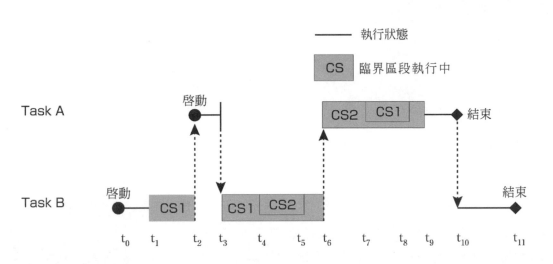

問題 3　固定周期任務 TaskA，TaskB，TaskC 的執行時間，啓動周期，時限時間用以下的表所示。請判定全部的任務是否可以遵守時限時間

任務	執行時間	啓動周期	時限時間
TaskA	20msec	100msec	100msec
TaskB	40msec	150msec	150msec
TaskC	100msec	350msec	350msec

第5章

驅動程式

　　本章，解說構成嵌入式系統的重要概要中的驅動程式設計。所謂驅動程式，是指要控制被連接在電腦系統上的周邊裝置的軟體程式。若能像電腦一樣有通用系統的情況，在購買周邊機器時就可以由附屬品來提供驅動程式。

　　雖然驅動程式是嵌入式系統的重要構成要素，但用嵌入方式使用的驅動程式從最初無法像電腦一樣就各驅動程式都是附屬品，很多場合需自己撰寫程式或委託開發程式。

　　無論是自己撰寫驅動程式或是委託開發程式，為了準備適當的目標系統及應用軟體構成的驅動程式，對於驅動程式的基礎知識是必要的，以下各節將對各相關知識加以說明。

5.1　驅動程式的功能及構造
通用系統及嵌入系統的使用驅動程式的各種不同功能、及對於驅動程式的基本構造說明。

5.2　驅動程式及應用軟體的介面
應用介面是為了操作驅動程式必須要了解的，另對於介面實際安裝方法的說明。

5.3　驅動程式的中斷處理
對於驅動程式的中斷處理說明，對於驅動程式的中斷處理同步方法等說明。

5.4　驅動程式的具體例子
以驅動程式的具體例子，支援 USB HOST 環境的驅動程式與區塊型設計的管理驅動程式說明。

5.5　驅動程式的開發及注意事項
使用記憶體管理單元(MMU)或快取記憶體等系統的開發驅動程式時必須要注意的說明。

5.1 驅動程式的功能及構造

驅動程式位於嵌入式軟體程式的下層,是為了直接操作硬體所使用的軟體程式。另一種說法是像應用軟體和中介軟體一樣為上位軟體,可稱為跟硬體之間的協調軟體。

驅動程式有執行上位軟體及介面之間的部分,是和硬體裝置及介面之間的二種功能構成的。

5.1.1 嵌入式系統的驅動程式

通用系統的情況下,驅動程式是被安裝在作業系統(OS)所提供的文件管理功能中。通用系統如圖 5.1.1 所示,由作業系統統一提供文件存取功能,從應用的要求都是系統呼叫經由內部核心(Kernel)來傳達檔案系統。檔案系統是根據使用者來要求,對應文件存取功能的必要呼叫驅動程式通用系統,常常是由操作系統的上下文行的裝置驅動程式。

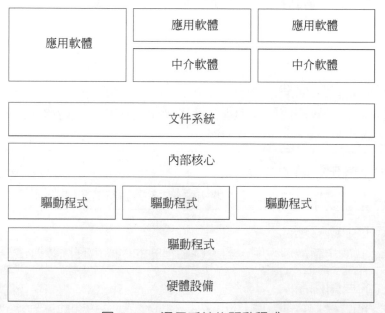

圖 5.1.1　通用系統的驅動程式

這樣,在通用系統中裝置驅動程式,是根據內部核心和檔案系統被隱藏存在。操作系統作為檔案系統的功能,提供對裝置驅動程式的通用性的存取方法。有所說的文件開檔、讀取、寫入、關檔的介面。通用系統,使用這樣的通用介面,像符號型和區塊型的設計,不論設計的種類可來進行資料輸入輸出的應用軟體開發。

　　即使是嵌入式系統，驅動程式是被安裝在由嵌入式系統的作業系統所提供功能及架構之下。但是，嵌入式系統，不會像通用系統一樣把驅動程式隱藏起來。

　　如圖 5.1.2 所示，嵌入式系統的場合，驅動程式常常被安裝上。嵌入式系統的驅動程式是直接從應用軟體及中介軟體呼叫出介面時所提供。這是和通用系統相比較最大不一樣的地方。通用系統的場合，驅動程式是內部核心及檔案系統並隱蔽存在，應用軟體是一定要透過內部核心及檔案系統來存取驅動程式。但是，嵌入式系統的驅動程式是以應用軟體的一部分被嵌入進去，還有，被安裝成獨立出來的驅動程式任務。總之，嵌入式系統的裝置驅動程式，不是作爲作業系統的功能，而是像應用軟體的一部分一樣，被安裝爲更密切的關係。

圖 5.1.2　嵌入式系統的驅動程式

　　但是，在嵌入式系統方面，也有像通用系統一樣的驅動程式被隱蔽存在的情況。嵌入式系統，像在硬碟機等區塊設計情況下，即使嵌入式系統在這樣的情況下被安裝在檔案系統下面的驅動程式。像這樣的情況，變成應用軟體是由檔案系統提供 API 使用來呼叫出驅動程式。

　　還有，一個裝置是由多數的應用軟體共有的。舉例來說，硬碟機由多數的應用軟體來同時使用也是不是希奇的事。在這情況下，通用系統如圖 5.1.3 所示，內部核心及檔案系統是關於執行設計及檔案存取的序列化(Serializing、逐次解讀、排他控制)。爲了從多數的應用軟體來驅動程式，不用考慮同時被呼叫。

圖 5.1.3　通用系統的驅動程式呼叫

嵌入式系統的情況，設計驅動程式從多數的應用軟體被呼叫的情形也不少。但是，嵌入式系統的情況，驅動程式存取因為並非存在序列化使用的檔案系統等，所以應用軟體或設計驅動程式必須具有獨自的序列化機構。

5.1.2 驅動程式的基本功能

關於在通用系統運作的驅動程式，與在嵌入式系統運作的驅動程式的不同加以說明。其次，針對有關於驅動程式的功能說明。

首先，關於執行驅動程式的基本功能的說明。這些功能，在應用和中介軟體等上位的處理做為必要的功能，如圖 5.1.4 所示被大致分為四個區，設計的初始化、輸入輸出(讀出、寫出)、裝置的狀態取得及設定、裝置停止的基本功能。

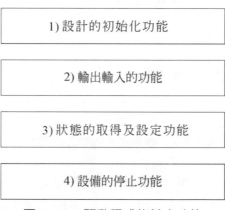

圖 5.1.4　驅動程式的基本功能

驅動程式必須要提供的基本功能，即使是通用系統或是嵌入式系統並沒有不一樣。但是，通用系統也不限定在特殊設計上、驅動程式的功能不被直接提供給應用軟體、其次、針對驅動程式的四個功能來說明。

1) 初始化功能

初始化功能是在裝置使用之前先被呼叫。在呼叫這個功能之前，其他功能不可以被呼叫。在這個功能中執行下一個動作

● 驅動程式的資料領域的初始化。
● 裝置的初始化。
● ISR 的登錄。

根據前述，驅動程式是操作控制周邊機器及裝置的軟體程式。和其他軟體程式一樣、驅動程式也有獨自的變數領域。為了可能使用驅動程式的初始化功能以外的功能，

這個變數領域必須要做初始化。而且，爲了應用軟體及中介軟體之間互相進行的資料確保的情況下，也必須要做初始化的動作，首先，設計驅動程式的資料構造、環境整理等的是初始化功能的任務。

其次，輸出入硬體的初始化與對象裝置的認識，必須執行裝置驅動程式初始化。

還有，從設計中有效率的把資料完全讀取且提高系統全體的性能，爲了即時實現處理，而中斷處理的使用是不可缺乏。周邊機器在設計中爲了中斷處理，驅動程式要提供中斷服務程序(ISR)，但是 ISR 只是寫成而已，即使有中斷處理發生也不會自動被呼叫。

爲了讓 ISR 成爲可處理的中斷對象，在嵌入式系統作業系統(RTOS)所提供使用的功能中一定要 ISR 登錄使用，這也是驅動程式在做初始化時的重要工作。

在執行 ISR 登錄之前，不可允許裝置的中斷處理。還有，根據中斷遮罩等，必須要有做中斷的保留動作，中斷處理在沒有被登錄的情況下產生了中斷處理時，將會有意想不到的處理被執行，如系統當機等，也會陷入出乎意外的狀況。

通用系統，在系統啓動之後，執行追加活動式驅動程式的可能性也有。但是在嵌入式系統裡沒有系統的結構被變更爲活動式的，其初始化功能只有在系統被啓動時呼叫出來，不常有被執行追加活動的驅動程式。

2) 輸入輸出功能

輸入輸出是驅動程式的核心，無論是只有執行輸入或是只有執行輸出或是執行輸入輸出時，是依照裝置的屬性。

(1) 輸入

輸入功能是從設計到爲了讀出資料的功能，像串列一樣的使用連續性的資料設計，像硬碟機或 CD-ROM 一樣是從區塊單位的資料處理設計等從資料讀取時被使用。

資料的傳喚是不一定要有輸入要求的時候被執行。舉例說明，像鍵盤輸入一樣設計從串列輸入資料的情況，如圖 5.1.5 所示，在沒有要求情況下發生的資料，插入處理事先儲存於緩衝裝置區裡，有傳呼要求的時後，應用軟體執行儲存在緩衝裝置的資料一次全部交出處理，要求的容量沒有資料的情況下，要等到輸入資料容量滿。

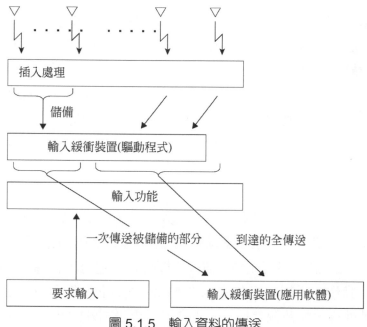

圖 5.1.5　輸入資料的傳送

(2) 輸出

　　輸出功能是從應用軟體及中介軟體，所提供的資料提供設計寫入功能。傳呼處理也是一樣，寫入處理也有在接受要求的時候沒有馬上寫入的情況。總而言之，資料的寫入傳送會根據插入處裡的情況來執行。例如，以對串列電路的寫入處理、在驅動程式的特定緩衝區裡複製了被要求的資料、做為完成要求。之後，ISR 從特定緩衝區裡為了同時發生插入處理，照順序在電路裡寫出資料。

3) 狀態的取得、設定功能

狀態的取得、設定功能是為了控制被使用裝置的功能。

(1) 狀態取得

　　狀態取得是根據驅動程式為了取得被管理的周邊機器及裝置的狀態功能。這個功能是、裝置物理性的設定狀態。例如，如串列裝置等、電路的速度，可以取得載波的狀態等。還有，驅動程式本身有合乎邏輯的分析，例如，為了取得使用在特定的緩衝裝置區裡以接收完資料的幾位元組被儲存起來等等分析。

　　嵌入式設計的應用軟體對外界各種不同的監視，必須要有執行對應狀態的動作，嵌入式系統根據必須監視的分析有千差萬別。嵌入式系統的驅動程式由於活用了狀態取得功能，來自外界的活動方便取得，使得應用軟體具有彈性的操作裝置成為可能。

(2)　狀態設定

　　狀態設定是狀態取得的相對功能。狀態設定，是驅動程序使用來管理外部裝置和變更裝置的設定條件。例如，串列裝置的電路速度變更其資料的容量等功能，可在這裡執行。

　　這個功能也是應用軟體必須嵌入式系統直接操作裝置的重要功能。例如，最近的嵌入式系統，具有可控制消費電力的功能越來越多。特別是在可攜帶型的系統上，像這樣的附加功能。驅動程式管理的裝置當然也成為是控制消費電力的對象。電力供給或對低消費電力模式的轉移，變更裝置的電力狀態的功能用這個狀態設定功能被安裝的也很多。

4)　裝置的停止功能

　　裝置的停止處理，一般而言，是裝置被取出的時候使用的功能。與初始化功能是相對的功能，在取出被連接的週邊裝置之前，驅動程式的服務停止而被呼叫出。

　　在這個功能裡，執行初始化處理和執行相反的處理。

- 裝置的停止處理
- ISR 的登錄勾消
- 所獲得資源的開放

　　在裝置的停止處理，裝置的插入停止與對於被連接的週邊裝置等，指示了通知服務的停止。

　　讓插入處理停止的話，驅動程式刪掉不需要的 ISR 的登錄。最後，執行驅動程式繼續使用資源的開放，恢復到被初始化之前的狀態。

　　一般而言，嵌入式系統，被嵌入的裝置被取出等等，中途變成不被使用的情況是不會發生的。因而，嵌入式裝置發生停止處理的情況很少。

5.1.3　驅動程式的硬體裝置介面

　　在此，對於成為驅動程式的操作對象的硬體裝置介面的基礎知識作說明。

1)　中斷處理

　　中斷處理是硬體裝置及介面裡，最重要的處理，特別是為了執行即時處理，變成必須要有的處理。

　　驅動程式，監視著裝置及周邊機器的狀態變化，對於那些變化必須要執行對應的處理。例如，如果可能變成從裝置來讀出資料，必須馬上執行從裝置讀出的資料。像

這樣，硬體裝置的狀態變化，為了使驅動程式檢查沒有遲緩，使用了中斷處理。如圖 5.1.6 所示，①裝置產生的中斷要求。②根據微處理器(MPU)檢查出。③根據嵌入式系統作業程式(RTOS)核心所提供的中斷處理(也有例外的處理)。④通知驅動程式的對象。這個通知有接受中斷處理、執行被通知的中斷對應處理。

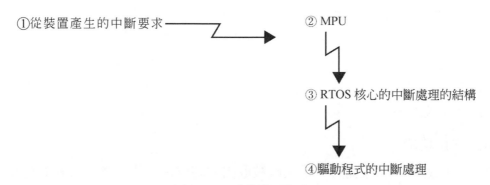

①從裝置產生的中斷要求

② MPU

③ RTOS 核心的中斷處理的結構

④驅動程式的中斷處理

圖 5.1.6　中斷的通知過程

　　到目前為止也如所敘述的原理，嵌入式系統的應用軟體是被要求操作與仔細地監視被系統連接的裝置。裝置或周邊機器狀態的變化，對於限制時間內處理的即時處理來說，中斷處理是必須要有的功能。含有驅動程式的中斷處理是，在嵌入式系統裡必要的即時性，是不可欠缺的功能。

2)　輸入／輸出對映輸入／輸出及記憶體對映輸入／輸出

　　以程式來做為存取裝置的方法，有兩種方法，一個是在 MPU 裡發出特別的命令的方法，另一個是對裝置分配特別的位址的方法。

　　前者的用法，做為向 MPU 存取裝置的命令，使用 IN、OUT 等指令。驅動程式是，使用這些指令做為裝置的存取，這個存取方法叫做輸入／輸出對映輸入／輸出(I/O Mapped I/O)。

　　後者的用法是，裝置特有的位址，例如 0x80000070 等位址的分配。在這個位址，切開了對裝置的存取、對記憶體的存取。例如、若對 0x80000000 以上的存取。這個方法是叫做記憶體對映輸入／輸出(Memory Mapped I/O)。這個方法，變成為驅動程式對裝置與記憶體存取使用相同的命令(Move、Load、Store 等)。

3)　硬體介面的程式例子

　　在設計驅動程式時，必須要考慮能吸收硬體介面的不同，若不是那樣的話，就會變成製作出欠缺通用性的驅動程式。如下，包含了這些注意事項，用簡單的程式設計

範本爲例來介紹。

```
ERR drv_iniz(...)
{
        ...
        initData(); /* initialize driver data structure */
        currentMask = mask_irq();
        initHW(); /* initialize Hardware Device */
        err = regISR(isr, ... ); /* Activate ISR routine */
        if( err )
        {
                restore_irq(currentMask);
                return err;
        }
        restore_irq(currentMask);
        cmdReg = IN(pCMDreg); /* read command register */
        cmdReg |= START_DEVICE;
        OUT(pCMDreg, cmdReg); /* start device */
}

#if defined(IOMAPPED_IO)
#define IN(pReg) port_in(pReg)
#define OUT(preg, data) port_out(pReg, data)
unsigned char port_in(char *pReg)
{
        unsigned char data;
        data = in(pReg);
        sync();
        return data;
}
void port_out(char *pReg, unsigned char data)
{
        out(pReg, data);
        sync();
}
#else
#define IN(pReg) (*(unsigned char *)pPeg)
#define OUT(pReg, data) (*(unsigned char *)pReg = data)
```

圖 5.1.7　裝置初始化處理例子和 I/O 處理

　　圖 5.1.7 是串列設計的裝置初始化處理的簡單程式。這個程式是，首先，在 initData() 中，執行驅動程式時所使用變數區域的初始化。總之，爲了啓動驅動程式必須要執行的環境設定，其次是執行變成操作對象裝置的初始化處理，這個驅動程式設計，在這之前執行插入中斷遮罩中。這個時候，因爲變成操作對象裝置的 ISR 未被登錄，即使發生中斷處理，也有防止措施不會執行錯誤的處理。

對於中斷遮罩的方法，MPU 是以禁止中斷模式，全部的方法都無法發生中斷，MPU 的狀態記錄器等有中斷電位旗標值的設定，還有電位以下的中斷禁止方法，只有特定裝置的中斷禁止的方法等。中斷遮罩的功能是，根據 RTOS 核心所提供的資料。即使對於使用方法等，也有規定好的核心可用。中斷遮罩會帶給系統受到嚴重的影響，必須要十分的注意。

程式是，繼續中斷遮罩的設定、裝置的初始化、執行通信參數的設定等 initHW() 呼叫、在 regISR()登錄 ISR 之後，解除中斷遮罩並執行裝置的啟動。

這個程式即是對裝置暫存器的存取、IN()/OUT()執行使用巨集。若這個巨集簡單的定義、一個原始程式裡變成可相對應的記憶體對映輸入／輸出及輸入／輸出對映輸入／輸出兩種的系統結構。

還有，根據 MPU 對於 I/O 的存取命令(載入或存檔)等的執行順序也有不被保證的。例如，對暫存器 A 存取之後，必須在暫存器 B 寫入資料、對暫存器 B 存取之前必須對暫存器 A 的存取完畢，PowerPC 等處理器是無法被保證這個存取順序。

在這個事件裡，驅動程式的設計開發者，存取順序要被保證一樣，暫存器 B 的存取之前一定要把暫存器 A 的存取被完成。設計程式例子中的 sync()函數是為了這個處理而存在的。關於在這裡舉例過的 I/O 存取函數限制或功能，命令的執行順序等相關的注意事項，是特有的一部分。實際上開發設計驅動程式時，特殊的功能及限制有沒有存在 MPU 上，還有在 RTOS 開發環境裡有沒有被準備怎樣迴避策略及功能都要確認清楚，如果可以的話應該要開發執行可再利用性高的驅動程式。

5.2　驅動程式及應用軟體的介面

在本章裡，是關於應用軟體及驅動程式的介面安裝及同步方法的說明。

5.2.1　介面部分的安裝方法

通用系統的情況，如前所說明過，驅動程式有被核心或檔案系統給隱藏存在。應用軟體是為了呼叫驅動程式，必須要有發出系統呼叫。因此應用軟體直接操作驅動程式的情況幾乎是沒有過的。

用嵌入式系統方法來安裝被使用的驅動程式，使用 RTOS 規格的辦法，根據被支援的裝置種類或上位中介軟體的功能來決定。多數的中介軟體裝載系統的情況下，多數的不同介面安裝是也有不少事一定要執行的。

即使是嵌入式系統，像通用系統那樣核心及檔案系統是經由介面所提供的 RTOS 也有存在，很多情況，驅動程式是用下面的方法被安裝上，如圖 5.2.1 所示。

● 副程式型
● 任務型

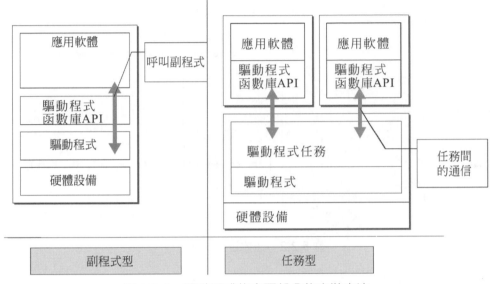

圖 5.2.1　驅動程式的介面部分的安裝方法

副程式型驅動程式的安裝，驅動程式所提供的各功能是應用軟體及中介軟體以副程式來被安裝。這個時候被使用的上下文成為呼叫出驅動程式功能的應用軟體，或是中介軟體的上下文。總而言之，變成驅動程式的功能是以應用軟體及中介軟體的一部分來執行。

任務型驅動程式是驅動程式以獨立出來的任務來安裝。在這個安裝，應用軟體及中介軟體是 RTOS 所提供的任務間通信的功能執行使用驅動程式間的對話。這個安裝是驅動程式獨自的上下文所具有的動作。

圖 5.2.2 所示為任務型驅動程式的安裝情況下的應用軟體及驅動程式的介面為例。這個例子是要求串列驅動程式寫出文字列。為了這個函數的交接是利用叫做 msg_send() 和 wait_mesg() 核心的訊息通信結構。在這裡，可以省略結果的交接，也是一定要在一樣的介面來執行。

第1章
第2章
第3章
第4章
第5章
第6章
第7章
第8章
附　錄
章末習題解答

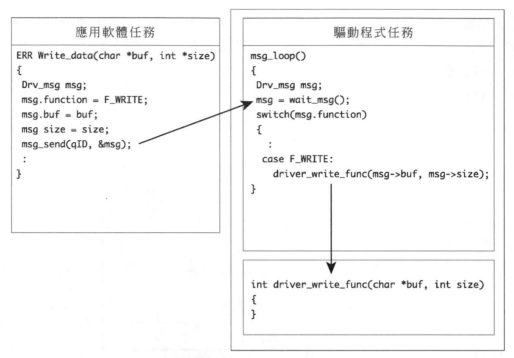

圖 5.2.2　任務型的例子

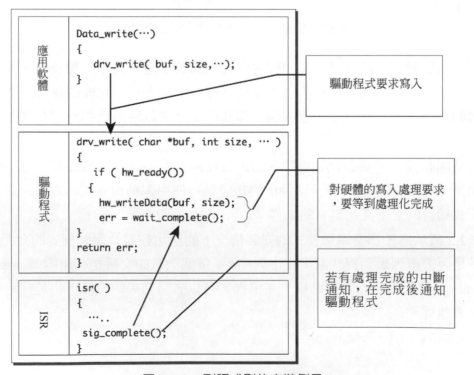

圖 5.2.3　副程式型的安裝例子

如圖 5.2.3 所示是副程式型的安裝例子。這個例子是，呼叫驅動程式、執行呼叫副程式。

5.2.2 序列化(逐次處理的安裝)

所謂序列化，是當對一個資源同時有多數的要求的時候，調整成能夠處理一個個的要求。這個情況，變成多數的要求是按照順序被處理。像這樣執行調停有兩種方法如圖 5.2.4 所示。

■ 利用信號量

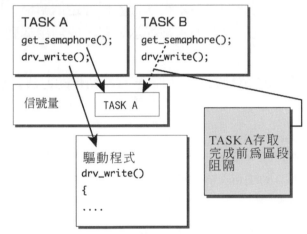

■ 利用訊息序列

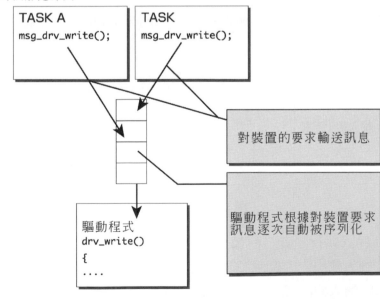

圖 5.2.4 序列化

一個方法是使用信號量(Semaphore)或事件旗標(Event Flag)等，使用驅動程式來執行排他控制的方法。信號量或事件旗標是利用共有的資源和軟體之間的競爭來調停排他控制的執行功能。驅動程式也有系統內部的資源，利用這些功能常常一個應用軟體或只利用中介軟體來排他控制是有可能的。特別是，像圖 5.2.4 所示那樣，以副程式形式安裝的驅動程式必須做序列化。

另一個方法是，有訊息序列(Message Queue)或郵件信箱等利用任務通信的方法。用任務形式安裝上驅動程式的情況，應用軟體和驅動程式任務之間的介面是利用任務間通訊的安裝。這是來自應用軟體的要求，介於任務間通訊一個個被裝置驅動程式發送。驅動程式是從一個個任務間通訊取出要求來執行。根據這個結構，即使來自多數的應用軟體同時要求被發送的情況，這些要求被提示儲存，成為用驅動程式逐次的處理。

開發驅動程式時，適當選擇像這樣對安裝和系統有序列化的方法是很重要的事。

5.2.3　阻塞型 I/O

為了應用軟體和驅動程式的協調運作，同步處理變得非常重要。應用軟體和驅動程式之間的同步方法是阻塞型 I/O(Blocking I/O)，它是來自應用軟體的要求請求在結束驅動程式之後返回到應用軟體；和存在要求接受應用軟體返回的非阻塞型 I/O(Non-blocking I/O)。首先以阻塞型的同步處理來說明。

所謂阻塞型，如圖 5.2.5 所示，從執行應用程式的輸入輸出要求結束、是控制應用程式返回的方法。應用程式委託的輸入輸出，於下個階段前進，可認為委託的輸入輸出被執行。

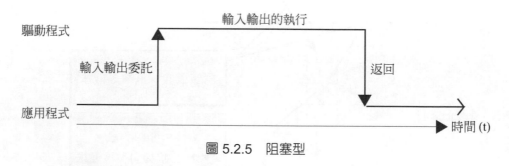

圖 5.2.5　阻塞型

如果對驅動程式執行了資料的輸入輸出要求，被叫出的驅動程式的輸入輸出功能，等待資料被輸入輸出之後返回於應用程式。這個時候，委託了輸入輸出的應用程式，到驅動程式的輸入輸出完成，不能執行之後事項的處理。

　　關於阻塞型介面的輸出功能，有下面二種安裝方法。一個是完全處理完成後返回到(完全完成)的情況，另一個為非同步處理的情況被繼續處理中(看作完成)。

　　完全完成是到如字面那樣資料的輸出完全完成，驅動程式不返回介面。硬體裝置(硬碟或記憶體卡)等等對資料的輸出要符合這個。這個介面，應用程式被執行返回的時候，保證來自裝置的資料被輸出。還有、輸出中錯誤的發生情況，應用程式可以確實取得這個資訊。

　　看作完成是執行用序列設計通信的情況等來舉例。這個情況，驅動程式是從應用軟體及中介軟體被傳送到的資料在驅動程式本身所具有的內部緩衝區裡複製。這個時候，內部緩衝區有充分的容量，如果可以把從上位被傳送資料全部寫入，以這個時候為輸入完成，有上位的程式要返回。

　　實際上的資料傳送，是在那之後使用執行中斷。根據此法，應用程式所辯識資料的寫出完成時，實際上這個資料對於裝置寫入時間是不一致的。

　　還有，即使在對裝置的資料寫出發生錯誤，其上位的軟體是無法確認這種狀態。

5.2.4　非阻塞型 I/O

　　所謂非阻塞型，如圖 5.2.6 所示，在委託輸入輸出的應用程式，有接受到這個輸入輸出委託的時候返回的方法。實際上的輸入輸出是和應用程式並行，由驅動程式來執行的。總而言之，不等待委託輸入輸出的完成，也有像返回應用程式的介面。

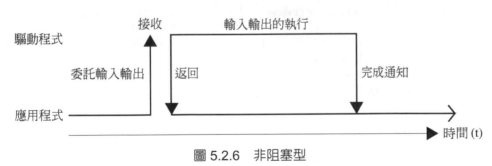

圖 5.2.6　非阻塞型

　　以這個介面的使用方法為例，等待從串列電路資料的到達情況，不知何時這個資料會到達的情況也有。這個情況，首先只有輸入要求保持提出狀況，資料到達為止的期間執行另外的處理。在資料到達的時候，就執行這個資料處理。

　　在非阻塞型方面，是輸入輸出完成的通知方法，輸入輸出委託時，必須通知驅動程式。在非阻塞型方面，同時有別的處理及等待從驅動程式的輸入輸出完成的通知。

　　執行資料串流等的大容量資料的輸入輸出的情況，要求資料的輸入、加工、輸出

的並行處理。非阻塞型介面像在這樣系統的情況非常有效。從應用程式、錄影機或音頻串流的輸入輸出，指定要求應用程式和驅動程式能共用所有的記憶體。驅動程式開始執行串流的輸入輸出，應用程式也能執行別的資料的加工處理。應用程式和驅動程式之間資料的交接，變成被執行通過共有的記憶體。

在非阻塞型方面，驅動程式在應用程式上做實際的輸入輸出的完成通知方法，設法完成通知成為必要。其次是在非阻塞型介面的完成通知方法的二個說明。

首先第一個方法，有採用提供核心的任務間通信或同步功能等呼叫系統的方法。根據這些的系統呼叫，應用程式和驅動程式任務之間會取得同步。在圖 5.2.7 使用事件旗標，指示執行完成通知的方法。

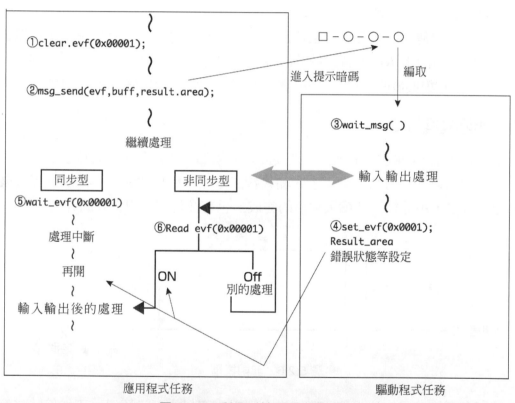

圖 5.2.7　利用系統呼叫完成通知

① 是預先清除完成返回使用的事件旗標。根據這個，第一次被執行完成通知、保證事件旗標被設定的狀態。

② 是執行 msg_send()。這個呼叫系統，即使無法取得對方的訊息來執行返回，要求任務之間通信的訊息只輸入提示暗號，應用程式任務會執行下一個處理。總而言之，可以安裝非阻塞型。如果 msg_send 是等到對方訊息接收的功能，只能安裝

③　是驅動程式任務，開始要求的處理。資料是被要求參數的緩衝區作輸入輸出。

④　是完成輸入輸出時，被指定的事件旗標要設定。同時，被指定區域的結果也有必要設定。

　　應用軟體如⑥所示，讀取事件旗標，監視指定的旗標成為 ON。還有如⑤所示，也能使用等候事件旗標變成 ON 的呼叫系統。在成為 ON 的時候通知結果，如果正常則緩衝區的資料會輸入輸出完成。

　　按照嵌入式系統即時作業系統(RTOS)，被準備的任務之間通信或同步方法的功能不同。不使效能退化，選擇對應用程式和驅動程式的介面適當的任務之間通訊方法便很重要。

　　第二個方法是回叫函數(call-back function)的方法。這個方法是驅動程式完成通知，執行所呼叫出的應用程式函數的一部分。被呼叫出的函數稱為回叫函數。回叫函數的程式碼是作為屬於應用程式的任務，作為驅動程式函數的一部分被執行也需要細心的注意。回叫函數，作為驅動程式委託處理時候的參數，由驅動程式通知。

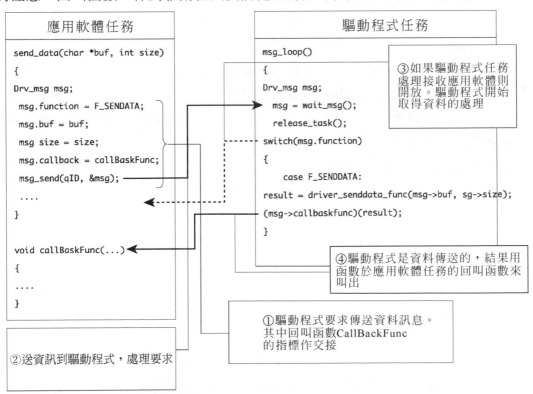

圖 5.2.8　使用回叫函數完成通知

5-17

　　圖 5.2.8 所示為回叫函數的使用方法。在這個圖中，做為執行資料的傳送函數 send_data()的參數，應用程式的回叫函數通知驅動程式。驅動程式的傳送處理 drv_senddata()是，如果資料的傳送結束，叫出應用程式的回叫函數並通知結果。

　　回叫函數的利用方法的例子，再後面節的 USB 裝置的部分將簡單的進行說明。

5.3　驅動程式的中斷處理

　　在本節裡，必須注意的要點是中斷處理及中斷處理和驅動程式的任務部分(驅動程式任務，還有關於驅動程式的副程式)和同步處理方法等等進行說明。再來，關於本節的前提，中斷的概要，可以參照 3.4 節裡的說明。

5.3.1　中斷處理的上下文結構

　　對於中斷處理的上下文結構，如果用獨特的上下文結構執行的情況，有 2 個方法在排序之前執行上下文中斷處理。獨特的上下文的情況，如果發生中斷堆疊用中斷處理固有的堆疊來交換。另一個是，借用的情況，中斷發生時堆疊是繼續使用。

　　一直使用排序之前堆疊的使用狀況，如圖 5.3.1 所示。如果被執行堆疊 A ①的時候所發生的中斷處理，馬上去核心所提供的中斷處理器②(還有，例外處理器)被呼叫。中斷處理器是執行，以後的處理被破壞可能性的暫存器的躲避。然後，執行中斷主要原因的分析，呼叫出被登錄中斷處理器③。總而言之，中斷處理是，變成在中斷之前繼承任務動作的環境動作。

　　如果暫且還有發生中斷，執行中斷處理⑤。這是發生狀態優先順位高的中斷處理。在多重中斷許可的系統方面，圖 5.3.1 所示 ISR ⑥被呼叫出，變成優先順位高的中斷被優先處理。

　　在像這樣借用在中斷之前的任務方法方面，用 ISR 使用自動變數等，也有來自沒有看到的任務的堆疊被取得。有關用 ISR 的堆疊使用方法，需要給予細心注意能理解吧。

　　因為③的中斷處理完成，在④處理是任務 A 的返回。在 ISR 方面，對於提供核心使用系統呼叫也必須要注意。

　　對於系統呼叫，如有用 ISR 可能使用的東西，可能也有不可使用的東西。從中斷處理，以任務為前提的呼叫系統，舉例來說，因任務狀態變更導致無法使用。根據核心的安裝方法，無論哪個系統呼叫以任務為前提的都不一樣。為此，根據核心的說明

書，必須要確認來自中斷處理可使用的呼叫系統。

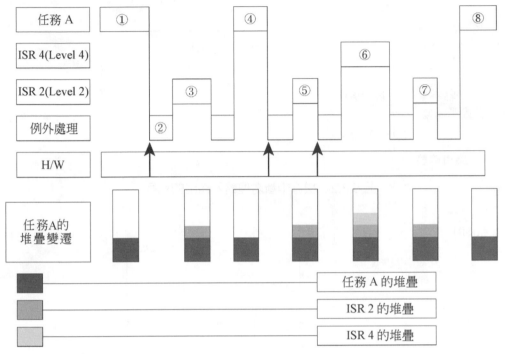

圖 5.3.1　用中斷處理的堆疊狀態

5.3.2　中斷處理的安裝方法

　　按照關於 RTOS 的中斷處理安裝的結構想法，對於應該要執行處理中斷處理的方法，有很多方法存在。在這方面，如執行中斷處理內的中斷和隨伴的資料處理方法、只撤消中斷的主要原因，說明用中斷服務任務使之進行實際資料處理的方法。

　　前者的情況是，如圖 5.3.2 所示，中斷處理是驅動程式的任務的一部分執行繼續處理狀況，實際狀態的更新，從輸入輸出緩衝區取出資料，輸入輸出緩衝區位置的更新等全部執行驅動程式應該要執行處理。於是中斷處理必要的次數。中斷處理是，反複要求到要求滿足為止。這個結果，輸入輸出要求完成為止，啟動驅動程式的任務部分。

　　後者的情況是如圖 5.3.3 所示，執行撤消 ISR 中斷的要因。在中斷處理方面，只有做最低限度的中斷處理，啟動對應中斷要因的中斷服務任務被呼叫出。中斷任務，是優先順位高的任務，被核心作為任務控制，全部的系統呼叫都可以利用。這個情況裝置的資料處理及輸入輸出要求的緩衝區更新等被執行用中斷任務。ISR 只是提供中斷任務來喚醒處理。

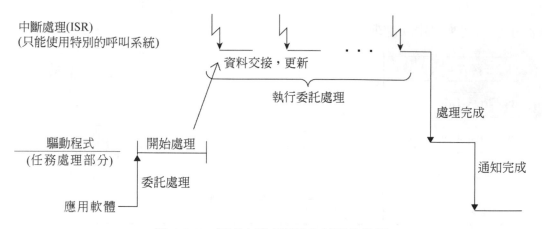

圖 5.3.2　根據中斷處理輸入輸出的執行

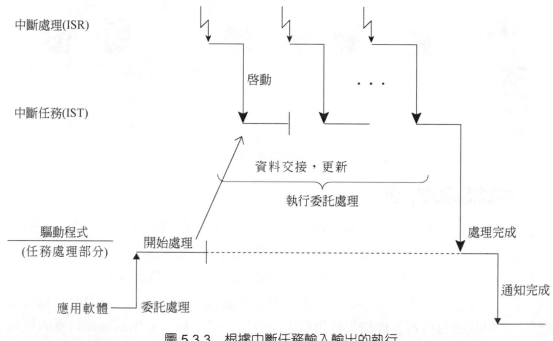

圖 5.3.3　根據中斷任務輸入輸出的執行

　　按照這個方法為準的方法，也有驅動程式及中斷任務相同的用法。

　　在各安裝方面，每個的缺點、優點都有。舉例來說明，如果用中斷任務，那驅動程式的撰寫變得比較容易，能彈性的執行處理，為了任務交換的負擔每個中斷變成必要，會變成處理效率降低。核心看有什麼長處，根據什麼短處來考慮，變成中斷處理的結構不同。驅動程式的中斷處理，只能依照核心的概念來安裝。

5.4　驅動程式的具體例子

　　在這節裡，對於 USB 和區塊型驅動程式的具體例子進行說明。USB 驅動程式是具有 2 層構造的驅動程式。所謂 2 層構造，指示取得階層構造協調動作來執行物理處理的驅動程式及邏輯處理的驅動程式。

　　其次，區塊型設計的操作驅動程式的說明。區塊型的驅動程式是和檔案系統協調動作的驅動程式。在這方面，對嵌入式系統的區塊型驅動程式，提供功能的說明。

5.4.1　USB 系統控制驅動程式

　　所謂 2 層的驅動程式，由擔任資料的傳送的物理層管理驅動程式，透過物理層被收發信號資料從合乎邏輯的處理邏輯層的驅動程式所構成。物理層跟邏輯層的驅動程式是擔任階層構造，物理層的驅動程式是，必須做多數不同的邏輯層的驅動程式和介面。USB 主機的驅動程式，如圖 5.4.1 所示有 2 層的驅動程式。

　　在通用串列匯流排(Universal Serial Bus)主機環境方面，在支援 USB 協定物理介面方面，鍵盤、滑鼠、印表機、儲存裝置等的邏輯裝置被連接上。邏輯裝置又叫裝置分類。USB 主機環境的軟體支援，如是 USB 主機控制驅動程式操作物理裝置，用多數的邏輯層的裝置支援裝置分類構成的。

　　USB 物理層的管理是根據 USB 主機控制驅動程式來執行的。USB 主機控制驅動程式，是有控制 USB 主機驅動程式、USB 驅動程式和資料的收發信號及執行 USB 驅動程式的佈局管理等等。

　　被連接在 USB 驅動程式的輸入輸出，是物理層驅動程式之間被用來收發信號。USB 控制器的控制是根據 USB 主機控制驅動程式來執行的。為了處理被 USB 連接的裝置固有的資料的功能，是由邏輯層驅動程式所提供的。

　　被邏輯層驅動程式(分類驅動程式)交付的資料，是根據分類驅動程式的資料方法被處理。分類驅動程式，是應用程式提供給每裝置分類的介面。應用程式，是無意識使用的裝置被 USB 連接，能執行裝置操作。

　　這樣的 2 層驅動程式，像 USB 及 IEEE1394 有多數類型的裝置是使用一個物理層所共有的情況。

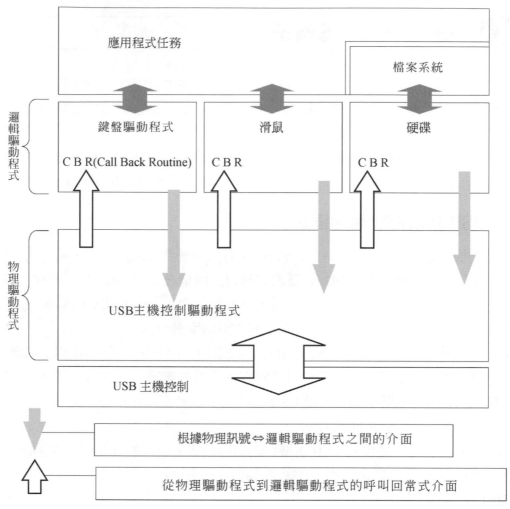

圖 5.4.1　USB 驅動程式的安裝例子

5.4.2　區塊型裝置

　　區塊型裝置，有磁碟機及硬碟等儲存裝置。區塊型裝置有讀取、寫出的單位，磁碟的基本執行管理單位是區段。

　　區塊型裝置的資料，根據被稱為中介程式所提供的檔案系統的邏輯構造管理。根據檔案的管理功能，應用程式的執行目錄資料能合乎邏輯的輸入輸出。只有區塊型裝置的電腦等和通用型系統一樣，如圖 5.4.2 所示，檔案系統是隱藏的。

　　區塊型裝置的管理驅動程式被安裝在檔案系統的管理功能所提供的中介程式之下。中介程式，是驅動程式通過磁碟上的區段來讀取寫入的，為應用程式執行所被指定的輸入輸出。

　　檔案系統是必須要對應多數不同的區塊型裝置。為了這個檔案系統，區塊型裝置上的資料用邏輯區段單位來管理。檔案系統是用驅動程式來管理區塊型裝置，要求用邏輯區段單位的輸入輸出。會要求邏輯區段，讓實際媒體上的物理區段對應，各驅動程式有管理區塊型裝置的職務。

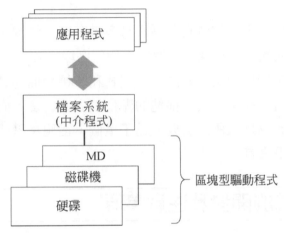

圖 5.4.2　檔案系統被隱藏的區塊型驅動程式

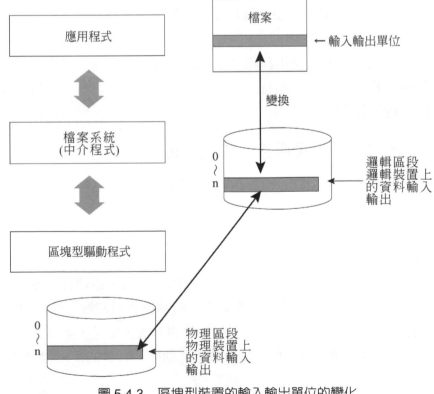

圖 5.4.3　區塊型裝置的輸入輸出單位的變化

中介程式(檔案系統)是執行區段資料的讀出的情況，不是指定磁碟上的物理位址(PSN，Physical Sector Number)，是利用邏輯區段號碼(LSN，Logical Sector Number)。邏輯區段號碼是，根據中介程式管理的檔案系統的前面區段來的區段號碼。像這樣被指定的區段號碼的驅動程式是變換磁碟的物理位址，執行對適當的物理區段的處理。圖 5.4.3 表現那樣情況。

在硬碟機上，不同檔案系統的資料分區也有多數存在的情況。像這樣，驅動程式判斷是對哪個分區的輸入輸出，也執行對適當的物理區段的存取。

區塊型驅動程式，是提供檔案系統的中介程式和密接介面的必要驅動程式。區塊型裝置是以輔助記憶裝置，能拿到文件構造的點是最大的特徵。嵌入式軟體也是應用程式，是幾乎沒有意識到物理區段的必要。為了這個，從應用程式到區塊型驅動程式直接被使用的情形也幾乎沒有。

5.5 驅動程式的開發及注意事項

MPU 的高性能化及隨著嵌入式系統的大規模化，使圍繞著嵌入式系統環境很大地變化。舉例來說，使用了 MMU 記憶保護功能的使用等被做為例子。嵌入式系統使用MPU 的高度功能的要求越來越增強。

像這樣的變化，包括核心及應用程式，不只對中介程式造成影響。當然，也會強烈的影響動作的驅動程式。在這一節將能接觸到，包含這些的影響，及對於驅動程式的開發作業和開發時的注意事項等。

5.5.1 程式輸入輸出方式及直接記憶體存取

在驅動程式內，對於執行和設計的資料收發信的方法，有使用程式 I/O(程式輸入輸出，Program I/O)方式及直接記憶體存取(DMA)方式。程式 I/O 方式，雖然執行輸入輸出，程式是用資料暫存器長度單位做為裝置的資料埠和資料輸入輸出的方式。總而言之程式必須執行各個的資料傳送。

DMA 方式是，如圖 5.5.1 所示，對匯流排主控器的裝置，由執行設定資料傳送的主要記憶體的位址和資料的大小，並沒有程式介入的執行資料的輸入輸出的方法。

程式 I/O 方式是在少量資料的輸入輸出時有效的方法，但是，如果執行容量大的資料輸入輸出的話，變成必須將資料傳送於程式使之動作，MPU 的使用變得負擔增加。

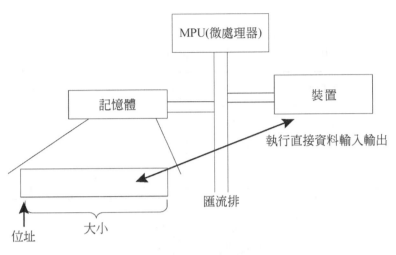

圖 5.5.1　直接記憶體存取(DMA)

　　DMA 方式的情況是，因為傳送並非是由程式來執行，即使資料正被傳送於裝置當中 MPU 也能處理別的事。因此，MPU 變成有效率使用的。但是 DMA，為了佔有使用記憶體及匯流排等等的系統資源，會與那些使用的程式和匯流排及記憶體的資源競爭發生。在那個情況，DMA 中的程式執行結果會變成非常的慢。使用 DMA，對即時功能的影響等，必須要考慮到整體系統的效率。

5.5.2　採用 MMU(記憶體管理單元)的系統及驅動程式

　　在最近大規模軟體載入的嵌入式系統方面，記憶體管理單元(MMU，Memory Management Unit)使用了記憶體保護功能被導入的情況也很多，例如在 MMU 使用記憶體保護、程序或任務使用記憶體空間來存取、從其它的程序或任務無法存取的情況時、各程序或任務的安全動作環境提供的功能。這個功能是，根據核心提供使用。

　　有幾種對於核心的記憶體保護功能的安裝方法。在這當中，使用假想位址的系統，對於利用 DMA 方式的情況下，必須要注意。在使用假想位址的系統方面，記憶體通常用頁來管理，從多數頁構成為邏輯記憶體領域是，如圖 5.5.2 所示，物理記憶體也有不連續的可能性。

　　在 MMU 不能使用系統時，輸入輸出的緩衝區是用位址和大小指定的，前提是那個記憶體大小部分為連續的情況。然而，在使用假想位址的系統時，如圖 5.5.3 所示，不保證成為連續性。執行驅動程式 DMA 傳送時，必須一邊計算物理記憶體的界限一邊執行傳送。

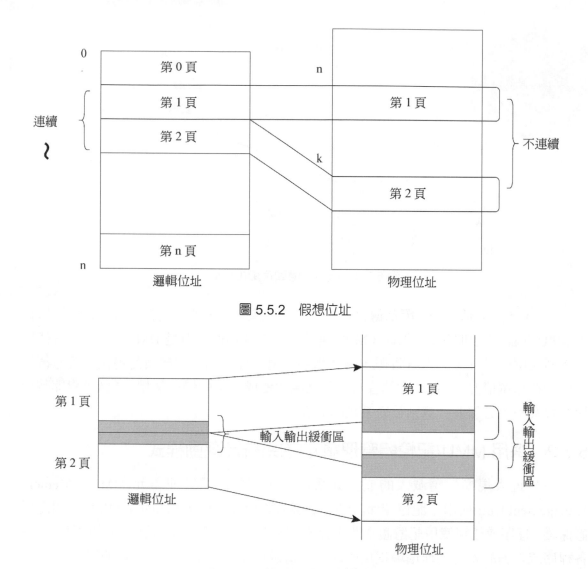

圖 5.5.2　假想位址

圖 5.5.3　變成不連續的緩衝區

　　假想位址使用的核心是一般的物理記憶體轉換邏輯記憶體的功能，提供著為了獲得物理連續的緩衝區功能等。驅動程式是，需要利用像這樣的功能設計最適合的緩衝管理方法。

5.5.3　MPU 微處理器快取及驅動程式

　　對於最新的 32 位元及 64 位元的高性能 RISC(精簡指令集電腦)處理器，為了充分活用其能力，MPU 必須要提供快取(Cache)活用的功能。實際上，對於快取的有效情況和無效情況，幾乎無法相信所產生效能的差異。

使用快取的情況，快取的整合性(結合，Coherency)是，軟體必須要有保證。快取記憶體的整合問題是，位於 MPU 內部的快取記憶體和，如果發生對應的物理記憶體內容不一致的情況。

如圖 5.5.4 所示，MPU 向快取讀入了資料之後，那個記憶體上的資料不透過快取更新，MPU 在記憶體快取的資料返回的時候，記憶體上的數值被更新變爲消失了。對於使用驅動程式 DMA 的情況，作爲對象的物理記憶體被快取讀入的話也陷入了這樣的事態。

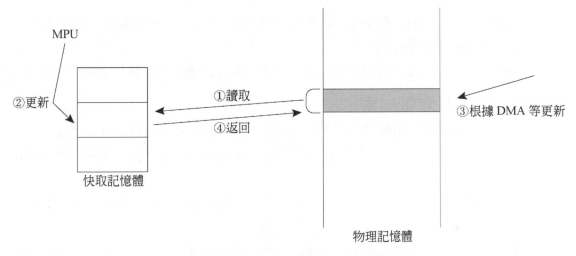

圖 5.5.4　快取和記憶體的資料不整合

驅動程式是不要發生像這樣的問題，在執行 DMA 時，使用沒有被快取過的物理記憶體等等，必須給予注意。

總結

在本章，說明如下：

1) 驅動程式的功能和構造

① 通用型系統的驅動程式對應用程式來說有被隱藏存在，嵌入式系統的驅動程式是以任務的一部分被安裝，像應用軟體一樣有密接相關的關係。

② 驅動程式是應用軟體跟硬體之間存在的軟體程式。

③ 驅動程式是提供對於想要操作硬體的應用軟體、初始化、輸入輸出、確認狀態設定、裝置的停止等介面。

④ 驅動程式是提供為了處理根據裝置及周邊機器的狀態變化，發生中斷的介面。

2) 驅動程式和應用程式的介面

① 作為驅動程式和應用軟體介面部分的安裝方法有副程式型及驅動任務型。

② 副程式型的情況，驅動程式是被安裝作為操作裝置的副程式的一部分、被呼叫出作為應用軟體的副程式。

③ 驅動任務型的情況，驅動程式是被安裝成為一個獨立的任務、根據任務之間通信從其他的應用軟體接受處理、執行裝置的操作。

④ 從多數的應用軟體被呼叫出的驅動程式是安裝處理排他控制，即使一次發生多數的要求，各自的處理則按照順序來處理。

⑤ 對於應用軟體和驅動程式的處理的同步方法，有阻塞型及非阻塞型的存在。

⑥ 非阻塞型的介面是，只能安裝在驅動任務型的安裝，對於應用軟體和驅動程式要並列動作，對於處理會有較好效率。

⑦ 使用非阻塞型的介面的情況，應用軟體是採用任務之間通信及事件旗標、執行利用回叫函數等的輸入輸出，並完成通知。

3) 驅動程式的中斷處理

① 中斷處理也有具有獨自的堆疊獨立出來被執行資料結構的情況，也有不獨自具堆疊而借用任務的堆疊等動作。

② 在裝置中斷處理的安裝方面，有只用 ISR 處理結束的情況，也有準備特別的任務的情況。

③ 在執行應用軟體介面的部分和中斷處理之間，利用事件旗標等取得同步。還有，對於資料的交接採用環緩衝區等。

4) 驅動程式的具體例子

　① 對於驅動程式的安裝沒有決定的形式。成為操作對象的裝置構造，具有構築功能的驅動程式是重要的事。

　② 像 USB 或 SCSI 等在一個硬體裡，可能連接多數的裝置時，根據驅動程式被分為物理層、邏輯層，變得構築通用性很高的系統是可能的。

5) 驅動程式的開發及注意事項

　① 在假想位址的系統方面，也必須要注意驅動程式。

　② 使用快取記憶體的情況，驅動程式也要保證有整合性的責任。

習題

問題 1　請選出二個關於用嵌入式系統的驅動程式的正確描述

①　嵌入式系統的驅動程式是，被安裝在核心及檔案系統之下，通過系統呼叫一定被叫出。爲此，驅動程式是執行系統資料結構。

②　嵌入式系統的驅動程式在 ISR 被呼叫出時，使用的堆疊爲驅動程式中斷處理的專用堆疊。

③　對於嵌入式系統的驅動程式的安裝形態有副程式型及驅動任務型兩種。

④　用驅動任務型安裝的驅動程式是，應用軟體和驅動程式之間的介面也可能使用非阻塞型的安裝。非阻礙介面是，應用軟體和驅動任務有可能並列處理，有效率的實現良好 I/O 處理的效果。

⑤　在嵌入式系統的驅動程式，中斷處理是根據中斷任務(IST)。中斷處理任務，是執行中斷及跟隨著的資料操作，或是執行最低限度的中斷處理。使用事件旗標等驅動任務喚醒之後，中斷處理完成並返回。

問題 2　從 a 到 f 填入適當的用語

在最近的嵌入式系統方面，爲了監視構成應用軟體的處理及任務之間的不正常記憶體存取 a 的功能，很多裝載使用了的記憶體的保護功能。

在像這樣的系統，應用軟體任務是在 b 空間執行。爲此，對於應用軟體物理的 c 記憶體的分配。使用 DMA 及 d 功能的資料傳送的驅動程式，像這樣系統的情況，錯誤不連續的區域一次也不可以傳送出資料，必須要非常的注意。

還有，即使 e 的快取功能是有效的系統使用同樣的 DMA，或 d 功能的驅動程式在開發的時候是必須要注意的。被使用資料傳送的描述區域，如果不執行對資料緩衝區的正確快取操作等快取記憶體和物理記憶體的 f 變成無法保持，描述區域記憶體的狀態，從緩衝區的資料的讀出不能正確執行。

第6章

使用於嵌入式系統的中介軟體

概觀行動電話、資訊家電等代表性產品，近來的嵌入式系統的功能可以說越來越強。然而，為實現如此高精密功能的開發期並沒有因功能的擴大而延長，反倒是隨著競爭激烈的產品開發，開發期有逐漸縮短的趨勢。面對這樣的情況，使用高功能的軟體組件應該會是更有效率，更能成為在短期內進行開發的兼具效果與實用性的手段。特別是使用某種程度規模的軟體組件更可以明顯看出這種傾向。

舉例來說，好比原本應該重新製作的軟體能夠在很短的時間內準備就緒；透過採用同款的軟體組件得到完整的互換性；引進現階段無法保有的新技術等諸多優點不勝枚舉。本章將介紹概觀中介軟體的類別，並對代表性的中介軟體加以解說。

6.1　嵌入式系統使用的軟體組件(中介軟體)

在此說明中介軟體在軟體組件中的定位，以及概觀產品的種類。

6.2　嵌入式系統 Java

針對已經導入嵌入式系統的 Java 解說。首先說明 Java 的原理，再針對執行 Java 應用軟體執行環境基礎的 JavaVM 作解說。

6.3　嵌入式系統規範的協定堆疊(protocol stack)

就連嵌入式系統也有許多連接網際網路的資訊家電產品陸續問世。從此不難推測今後對應網路的機器將如雨後春筍般蓬勃發展。本節僅就協定堆疊概略說明，並以 TCP/IP 為例進行解說。

6.4　嵌入式系統使用的檔案系統

嵌入式系統使用的檔案系統大部分屬於配件。因此這裡僅針對嵌入式系統使用的檔案系統的概要、結構與功能進行說明。

6.5　嵌入式系統使用的 JPEG 與 MPEG 程式庫

本節僅就處理靜止畫面與動態畫面的程式庫加以說明。首先說明負責處理作為壓縮擴展靜止畫面方式的 JPEG 程式庫，之後再針對此程式庫的結構連同嵌入式系統現有的狀態進行解說。最後概略分析動態畫面壓縮方式的 MPEG 程式庫，並且說明程式庫的結構。

6.1　嵌入式系統使用的軟體組件(中介軟體)

在從事嵌入式系統設計、開發、銷售的產業，配備某種程度功能的中介軟體的軟體組件在市面上流通。這些軟體組件被用來作為實現物件的系統功能的組件。我們可以根據第 1 章敘述的功能層，將這樣的軟體分類如表 6.1.1 所示。

如表 6.1.1，就嵌入式系統而言即使使用的是即時核心程式，應用軟體仍然被區分為即時性應用軟體與非即時性應用軟體兩種。

表 6.1.1　常見的軟體組件功能

應用軟體	非即時性應用軟體	
		Web Browser Web Server JavaVM 程式庫(library)
			資料庫引擎程式庫 XML 引擎程式庫 ORB 程式庫 演算程式庫 畫像處理程式庫(JPEG、MPEG)
	即時性應用軟體	
		電子機械控制(各應用軟體既有) PLC(可程式控制器)引擎 程式庫
			PLC 用階梯圖語言(Ladder)引擎程式庫 高速演算程式庫
OS	中介軟體	
		協定堆疊
			TCP/IP 堆疊與 TCP/IP 周邊的通訊協定堆疊 (FTP、HTTP、NFS、SMB 通訊協定等) USB 堆疊與協定堆疊既有驅動程式 藍芽協定堆疊與藍芽設定檔(profile)
		檔案系統
			FAT 檔案系統 CD-ROM，DVD-RAM/ROM 等檔案系統 日誌式檔案系統(journaling file systm)
	嵌入式 OS	
		核心程式 驅動程式
			無線驅動程式 串列驅動程式 USB 驅動程式 藍芽驅動程式 觸控面板驅動程式 媒體技術驅動程式(media technology driver)(檔案系統)

　　此應用軟體層裡有各自的應用軟體專用的程式庫存在，做為架構應用軟體使用。像非即時性用途的資料庫或 XML 都算是。此外作為即時用途的，可以舉用來建構可程式控制器(programmable controller)引擎部分的程式庫為例。還有將作為非即時性用途的程式庫擴充成為即時性的。

　　因為應用軟體層的軟體組件是用來滿足嵌入式系統本身具備的功能，舉個例來說當使用搭載網路瀏覽器的行動電話時，會在這層選擇網路瀏覽器。若目標的嵌入式系統提供的功能特殊，那麼這層幾乎沒有任何中介軟體存在，必須走自行開發路線。因為這種情況特殊使得中介軟體的市場根本無法形成，結果也導致無法衍生產品及流通市場。

　　同樣其他也有許多特殊的程式庫或中介軟體存在，這些大多是自行開發出來的，實際上由於中介軟體的市場並不存在，所以並沒有在表 6.1.1 示出。提醒讀者注意，本表並非用來表示市場銷售產品的系統架構。

　　協定堆疊與檔案系統主要用來作為中介軟體的用途。兩者在一開始都是提供作為在通用作業系統的作業系統結構組件，不過就嵌入式系統而言，很多軟體組件都是外購的。選擇軟體組件時完全取決於在應用軟體層實現功能的必要性。像剛才提到的網路瀏覽器因為需要協定堆疊，所以選擇 TCP/IP。不會提供只在該層終結的功能。

　　作業系統層也存在著以在通用作業系統內常見的裝置驅動程式為對象的軟體組件。例如 PCMCIA CARD Enabler、802.11g 無線驅動程式或藍芽皆是。軟體組件將隨著功能擴大或新驅動程式的問世而增加。藉由新驅動程式的問世或因製造停止轉移至代替品，可預見該層將會產生擴充與改變。

　　此外因應新媒體的產生，有時也會有導入這層軟體組件的情況。具體來說當快閃檔案系統(Flash File System)使用的 FlashROM 產生變更時，需要該層的驅動程式。

　　現今銷售這些軟體組件的市場逐漸成形。而軟體組件並非全部都是自行製作，另外既有組件組裝後再開發產品的案例有逐漸增加的趨勢。像這樣的組裝開發案例其存在背景源於軟體組件及中介軟體的銷售方式，從整合必要軟體組件的銷售逐漸移轉到直接於組件封裝可說是主要因素。

　　如同上述，成為嵌入式系統著眼點的應用軟體架構環境已經逐漸完整成形。

6.2　嵌入式系統 Java

　　針對嵌入式系統使用的 Java 解說。首先說明 Java 的原理，並且將重點放在用於嵌入式系統的特徵，進行連同一般性的解說。具體來說針對 Java 使用上的優點與使用型

態加以分析。

　　其次對於用來執行 Java 應用軟體的虛擬機器(Virtual Machine)JavaVM 的結構進行解說。有關結構的解說部分，先將 JavaVM 的結構經功能分類後，再就完成各個功能的構成要素加以說明。特別是對性能影響較大的解譯器、編譯器以及垃圾收集器將分節說明。

　　最後在嵌入式系統使用 Java 時因為需要作移植，一併將移植方式也加入內容解說。

6.2.1　何謂 Java

　　Java 是由 Java 語言、執行 Java 語言的 JavaVM、支援執行的類別程式庫(class library)所組成。

　　首先使用 Java 的語言環境以及 Java 語言有三個目的。那就是提高生產性、改善維護性與提升安全性。Java 語言具備達成此三個目的必要環境與功能，與以往在嵌入式系統使用的 C/C++語言相較起來，更能夠提高生產性與維護性。Java 環境的創新之舉在於可以在嵌入式系統內架構執行該物件導向程式設計(Object-Oriented Programming)的環境(圖 6.2.1)。

　　原本 Java 語言與 JavaVM 都是針對嵌入式系統的用途被開發出來的一種名為 Oak 的語言，但實際上並不適合用在嵌入式系統，特別是即時性用途。主要是 Java 語言為了實現「Write Once, Run Anywhere」，因此作業系統(Operating System)也採取不依存硬體的設計方式。舉個例子來說，像執行緒(thread)的分割、同步的概念、中斷的概念、記憶體管理、輸出輸入等部分的規格都模稜兩可。

　　於是用來補足上述不足的部分，加強使用記憶體與執行速度的 JavaVM 被提供作為嵌入式系統的用途。在這之後，本節將針對改善後的 Java 說明引進的理由。

　　一般來說被載入作為嵌入式系統執行環境的 JavaVM，比起使用 C 語言編寫的應用軟體在單位時間上的處理能力較差，使用的記憶體容量也比較多，但相對上具備的優點也不少。為了更進一步暸解，我們可以舉以物件導向程式設計(OOP)為主體帶動生產性提高，或以網路為考量前提的系統，促使應用軟體的改寫與發佈成為可能的例子。

　　以往在 ROM 上編寫應用軟體後，除非有問題否則不加以改寫。發生不良的 C/C++應用程式有必要修改並改寫 Flash ROM。此外進行改寫時，將該產品放置手邊利用串列埠(serial port)進行內建的 ROM 改寫。

　　將 Java 執行環境載於系統，使得基於高產能目標，多樣化應用軟體系統的功能變更與追加變得更容易執行。這是因為可以透過網路對遠端系統進行更新。歸納起來當變更與追加功能時，即使程式設計師身旁沒有系統的存在照樣可以進行作業。

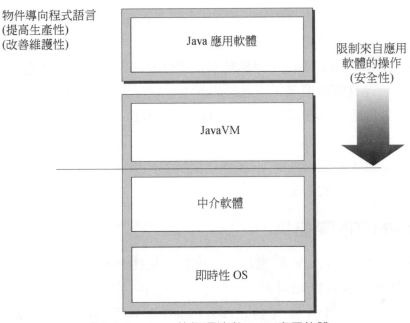

物件導向程式語言
(提高生產性)
(改善維護性)

Java 應用軟體

JavaVM

限制來自應用
軟體的操作
(安全性)

中介軟體

即時性 OS

圖 6.2.1 Java 執行環境與 Java 應用軟體

例如家庭閘道器(Home Gateway)、機上盒(Set-Top-Box)、行動電話、電腦、車上型電腦、寬頻分享器(broadband router)、電視機、硬碟錄影機以及其他網路家電產品都安裝了 JavaVM，透過網路下載應用軟體，讓新服務的追加與功能變更，掌握使用者嗜好的商業活動，以及問題點修改等事項變得更加容易執行(圖 6.2.2)。

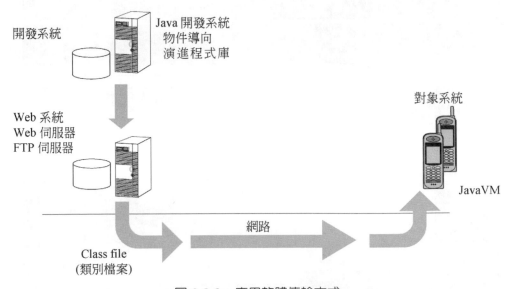

開發系統

Java 開發系統
物件導向
演進程式庫

對象系統

Web 系統
Web 伺服器
FTP 伺服器

JavaVM

網路

Class file
(類別檔案)

圖 6.2.2 應用軟體傳輸方式

第1章 第2章 第3章 第4章 第5章 第6章 第7章 第8章 附錄 章末習題解答

6-5

特別是在擴充嵌入式系統的軟體功能或進行更新(update)時，更能發揮這項優點，甚至有可能連系統物件本體的特徵都被改變。

在採用 JavaVM 的系統方面，正朝著程式只要改寫一次也能在其它地方使用的方向努力。這必須依存實際的環境，不過目前還沒有執行這種概念的環境存在。可以採用無需透過移植進行改寫，透過網路傳遞 Class 檔的方法。

實際上使用這樣的 Java 環境，有必要在嵌入式系統上進行 Java VM 的移植。爲了對移植方式有所認識，必須先理解 Java 執行環境的結構。下節將連同嵌入式 JavaVM 的特徵加以探討並進行功能解說。

6.2.2 JavaVM 的概略結構

嵌入式系統使用的 JavaVM 並非單一程式而是由多數元件所組成。這與 Sun Microsystems 提供的 JavaVM 相同。

例如可以分割成類別載入器(ClassLoader)、位元組碼直譯器(Byte Code Interpreter)、安全管理(Security Manager)、垃圾收集器(Garbage Collector)執行緒管理以及繪圖(圖 6.2.3)。這些各自提供與通用型作業系統導向的 JavaVM 同等功能，並且已經對嵌入式系統執行調校或擴充功能。以下就個別分割後的功能加以說明。

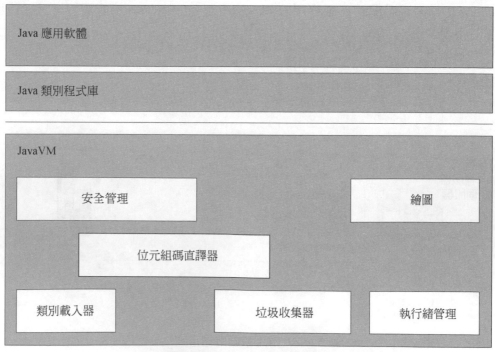

圖 6.2.3　JavaVM 內部結構

6.2.3　類別載入器(ClassLoader)

頭一次使用類別時，類別載入器會從硬碟或 ROM 讀取類別檔案，叫出類別驗證器 (Class Verifier)檢查類別，若沒有問題就可以使用。這個時候類別載入器會讀取本類別中使用的全部類別，同樣的也會使用類別驗證器做檢查。

類別驗證器驗證是否為類別檔案，並驗證各種方法是否有效。此驗證由四個匯流排組成，在這當中解析類別檔案內的二進位(binary)，並且確認對其他類別是否造成不良影響。

在嵌入式系統非常重視使用類別驗證器檢查的時間，試圖進行改善。舉個例子來說，在 CLDC(Connected Limited Device Configuration)規格下載時類別驗證器不會被叫出，而是採取在執行前進行編譯時才使用類別驗證器的架構。

類別驗證器以外的改良部分，在特定的 JavaVM 稱之為 ROMizing，有時會提供預先載入或預先連線某些類別的功能。使用這項功能可以先在特定類別載入，加快應用軟體的啟動速度。此構想在醞釀之後，已經可以採用將執行的狀態直接儲存於 ROM 的方法。

其他在小型的 VM 安裝方面，不限於特定的類別，採用對所有的系統類別預先載入，大幅縮短到應用軟體執行為止前的時間的方式。

6.2.4　位元組碼直譯器與編譯器

位元組碼直譯器對 JavaVM 定義的操作碼(operation code，簡稱 op code)，實際提供編譯執行的功能。這並不只限於嵌入式系統導向的 JavaVM，即使是通用型作業系統用的 JavaVM 也能夠藉由發揮處理器特性的最佳化，考量到 CACHE 的最佳化以及執行 MPU 暫存器的最佳化，達到提升平均性能的目標。關於調校有待改善的空間很大，至少從運用組合語言的位元組碼直譯器的使用到編譯器的使用都包含在內。

編譯器將 Java 類別程式庫的程式碼轉換成 MPU 指令。轉換後的程式碼叫做原生碼，轉換的動作則稱為編譯。編譯的方法大致上可以分成三種，市面上銷售的 JavaVM 大部分都是採用其中的一種方法。

(1)　將最先執行的類別檔案全部編譯的 AOT(Ahead-Of-Time)。

(2)　執行中當有需要時進行編譯的 JIT(Just-In-Time)。

(3)　不當場立刻編譯，根據統計資訊編譯的 HotSpot。

此外有關 JIT 與 HotSpot，大多數的編譯都兼具這兩種特性，例如明明是 JIT 卻在執行次數加設定限(threshold)，等超過定限的時候進行編譯，有時會採取這種近似 HotSpot 的方法。

　　不過轉換成原生碼後速度也跟著加快，相對地也會衍生問題。首先可以舉 AOT 在執行前進行編譯所花費的時間過長爲例。還有像 JIT 如同 AOT 不接受最先進行的編譯時間，雖然啓動時間比 AOT 來得快，不過 JIT 是以小單位重複執行編譯，也因此全域的調校變得比較困難。最後一點，HotSpot 活用統計資訊對 JIT 進行某種程度的全域調校，不過在遇到處理時間過短、不反覆執行，以及呼叫各式各樣類別等情況下會導致不利。

　　補充一點，對於 AOT 來說就算應用軟體內有幾乎完全不使用的區域，仍然會全部加以編譯。從實際的執行應用軟體來看，可能會產生無謂的編譯，關於這一點應該多加注意。

　　最後如果在不算是純粹的 Java 執行環境，但相較 AOT 預見可以提高某種程度功能的話，則有時會採取在開發階段編譯，再將編譯結果寫入 ROM 執行的對策。在這種情形下除了動態載入的類別外，也可以使用原生碼執行。

　　圖 6.2.4 顯示使用 JIT 以及 HotSpot 的執行狀況。由檔案系統讀取的 Java 類別檔案從類別載入器被移至位元組碼直譯器，放置於 JavaVM 的記憶體空間後逐步執行。

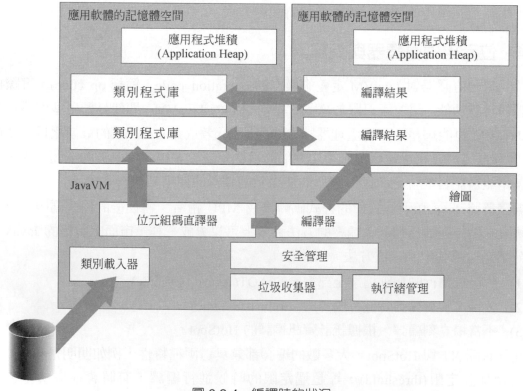

圖 6.2.4　編譯時的狀況

　　這個時候會根據某種統計資訊，將此類別檔案取出加以編譯。統計資訊可以參考諸如執行時被叫出幾次等頻率資訊。編譯結果放置於與 JavaVM 的記憶體空間不同的地方，儲存在物理記憶環境下作為 MPU 的原生碼。為使這些儲存結果當執行該部分時也能使用，做法是掛入 JavaVM 記憶體空間上配置的程式碼。這麼一來只要屬於同一 Java 資源，視解譯器的高速程度與編譯完程式碼的執行程度不同，性能也將有所改變。

6.2.5　安全管理

　　安全管理用來防止信賴性低的程式碼在執行時違反安全的規範。在嵌入式系統使用沙箱(sandbox)作為一般的安全管理。沙箱用來比喻在沙場堆沙搭建城堡或隧道，即使堆好後弄壞也不會對沙場以外的部分造成任何影響。

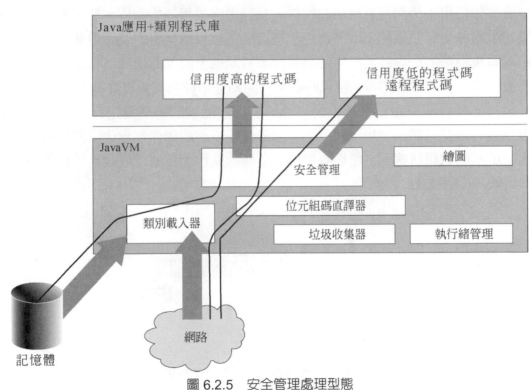

圖 6.2.5　安全管理處理型態

　　也就是說實際上會將沒有經過許可的動作隔離起來避免被執行，因此不會對系統產生影響。進行對系統造成影響的，像是檔案系統的存取或輸入輸出等處理，這些都必須取得安全管理的許可。

　　安全管理與類別載入器、位元組碼直譯器共同連手確保系統的安全。舉個例子來說，首先假設從網路抓下來的類別檔案是不能信賴的程式碼，禁止對系統造成影響的

任何操作。想要在透過網路傳遞的類別檔案進行對系統造成影響的操作時，必須事先於類別檔案上署名，再由安全管理根據署名與程式碼的出處發佈操作的許可。

　　嵌入式系統種類包羅萬象，就程式執行的環境來看，有時會發生缺乏記憶體保護，所有 MPU 的權限模式沒被執行，不具備基本的安全功能等情形發生。不過不管是哪種情形，以搭載 JavaVM 為例，配合記憶體保護與執行權限功能，確保執行安全。圖 6.2.5 表示執行時將安全性實際列入考量的狀況。本圖是根據程式碼的出處，由安全管理概略判斷是否為可信賴的程式碼，基本上從網路下載的被視為不可信賴的程式碼。不過若是有署名，就算從網路下載的程式碼也認定具可信賴性，授予權限。

6.2.6　垃圾收集器

　　垃圾收集器用來檢測沒有使用的物件，執行送回集用場的動作。使用編譯器時，編譯器使用的原生碼記憶體空間的物件，也會成為垃圾收集器的管理對象。但不管是哪種垃圾收集器都無法從外部設定時間執行，只能給予的推薦做法，就是預先加以執行的一般性建議。不過歸納起來垃圾的收集時間點是由垃圾收集器計算的。

　　若因為某種緣故導致沒有使用的物件，無法在適當的時間點進行回收的情況發生，自然會造成記憶體的可用空間不足。因為幾乎所有的物件都會佔用記憶體，在如此缺乏記憶體的飢餓狀態下，垃圾收集器一旦開始動作，那麼垃圾收集器以外的所有處理都將喊停(圖 6.2.6)。

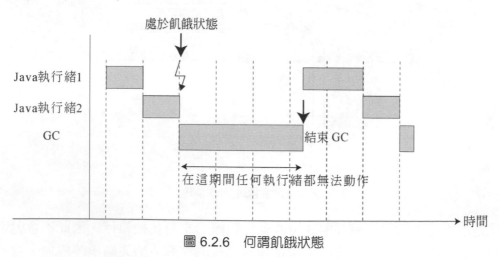

圖 6.2.6　何謂飢餓狀態

　　就嵌入式系統而言，陷於停止任何處理只執行垃圾收集的狀態將為 JavaVM 帶來致命傷。因此就應用軟體而言，大多採用影響較輕的遞增型垃圾收集器(圖 6.2.7)。外加一般使用的垃圾收集器，遞增型具備逐步定期執行垃圾收集的功能。

此外，若採用的是遞增型垃圾收集器，記憶體的管理方法也會加強漸次執行垃圾收集功能的改善。

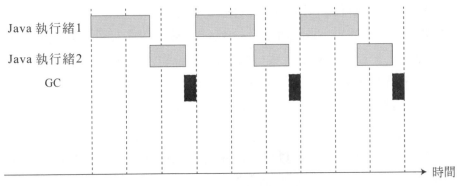

圖 6.2.7　遞增型垃圾收集器

6.2.7　執行緒管理

JavaVM 內建管理 Java 語言的執行緒的元件。實際上本元件具有提供 Java 執行緒切換的功能，以及使用即時核心的功能。在本元件內進行 Java 執行緒的管理時，是透過即時核心上的單獨工作程序來管理數個 Java 執行緒。相反的使用即時核心的功能時，即時核心的工作程序與 Java 的執行緒是一對一的對應關係，由排程器來管理 Java，基本概念可參考圖 6.2.8。

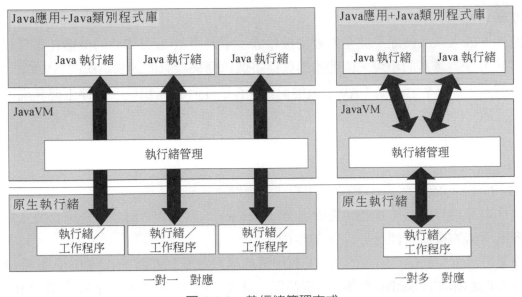

圖 6.2.8　執行緒管理方式

本圖所示跟通用型作業系統的 JavaVM 的狀況幾乎完全相同。使用作業系統的執行緒時，使用的是 Native Thread(原生執行緒)並沒有使用到作業系統的執行緒，由管理執行緒的元件管理 Java 執行緒的情形叫做 Green Thread。

就性能上來看，一旦使用 Native Thread，執行緒數量少時額外工作也相對地減少，若遇到 Java 程式產生大量的 Java Thread 的情況時，會發生資源不夠用或是排程的額外工作引發問題。相反的 Green Thread 則有初期額外工作過大的問題。主要的因素可以歸究於 Green Thread 採取使用計時器中斷與 setjump/longjump，將 JavaVM 內部的執行緒以時間分割展開執行的方式。

此外爲了進行安裝，JavaVM 可以自行決定排程，不過對於較細微事件也有無法處理的部分。

嵌入式系統導向的 JavaVM，有些產品可以配合物件的應用軟體規模加以選擇。像這種情況有必要就架構系統的特徵進行選擇。

還有一點要特別注意的不管架構爲何，由於原生碼部分的執行緒／工作程序使用的堆疊與資源在執行時是固定的，最好視情況處理以免發生溢位。

6.2.8 　繪圖

Java 1.2 規格提供 AWT 以外的擴充 AWT(Abstract Window Toolkit)產生的 Swing 圖像介面，嵌入式系統 Java 的圖像介面主要採用 AWT。就規格而言，本 AWT 與桌上型的規格並無差異。

此外，嵌入式系統並不完全需要支援繪圖。不過搭載 JavaVM 的機器在某種程度上提供的大多具豐富的環境，因此本節就從這個角度來探討嵌入式系統的 AWT。

說明基本的 AWT 結構，AWT 由被稱爲元件的組件群所構成。元件主要具備下列三項程式庫。

(1) 　Java.awt　　　　　　　基本元件

(2) 　Java.awt.event　　　　事件處理類別

(3) 　Java.applet　　　　　　獨立應用程式用類別

元件本身具有安裝於本身元件的容器(container)。就 AWT 而言，透過安裝掌控視窗的容器所需的按鈕或標記可以製作出 GUI。

安裝於 Sun Microsystems 的 AWT 其中某些部分並沒有安裝 Java。在嵌入式系統使用的 AWT 藉由增加 Native 的部分，提高顯示速度。例如 AWT 的最下層使用 JNI(Java Native Interface)描述。所謂的 JNI 是 Java Class Library 呼叫 Native 處理時使用的介面。增加 JNI 描述以期改善處理性能。例如將容器本身 Native 化的困難度很高，但是透過

將安裝於容器的元件 Native 化可加以實現。而這樣的元件在經過 Native 化之後，也能確保顯示速度。

6.2.9　JavaVM 的移植方法

先前提到 AWT 最下層透過使用 JNI 達到性能改善的目標，事實上其它最下層也是同樣的情形。歸納來說各自的類別程式庫所進行的處理，其中依存外界環境的處理全都與 Native 處理有相關性，那就是使用 JNI 呼叫 Native 處理。

舉個例子來說，像連接檔案或使用插槽進行通訊等。這些都連接到作業系統提供的檔案系統或 TCP/IP 協定堆疊。就嵌入式系統而言，這些有部分是由中介軟體提供的，還有的是連接到中介軟體。

JNI 本身可分為 Java 部分與使用 C/C++等編寫的 Native 部分，針對從 Java 側呼叫執行的是哪個 Native 的處理進行描述。就結構部分請參考圖 6.2.9。本圖出示以檔案系統為例的移植部分。從 Java 應用軟體呼叫出 Java.io.File 類別，最後再經由 JNI 連到檔案系統。此 Native 部分與 JavaVM 部分的連接處從 JavaVM 的移植來看屬於需要變更的部分。

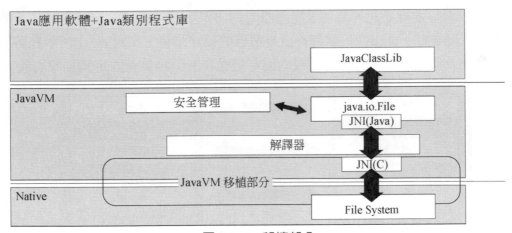

圖 6.2.9　移植部分

嵌入式系統導向的 JavaVM，其中有些是針對即時核心提供上述的變更部分。若是沒有被提供的情況，則有必要配合此接續部分的規格製作連接邏輯部分。

具體的接續部分的規格主要依賴 JavaVM 的各項產品，除了支援特定即時核心規格的產品之外，大部分都是模仿參考用的實作。例如 Sun Microsystems 提供的 JavaVM 的參考實作諸如 Solaris、Windows 等，這些檔案系統、協定堆疊都屬於 POSIX 規格或 Win32API。

　　使用於嵌入式系統的 JavaVM，其中有許多都是改造參考實作，或用來作為參考的產品，另外與即時核心的接續部分有些也要求遵照這些規格，好比像要求 POSIX 規格。在這種情況下的移植作業，與將 POSIX 規格的應用軟體移植到即時核心的作業方式是相同的。

6.3　嵌入式系統規範的協定堆疊(protocol stack)

　　嵌入式系統以往常見的獨立式機器採串列通訊等簡易通訊方式，只在限定範圍內通訊，不具備遠端操作功能的機器佔了大多數。不過近來資訊家電等連接網際網路的產品有逐漸增加的趨勢。特別是從資訊共享與維護的觀點來看，連接網路的產品佔了很大的優勢。今後因應網際網路的產品預料會像雨後春筍般不斷出現，為此具備網路相關的知識就變成當務之急。

　　在本節先就協定堆疊進行概說，以 TCP/IP 為例並摻雜嵌入式系統的考量事項逐一說明，最後針對協定堆疊相關的移植方式進行解說。

6.3.1　何謂協定堆疊

　　透過網際網路進行通訊，並且規範通訊時的決定事項叫做協定，將執行協定的軟體模組堆積成階層狀，而這樣的軟體群就是俗稱的協定堆疊。如圖 6.3.1 所示在各層間對介面的操作及服務下了定義，像這樣的協定堆疊各層分別具有固定掌控的功能。

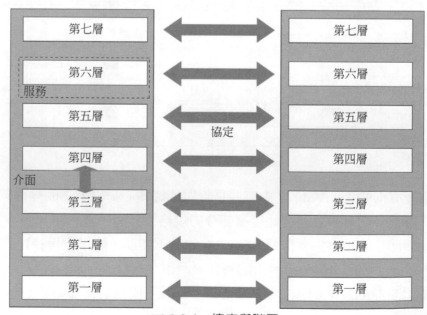

圖 6.3.1　協定與階層

6.3.2　OSI 參考模型

在解說嵌入式系統經常使用的 TCP/IP 堆疊之前，先說明 OSI 參考模型。本模型幾乎完全沒有被使用，不過爲了加深對協定堆疊的理解最好有概略的認識。

OSI 參考模型由七層模型構成，每一層皆定義了該層特有的協定。以下按照近似通訊媒體的順序舉例說明。

(1)　實體層(Physical Layer)　　　　　定義實際的通訊媒體

(2)　資料連結層(Data Link Layer)　　管理裝置間的通訊並進行錯誤修正

(3)　網路層(Network Layer)　　　　　決定最佳路徑

(4)　傳輸層(Transport Layer)　　　　保證資料分割與端對端的通訊

(5)　會談層(Session Layer)　　　　　進行對話控制、符記管理、同步管理

(6)　表達層(Presentation Layer)　　　規範資訊的表達方式

(7)　應用層(Application Layer)　　　　提供使用者需要的協定

從以上的概略圖可以瞭解，OSI 參考模型每一層都具有個別的功能，沒有重複提供的情形。本 OSI 參考模型的中心概念在於服務、介面與協定等三項。

服務表示上位層提供的功能，介面表示存取方法。這裡的下位層並沒有規範具體提供通訊步驟等相關規定，也就是說下位層被遮蓋住沒有顯示出來。

嵌入式系統有時候會形成獨具一格的協定。開發協定時建議最好遵照 OSI 參考模型的概念進行。此外，OSI 參考模型並不採用業界標準(de-facto standard)，於是這個角色就輪到 TCP/IP 負責。不採用業界標準的理由有下列幾點；

(1)　提案時 TCP/IP 已經被廣泛採用。

(2)　部分實作有困難。

(3)　實際上每層都有不需要重複的處理(錯誤的控制處理也算是)。

(4)　實作例的品質差難以被採用。

這些事項說明盡可能利用既有的元件製作出實作簡單、設計簡便與品質優良產品的必要性。請注意上述事項在進行一般的開發時也會發生。

6.3.3　何謂 TCP/IP

在此針對 LAN(Local Area Network)及網際網路使用的協定 TCP/IP 進行解說。

TCP/IP 可大致區分爲由 TCP 及 IP 的協定所構成，但實際使用的協定並不只限於 TCP/IP，泛指包含這些在內的協定堆疊群(圖 6.3.2)。這在嵌入式系統也是同樣的情形，後續說明的 TCP/IP 主要對象涵蓋 TCP/IP 的協定堆疊。

7	應用層	Mailer, Browser・・・			Browser・・・
6	表達層	Mime, Html, ISO2022・・・			WML
5	會談層	SMTP,HTTP・・・			WSP
		SSL			WTLS
4	傳輸層	TCP			WTP
3	網路層	IP			WDP
2	資料連結層	LLC<IEEE802.3>		PPP	
		CSMA/CD <IEEE802.3>	CSMA/CA <IEEE802.11>	RFCOMM, SDP L2CAP,LMP	RLC
1	實體層	電纜 10BASE-T 100BASE-T	電波 DS,FH	電波 FH	電波 MC-CDMA (cdma2000)
	層次	有線 LAN	無線LAN	藍芽	CDMA 行動電話

圖 6.3.2　TCP/IP 與周邊協定

　　說明時大都是參照上述的 OSI 參考模型，不過兩者並非一對一的關係，某種程度上的對照架構可以用圖 6.3.3 來表示。可以從本圖看出有些部分沒有辦法完全對照出來，至於為什麼會有這樣的情形可以歸納成在應用層底下的構成起因於 TCP/IP 並沒有不足以及 OSI 參考模型過於詳細。相反的就 Ethernet 來看，可歸納為 TCP/IP 的網路介面層將實體層與資料連結層的兩層結構功能合而為一所導致。

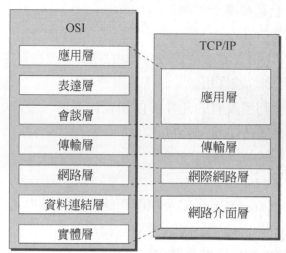

圖 6.3.3　TCP/IP 與 OSI 的對照圖(以 Ethernet 為例)

6.3.4　IP 簡介

IP 位於 TCP/IP 協定的最下層，負責進行資料傳送控制的協定，不進行傳遞的控制與錯誤的處理。

IP 將資料以封包格式傳送，因此需要封包傳送處的位址。這個位址就叫做 IP 位址，基本構架如下圖 6.3.4 所示。IP 位址有 4 個位元組(byte)可分為網路部分與主機部分，各自指定需要的網路與網路機器。按照前面位元的型態分成等級 A 到 E，通常只用等級 A 到 C，另外等級 D 為群播(multicast)，等級 E 是備用的。群播是一種採取指定網路所有機器，由群播位址範圍的所有機器接收封包的方式。

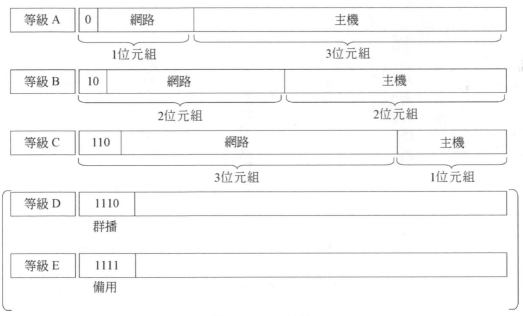

圖 6.3.4　IP 位址

如果發生資訊家電產品數量激增，那麼 IP 位址將會面臨缺乏的窘境。到此為止的說明都是基於 IPv4，不過因為擔心 IP 位址減少，目前正評估從 IPv4 轉移到可無限制使用 IPv6 的對應方案。

6.3.5　TCP 簡介

TCP 是將信賴性高的通訊從實體的網路層切離的通訊協定。本層提供以下的功能；

(1)　連接管理。

(2)　錯誤探測與訂正。

(3)　流程控制。

(4) 封包的順序控制。

與 IP 的最大差異性在於 TCP 沒有規定封包的路徑。有關路徑的選擇完全交由 IP 負責，在原為無連接通訊的 IP 上，提供連接型的 TCP 通訊，建立通訊的信賴性。

為進行本連接型的通訊，TCP 封包的資料頭(header)部分包含顯示封包順序的循序編號(Sequence Number)。TCP 在進行通訊時會看此封包的循序編號與回應，若接收端收訊正常則傳回 ACK。發生失敗或 ACK 沒有傳到的情形，先暫停(time-out)，再傳送一次。

圖 6.3.5 表示訊號接收正常的狀態。圖中舉三方向交握為例，當 TCP 建立連接時使用。

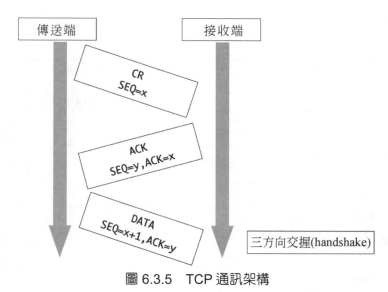

圖 6.3.5　TCP 通訊架構

6.3.6　TCP 的效率化

有幾個方法可以使 TCP 層的通訊進行更效率化。其中針對嵌入式系統也經常用來對應的幾個功能說明。在此舉 1)滑動窗(Sliding Window)與流程控制，2)不中斷(keep alive)、3)動態設定變更等為例。此外就支援實例來說，按 1)、2)、3)的順序遞減。

1)　滑動窗與流程控制

進行 TCP 通訊時為了提高通訊的速率，採用滑動窗的方式。這是一種在傳送每一個封包時忽略 ACK 的等待，也就是不等待 ACK 直接傳送多個封包的方式。使用這種方式不但可以一次傳送好幾個封包，也可以提升資料的傳遞效率。

一次能夠傳送的範圍叫做窗幅，將這個數字設定為 0 即可以停止下一次的封包傳

送。這也可以做為接收端的緩衝區(buffer)滿溢時停止的用途，這個動作就叫做流程控制。

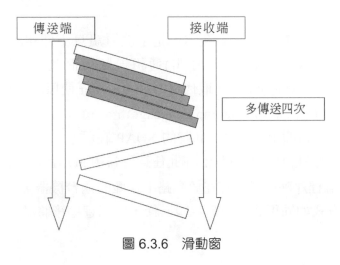

圖 6.3.6　滑動窗

2) 不中斷

不中斷功能是用來確認當沒有回應時通訊是否正常結束，或者單純只是資料長時間不存在。就 TCP 通訊而言，此功能用來做為當進行連接型的通訊時，避免連接中斷。

反過來當上位層沒有發出回應，可以避免被判斷為不存在的情形發生。藉此可以省去再度進行連接的時間。

3) 動態設定變更

TCP 通訊備有多個再傳次數、窗幅以及暫停值，這些數值為提升傳輸效率可以加以變更。做為變更的基礎資料，在 TCP 的堆疊區內進行封包往返時間的測量，將結果反映出來。

嵌入式系統用的協定堆疊有部分是無法自動變更參數的產品。為此必須視為物件的嵌入式系統的用途，從必要的規格與功能選擇產品。

6.3.7　TCP/IP 上的應用協定

說到應用協定就不能不提 HTTP。HTTP 是經常在通用式系統與嵌入式系統使用的一種通訊協定。HTTP 協定原本用在與 Web Server(網路伺服器)和 Web Browser(網路瀏覽器)之間，做為擷取必要的顯示資料或傳送回應用的協定。

在 HTTP 協定能夠擷取的內容(contents)是根據 HTML(Hyper Text Markup Language)的描述。HTML 將構造以標籤(tag)及連結形式表示構造。

HTML 中除了文字外也包含圖像與動畫處理。就連有關 Web Browser 無法直接顯示的擴充內容也被列入考量，使用插入或輔助應用程式(Helper Applications)的啓動等方法以確保擴充性。

HTTP 值得一提的特點是，它只在本協定上放置訊息不仰賴語言與應用程式的 RPC(Remote Procedure Call 遠端程序呼叫)通訊機制，而此遠端呼叫就是俗稱的 SOAP(Simple Object Access Protocol)。取代在 Web Browser 使用的 HTML，SOAP 訊息使用的是 XML。XML(eXtensible Markup Language)是一種含 HTML 在內的標示語言，用來建立描述結構化資料標示的語言。此時的 SOAP 在顯示意思與結構的場面，建立與 HTML 相同模式傳收任意資料的目標，在此任意資料中 SOAP 描述 RPC 的要求內容。

補充：RPC 遠端程序呼叫是指存在於網路上遠離的兩台機器，彼此之間進行呼叫程式的程序。處理方式如同程式的函數呼叫一樣，叫出程序後將結果送回另一方的機器。

6.3.8 協定堆疊的移植方式

TCP/IP 的協定堆疊就是將多數的協定堆積成階層狀，形成大規模的軟體組件。然而這樣的組件採用從零開始製作的方法並不明智。其次，由於有通訊對象最好還是使用實際的組件。

基於上述的考量 TCP/IP 的移植大致上可分爲兩點。那就是有關協定堆疊的動作環境與驅動程式。

動作環境與協定堆疊的結構有相關性。針對嵌入式系統的協定堆疊，大致可分協定堆疊本身自成單一的工作程序或工作程序群，以及使用像程式庫呼叫處的工作程序脈絡(context)執行動作等兩大類(圖 6.3.7)。程式庫狀態的協定堆疊使用簡單，但是只能在應用程式動作時使用協定。因此有必要接受諸如利用 ICMP 的 ping 無法回應的限制。在進行選擇時也應該檢討這樣的功能是否有必要。

關於驅動程式的功能也是考量的重點。關於協定堆疊的移植等於就是驅動程式的產生與移植，視 Ethernet 的驅動程式層使用的 CHIP，所提供的功能也有 180 度的轉變。請注意本元件提供的功能，好比乙太網路訊框(Ethernet Frames)產生衝突時的再傳功能是由硬體還是由軟體提供的，所需的功能將有很大的差別。

若是軟體提供者，則對於乙太網路的監視與衝突次數，有必要安裝處理延長再傳間隔的驅動程式。

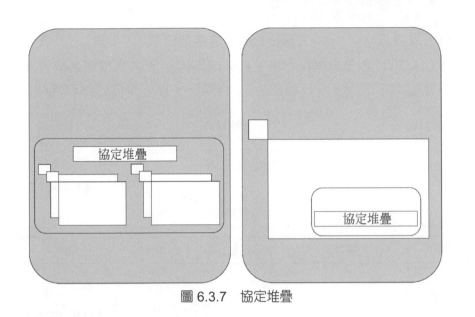

圖 6.3.7　協定堆疊

6.4　嵌入式系統使用的檔案系統

在搭載通用型作業系統的電腦等檔案系統而言，周邊機器可以永久儲存大量的資料，在嵌入式系統的情況也相同，會要求資料儲存於磁碟或記憶卡等記憶裝置內。例如數位相機、DVD 錄影機等具有儲存功能的嵌入式系統都是最佳選擇。

本節就嵌入式系統的檔案系統的概要、結構與功能進行解說。特別是嵌入式系統使用的檔案系統很多都屬於選項，於是在架構系統時會有將數個軟體組件組合起來的情形。這種情況下，一般說來檔案系統都屬於階層架構，方便進行更換。接下來說明此種嵌入式系統的固有特徵。

6.4.1　檔案系統的概要

檔案系統一般用來管理下列的檔案資訊與資料目錄資訊。藉由這些管理資訊的運用，來管理放置資料的檔案。

再則資料目錄是用來保管多數相關檔案的分類與整理的地方，將檔案放置於同一資料目錄底下方便進行管理。

(1)	檔名	儲存的檔案名稱，方便儲存資料的名稱
(2)	檔案種類	一般的檔案與資料目錄、特殊檔案等
(3)	檔案屬性	檔案製作時間，檔案大小等附加資訊
(4)	檔案操作	製作、清除、開放、關閉、讀、寫等操作

(5) 資料目錄資訊　　　　資料目錄的階層構造資訊

　　檔案管理的資訊有必要事先保存，一般來說均儲存於名為檔案系統管理領域的特殊區域內，為此檔案系統大多採行如圖 6.4.1 的構造。以下舉硬碟為例說明。

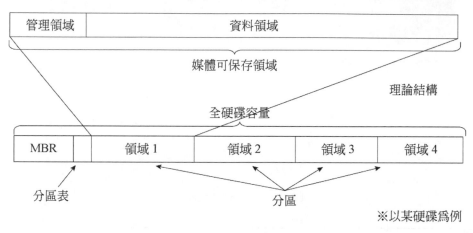

圖 6.4.1　硬碟架構

　　本資料領域內的使用方法交由各檔案系統負責。例如在 FAT 檔案系統用來做為啟動領域，以及目錄表項(directory entry)、檔案配置表(file allocation table)等資料領域。這些個別提供的功能如下：

(1) 啟動領域

　　　從硬碟啟動作業系統時所需的程式存取領域。

(2) 目錄表項

　　　保存檔案開始位置、檔案名稱、檔案大小。

(3) 檔案配置表

　　　硬碟的讀寫單位與登錄表(entry table)採一對一的對應。已配置的地方以標記註明。

(4) 資料領域

　　　儲存編寫完的檔案實體資料。

6.4.2　嵌入式系統使用的檔案系統結構

　　圖 6.4.2 代表檔案系統的實例。從本例可以看出檔案系統最後才提供 FAT 檔案系統，不過在其最下層的原本只能整個資料段清除的 FlashROM，透過 Flash File System 的安裝，使 Flash ROM 看似能夠自由讀寫。另外也可以將此部分的層列為進行媒體管理的層列。

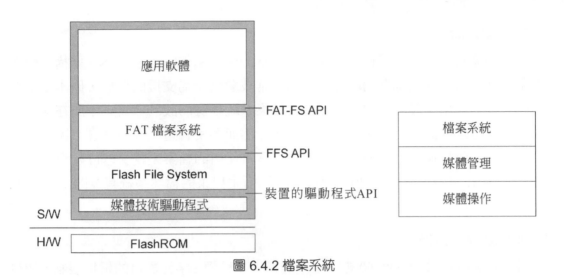

圖 6.4.2 檔案系統

此外最下層是實際用來清除 FlashROM 裝置的驅動程式及媒體技術驅動程式。本裝置的驅動程式不會有被檔案系統蓋掉或是直接操作的情形。

採用這樣的結構,使得下述提到的功能擴充、規格變更以及對各種作業系統的移植成為可能。

(1) FlashROM 的型號變更

  變更清除常式:媒體技術驅動程式。

(2) 可卸除式儲存媒體(removable media)(PCMCIA、CF 等)的支援

  在 Flash File System 以下安裝 PCMCIA enabler。

(3) 檔案系統的變更

  將 FAT 檔案系統與其他檔案系統對換。

(4) 作業系統的變更

  將 FAT 檔案系統與其他檔案系統對換,或者是變更安裝時使用的作業系統依存介面。

這裡提到的各層均提供做為可對換的軟體組件。特別是檔案系統與媒體技術驅動程式視用途由多數的企業提供。實際開發時實現各個層列的製作,或進行交換的目的功能。

6.4.3 檔案系統的簡介

舉一般常見的 FAT 檔案系統、ISO9660 檔案系統、日誌式檔案(journaling file system)為例進行概略說明。

1) FAT 檔案系統

FAT 檔案系統使用於磁碟作業系統(Disk Operating System)MS-DOS。結構十分簡單，大多數為適用於含電腦在內的機器，因此常被拿來作為支援的對象，原本是基於少量磁碟有效率使用的設計原理，不過由於檔案系統本身的設計老舊，不論在速度、安全性或大容量磁碟面臨的問題都還有待解決。然而即使有這些問題存在，因為資料傳遞接收方便，所以還是成為嵌入式系統中最常被使用的檔案系統。基於安全讀寫的考量，寫入途中盡量避免媒體的插拔與切斷電源。衍生出來的檔案系統有 VFAT、FAT32等。

2) ISO9660 檔案系統

使用於 CD-ROM 的 ISO9660 檔案系統透過字元種類、字元數目的嚴格限制，使得其規格獨立於特定的平台。提供多數的資料目錄階層、檔案切割、交插(interleave)記錄、屬性擴充、相關檔案等擴充功能。再細分的話則可依描述的內容，按等級分為 3 種。而在每一種等級可能使用的字元都只定義為英數底線(underscore)。

Level1　資料目錄名為 8 個字元，檔案名 8 個字元以下+副檔名最多 3 個字元。

Level2　資料目錄名最多 31 個字元，檔案名 27 個字元以下+副檔名 3 個字元以下。

Level3　可能使用字元相當於 Level2。將一個檔案分散到不連續的多數領域可進行寫入(分散配置)。

此外比起互換性更重視簡便性，也定義出放寬 ISO9660 檔案系統的字元種類、字元數目限制的 Rock Ridge 與 Joliet 規格。

3) 日誌式檔案

日誌式檔案為具有將更新履歷保存於日誌領域，以及快速修復磁碟故障等功能的檔案系統。雖然不是既有的檔案系統，不過多數企業都以中介軟體的型態推出產品。舉例來說 Flash File System 追加的日誌功能被用來做為 JFFS 使用。另外也常見 UNIX等依據 GPL 將資源存在的檔案系統移植到系統內建置的情況。像這樣的情況當然必須留意授權條款，不過能夠使用有實績的檔案系統也是好處之一。

6.5　嵌入式系統使用的 JPEG 與 MPEG 程式庫

本節針對處理靜止與動態畫面的程式庫進行解說。在此先概略說明靜止畫面的壓縮方式也就是處理 JPEG 的程式庫。之後再就本程式庫的結構連同嵌入式系統的實態一

併解說。JPEG 程式庫可說是在嵌入式系統顯示照片時不可少的功能。具備多數的處理方式，各具獨特的特徵。這裡就主要基本方式連同特徵在內逐一進行解說。

其次同樣也針對動態畫面的壓縮方式即 MPEG 的處理程式庫進行概說，並且說明程式庫的結構。依 MPEG 的規格不同，目的與用途也不同。在這裡主要對 MPEG-1 程式碼方式做解說。此外就 MPEG 程式庫來說大多與其他軟體組件有密切的關係。之後也將針對這一點做說明。

6.5.1　JPEG 程式庫簡介

JPEG 程式庫是用來支援壓縮 JPEG 的程式庫，主要對象為靜止畫面。JPEG 是壓縮方式的名稱，由來是取自制定此方式的組織名稱。本組織為 ISO 與 ITU-TS(前身為 CCITT)的聯合組織，JPEG 是 Joint Photographic Experts Group 的簡稱。

6.5.2　JPEG 壓縮方式的特徵

JPEG 的主要壓縮特徵如下。

(1)　屬於不可逆壓縮，因此壓縮率非常高。

(2)　可調整圖像品質。

(3)　被廣泛使用。

上述第 1、2 項的壓縮率與品質連動。JPEG 壓縮有四種處理方式，圖像品質可自由調整。此外 JPEG 圖像一般來說有選擇以不可逆壓縮為主的 JPEG 壓縮，另外也可以選擇可逆壓縮的方式。

JPEG 壓縮特徵的不可逆壓縮大致的處理流程請參照圖 6.5.1。本圖為基本的處理方式。圖中的畫素代表的是 JPEG 使用的資料段單位，從位元映像(bitmap)狀的畫素切割成 8×8 大小的影像片。其次圖中的 DCT 表示離散餘弦變換。就量化而言使用量化表將 DCT 取得的係數轉換成人類的眼睛不容易辨認出來的頻率資料。資訊的壓縮就是在這樣的轉換過程中進行。

離散餘弦變換為離散傅立葉變換的一種，用來處理離散量(數位量)，使用餘弦進行周期函數的轉換。在此變換過程中，圖像壓縮先變換成容易壓縮的資料之後，再經過壓縮選擇壓縮率高的來使用。此外採用離散餘弦變換的理由，為經由圖像資料的轉換提高壓縮效果，以及計算量少等。

不過就缺點來說，圖像資料無法整體加以轉換，以及只能適用於小型資料段單位。導致發生在轉換壓縮後的圖像上產生各資料段單位的境界線。

而用來取代 JPEG 的新規格 JPEG2000，採用不需要切割成資料段單位的基波變換

(wavelets transform)替代離散餘弦變換。

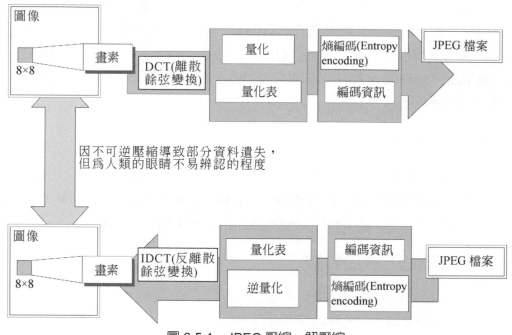

圖 6.5.1　JPEG 壓縮、解壓縮

6.5.3　處理方式

JPEG 另有除上述的離散餘弦變換的基本方式以外的處理方式，分別將特徵敘述如下。

1)　基本 DCT 方式

使用上述離散餘弦變換的 JPEG 基本變換方式。

2)　擴充 DCT 方式

基本方式外加 Progressive(逐行)的方式。基本上採取從端面顯示每一條線的方式，這種做法首先會產生不明顯的圖像，然後整體圖像逐漸轉成清晰。表面看起來比較沒有等待的錯覺，經常被使用於網站上。

3)　可逆方式

壓縮率較低，但可做可逆變換，是一種不會因轉換使資料產生變化的壓縮方式。

4)　層級(hierarchical)方式

將原圖像分割成 1/2、1/4、1/8、1/16 等多解像度，保持多解像度狀態的方式。

6.5.4　JPEG 程式庫結構

　　JPEG 程式庫有程式碼及解碼兩種方式存在。像數位相機就兼具有此兩種方式的程式庫。反過來說也有像網路瀏覽器只具備單一程式庫的例子。網路瀏覽器內安裝了 JPEG 的解碼程式庫。

　　就本程式庫的規格而言，一般均採單純結構具備將輸入的位元串流(bitstream)經過程式碼及解碼後輸出的功能。理所當然的，因為壓縮擴充採雙方向進行，所以處理的流程也是成對的。輸出處為了抑制使用容量，導致發生 LCD 控制器無法直接對做為顯示用的碼框緩衝器編寫的情形。不過遇到這種情形時內部另備有圖像尺寸用的變換緩衝器(圖 6.5.2)。

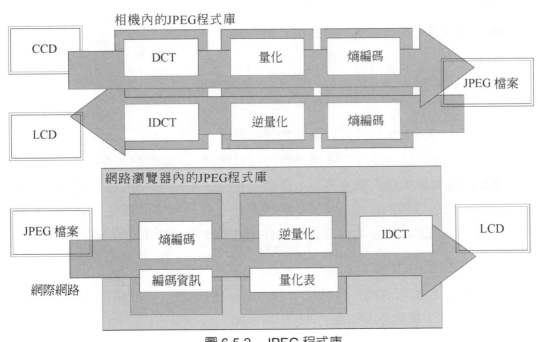

圖 6.5.2　JPEG 程式庫

　　此外先前提到說，位元串流狀的資料可以變換，不過由於 JPEG 的處理中動態部分比較少，常見將變換部分硬體化企圖提高性能的做法。這種傾向在數位相機更加明顯，可以獲得顯示速度、攝影花費時間、消耗電力低等成效。再則因為本變換處理逐漸有一般化的趨勢，就算 ASIC、G/A 等無法實現，不過已經有專用 LSI 陸續被推出上市。

　　通用型作業系統只實現軟體部分，而在嵌入式系統變換功能可以決定產品的價值，從這裡不難想像這也是此方案被採行的理由。

6.5.5 MPEG 程式庫

MPEG 程式庫是支援 MPEG 程式碼方式處理動畫用的程式庫。MPEG 的規格分別有 MPEG-1、MPEG-2、MPEG-4、MPEG-7，按照類別有不同的規格存在。

1) MPEG 的特徵

ISO/IEC 規定以下的規格。

(1) MPEG-1

以比較低的位元率動畫爲對象的程式碼方式。

著名的音響設備用的聲音壓縮方式 **MP3**(MPEG Audio Layer-3)，與此規格部分相同。

(2) MPEG-2

針對電視機、高畫質電視機的程式碼方式。

(3) MPEG-4

下一代終端機，具備動畫編輯等多項功能的通用程式碼方式。

(4) MPEG-7

以動畫搜尋爲對象的元資料顯示功能標準。

MPEG-1、MPEG-2 與 JPEG 相同使用離散餘弦變換，處理含聲音在內的動態圖像。相對於此，MPEG-4 的處理對象主要以多媒體物件居多。例如 MPEG-4 可以進行動畫與風景的合成，或多媒體的合成。這裡的物件是指風景與動畫的圖像。MPEG-4 概念更加成熟，到了 MPEG-7 時爲進行多媒體物件的搜尋，追加了附帶名稱的管理機制。

2) MPEG-1 的程式碼方式

代表性的 MPEG 的程式碼方式可以舉 MPEG-1 爲例說明。MPEG-1 採用結合動態補償預測與二維 DCT 係數陣列的混合(Hybrid)方式。

MPEG 程式碼方式的基本概念從稱爲畫格(frame)的數張靜止畫面轉成動態畫面的結構。藉由連續顯示畫格表現出動態畫面。

在 MPEG 程式碼方式就此連續畫格連接部分來說，採用相關性高的部分並使用差分。此外動態部分的顯示透過動態補償預測的使用減少差分，進行資訊壓縮。

關於解碼處理如圖 6.5.3 所示。像這樣因爲程式碼時有取差分，當使用動態補償預測時可以加算到取得的圖像後輸出。

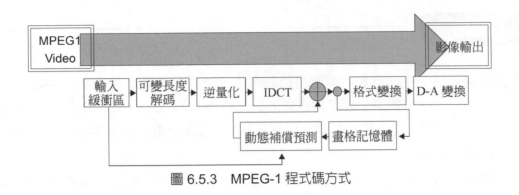

圖 6.5.3　MPEG-1 程式碼方式

6.5.6　MPEG 的程式庫

　　MPEG 的複合化方式必須在一定時間內，將數張動態圖像解碼，透過 LCD 等顯示裝置顯像。因此時間上的限制比較多，也容易受到顯像機構的性能影響。與 Windows System 或即時核心配套提供時，經常有使用環境被指定的情況。所以在選擇 Windows System 的時候，必須考慮對 MPEG 的適用性。

　　此外，並非只有像 Windows System 的軟體，像嵌入式系統在處理動畫的時候，也經常使用 DSP(Digital Signal Processor) 或專用的硬體。換句話說，在 MPEG 程式庫的使用上，經常遇到購買軟硬體混合組件的情形。這種情形下，經常發生中途的變換過程被隱藏在硬體內，或是輸出處直接對畫格緩衝區輸出，為的就是爭取處理速度。為此有時候必須禁止動畫播放時移動顯示視窗，對軟體加以限制。

總結

　　本節概觀被稱爲中介軟體的軟體組件的定位，並且針對產品內容進行說明。在這裡特別針對高性能應用軟體架構必須具備的嵌入式導向的 Java，資訊網路家電等與外界通訊時的協定堆疊，傳收資料的儲存檔案系統，以及顯示靜止／動態畫面的 JPEG 與 MPEG 的圖像程式庫等四大項進行解說。

　　這些都算是組件而且各自具有高度的機能，可以輔助用來減輕嵌入式系統技術開發者的負擔。

1) 嵌入式系統使用的軟體組件(中介軟體)

　① 嵌入式系統的中介軟體用來做爲實現功能的組件。

　② 即時核心在使用上，就應用軟體而言，可分爲即時性應用軟體與非即時性應用軟體兩種模式。

2) 嵌入式系統使用的 Java

　① 相較於一般的 JavaVM，做爲嵌入式用途的 JavaVM 爲了配合用途經過多次改良。

　② JavaVM 由數個模組所組成。

　③ JavaVM 利用 JNI 技術進行移植。

3) 嵌入式系統使用的協定堆疊

　① 協定堆疊的概念請參考 OSI 參考模型。

　② TCP/IP 的每一層都各自具有功能，提供作爲整體功能的用途。

4) 嵌入式系統使用的檔案系統

　① 檔案系統採三層結構，提供各自具有的獨特功能。

5) 嵌入式系統使用的 JPEG 與 MPEG 程式庫

　① JPEG 程式庫主要以靜止畫面爲處理對象。

　② JPEG 壓縮方式的壓縮率高，可以進行品質調整。

　③ 所謂的 MPEG 程式庫是指動態畫面用的程式庫。

　④ MPEG 的壓縮方式依目的不同有多種規格存在。

習題

問題 1　請舉出三種在嵌入式系統的 Java 所使用的編譯器，並說明各自具備的特徵。

問題 2　請舉出協定堆疊的概念中通訊協定提供的最重要的三種事項，並針對各事項做說明。

問題 3　檔案系統內包含儲存履歷的類型，請說明其名稱和效果。

問題 4　請說明使用於基本處理方式的 JPEG 處理流程。

第7章

嵌入式應用軟體

　　我們可以將嵌入式應用軟體定義為滿足嵌入式系統要求目的與規格的系統軟體。為建立電腦與實體世界或外界之間的互動關係所開發的嵌入式軟體，其開發背景在嚴格條件的限制下，應具備高度的安全性與信賴性。

　　本書內提到的應用軟體，主要是從「嵌入式軟體的多層模型(Layer Model)」的方向切入探討。嵌入式軟體必須在上述目的與規格的前提下，進行各項考量評估。從符合安全性與信賴性為前提的支援功能，到確保應用軟體動作無誤的設定與架構等各項考量事項，按照多層模型逐一進行解說。此外並就各模式的觀點針對 PDA、數位相機、遙控器(Remote control)等應用電子設備加以說明。

7.1 嵌入式應用軟體的特性
嵌入式應用軟體的用途為執行嵌入式系統的功能要求，大多是在受限的條件下進行開發。值得一提的是在安全性與信賴性方面具有高水準的特性。

7.2 嵌入式應用軟體的多層模型概論
作為歸納嵌入式軟體功能與實作的方法，就嵌入式軟體的多層模型進行探討。

7.3 嵌入式應用軟體的例子
為進一步具體說明嵌入式應用軟體，舉先前第 2 章曾經出現過的 PDA、數位相機、遙控器為例，根據 7.2 節提到的嵌入式軟體的多層模型，對於軟體結構與從事開發時的注意事項進行剖析。

7.1 嵌入式應用軟體的特性

本章就嵌入式應用軟體從功能規格、各種限制條件、安全性與信賴性等不同角度進行說明。此外並針對近來的趨勢與可用性(usability)的重要及軟體規模與軟體結構做說明。

7.1.1 符合系統功能規格

嵌入式應用軟體的主要目的在於符合嵌入式系統的功能規格。本節僅就其開發目的，並且針對嵌入式應用軟體與實體世界之間的互動關係和市場流通性加以說明。

1) 為目的設計的軟體

英文的 Application 意指應用。在通用型電腦系統上使用的除了基本軟體(相當於作業系統等平台)之外，還包括用來處理計算的軟體載入與輔助運作的應用軟體。通用型電腦系統的特性在於具有高速的計算功能。電腦系統的使用者(用戶)可藉由配備的應用軟體，讓使用者獲得完成預期目標的功能。

與通用型的情況相同，嵌入式系統將為達成某種目的而開發的軟體稱之為應用軟體。但嵌入式系統與泛用電腦系統不同的地方在於，前者是為了特定目的而設計的電腦系統。也因此嵌入式系統用來執行的應用軟體(圖 7.1.1)在系統整體上具有完整的功能規格。

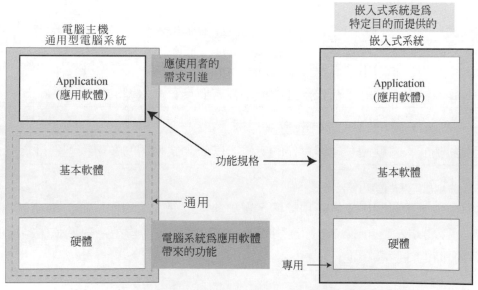

圖 7.1.1　通用型與嵌入式系統的應用軟體架構圖

嵌入式系統視各個產品及系統，其目的分布十分廣泛。主要是因為世界上幾乎所有的產業都需要用到嵌入式系統。舉例來說就日本總務省統計局發佈的「日本標準產業分類」(2002 年 3 月修訂)，其中本書涵蓋的產業如下。

農業、林業、漁業、礦業、建設業、製造業、發電、瓦斯、熱供給業、自來水業、資訊通訊業、運輸業、批發零售業、金融保險業、不動產業、飲食業、住宿業、醫療業、社會福利業、補教業、服務業等等

請試著想像上述分類的各項產業，個別使用的是怎樣類型的嵌入式系統。在農業中所使用的農耕機械或監視控制系統，還有像林業的工作機器及監視系統等設備，一提到這些應該不難想像嵌入式系統的目的涵蓋廣泛。

以周遭常用的應用軟體為例，諸如具備行動電話的通訊與電子郵件；數位相機的攝影；空調設備的冷暖氣與時間設定等應用功能。

2) 與實體世界之間的互動關係

提到嵌入式應用軟體的性能特性，可以舉能夠與電腦外界(實體世界)進行互動來說明。更具體的說，好比使用行動電話透過無線通訊與對方通話；使用數位相機調整光量與鏡頭(變焦鏡頭或光圈)；空調設備的室溫與冷媒等都是與我們有切身關係的應用軟體(圖 7.1.2)。

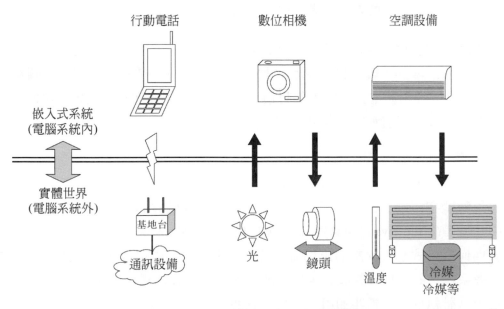

圖 7.1.2　與實體世界之間的互動關係

另一方面通用型則具有處理電腦系統內部封鎖資訊(資料)的特性。這些系統在與外界進行介面通訊時，經由連結到介面部分的嵌入式系統，將物理現象轉換成電腦系統可以控制的資訊(資料)格式。

想要透過 CD-ROM 讀取資料並加以列印時，利用嵌入式系統的 CD-ROM 驅動程式，將雷射光線照射在 CD-ROM 上即可讀取資料。列印時使用噴墨式印表機將微細墨滴噴出至紙張上，以點矩陣方式做列印(圖 7.1.3)。

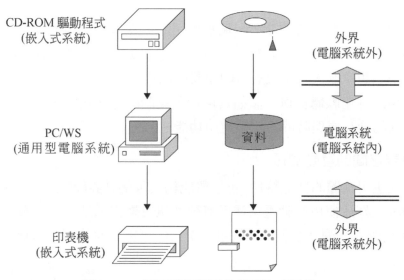

圖 7.1.3　通用型電腦系統與嵌入式系統

近年來隨著硬體性能的提升與使用者的需求增加，透過嵌入式應用軟體進行資料處理的比率也隨之增加。就以日常生活來說，利用行動電話撰寫郵件或編輯圖案就是常見的例子。這些都屬於電腦系統內部封鎖資訊(資料)的製作與編輯功能，與通用型電腦系統相同之處在於不負責處理與外界的關係及物理現象。

3) 應用軟體的市場流通性

與通用型應用軟體相較嵌入式應用軟體在市場流通所佔比例不高。像網路瀏覽器等部分應用軟體在市場上雖然有流通，不過這只是各種裝置的共通功能，市佔率高的還是以中介軟體(Middleware)與軟體部分為主(圖 7.1.4)。

至於為何嵌入式應用軟體的市場流通性低，主要的理由可以舉嵌入式應用軟體本身的產品與系統目的，以及開發企業的專門技術(Know-How)與機密情報，甚至於提供嵌入式應用軟體執行的硬體非通用型等為例說明。

如先前提到的嵌入式應用軟體的目的在於滿足產品與系統的功能規格，而這也可

以說是產品與系統本身的特性使然。提供使用者高品質(高功能、高性能、高信賴性)的產品與系統,是從事嵌入式應用軟體開發的企業努力的目標。而為了在產品上取得競爭優勢從事的設計與開發,包括硬體規格在內,確保企業機密資料防護等技術,這些都可以說是企業 Know-How 機制的集大成。

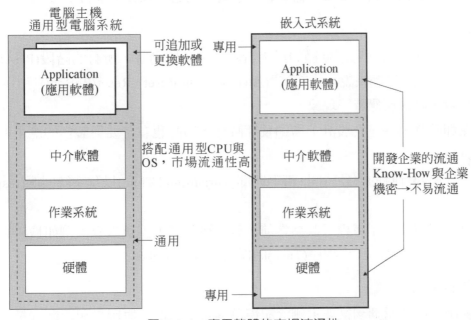

圖 7.1.4　應用軟體的市場流通性

　　另外一個理由是,嵌入式系統屬於專為目的而設計連同硬體在內的自訂電腦系統,再者嵌入式應用軟體的設計出發點為可於特定硬體上自由運作。從這裡可以看出為滿足需求,系統硬體的結構規格在要求嚴苛的條件下,展現出最佳的性能。

　　不過實際上嵌入式應用軟體也有部分流通於市場。這種軟體不限定動作的硬體或作業系統,屬於提供特殊功能的軟體,一般稱之為中介軟體。嵌入式應用軟體主要以商品和系統區隔性為主力,我們可以把嵌入式應用軟體當作是商品和系統本身。向外界調度作業系統或中介軟體作為組件,致力於開發應用軟體的機器製造廠也在逐漸增加中。

7.1.2　限制條件

　　嵌入式應用軟體具有可在各種設限下從事設計與開發的特點。以下幾項為代表性的限制條件。

- 即時性
- 記憶體容量
- 省電力
- 與硬體的同步開發

開發最佳的嵌入應用軟體時，需要在上述要求的嚴苛條件下進行。

1) 即時性

即時性可說是嵌入式應用軟體的最大特點。系統啓動時，所有的階段(PHASE)都會被要求即時啓動。具體來說好比系統啓動(Power On Reset、Reset/ReBoot)時，某種要求現象發生時，障礙反應時等現象。

爲確保即時性，除了在設計上需顧及即時性，同時也有必要對製作的應用軟體進行調校(tuning)。

調校在於使執行時的啓動時間，轉迴時間(Turnaround Time)以及系統回應(response)達到最佳化。

在改寫程式或使用組譯程式改寫之前，有些事項必須重新檢視。例如檢討與其他系統或硬體間的連動性，工作程序(Task)的優先順位以及通訊方式。

2) 記憶體容量

嵌入式應用軟體常遇到被要求刪除記憶體容量的情況。原因是記憶體容量大小對產品成本造成的影響很大，特別是大量生產的產品其影響程度更加顯著。

在實作工程以後的開發過程，就每天或每週的頻率進行監控檢查，從這點不難看出記憶體容量受重視的程度。

嵌入式應用軟體配備 ROM(唯讀記憶體)、Flash ROM(快閃記憶體)、RAM(隨機存取記憶體)等記憶體。就 ROM 的容量來看，可從作業系統以及應用軟體構成的整個軟體的程式碼容量與資料容量做靜態的預估與計算。不過在使用 RAM 的資料方面，由於有動態的變動與 SRAM 價格過高的考量，因此有必要進行最佳化。特別是在使用 RAM 的資料當中，不易進行容量的預估與監控檢查的是堆疊區域(stack area)。

堆疊記憶體需根據各工作程序以及軟體整體所需的堆疊量進行預估。具體來說從製作函數的呼叫樹狀圖(Call tree)，以及預估各函數的參數與局部記憶體(Local memory)開始。使用作業系統時按照各個工作程序進行預估，包含作業系統的額外工作(Overhead)在內，預估各工作程序的堆疊容量(如圖 7.1.5)。

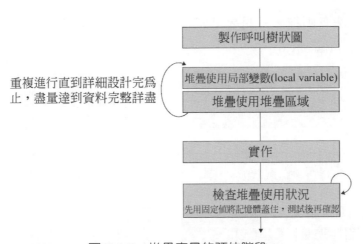

圖 7.1.5　堆疊容量的預估階段

　　在上流工程只就概算程度進行預估。或是使用過去類似系統的資料進行預估。由於常見與硬體同時開發的例子，也因此有必要將預估的錯誤減少到最低程度。之後每當進行設計時設法詳細化，以提高估算的精確度。

　　以組譯程式進行確認，一發生問題即採取刪減函數的呼叫數或刪減參數、局部記憶體等方式對應。在實作工程以後使用抹除記憶體工具「自行製作的工具，安裝 ICE 的巨集指令(MACRO)等」，先用特定的值將堆疊記憶體(stack memory)掩蓋。執行測試的執行程序之後，經由是否有超過堆疊區域的檢查，可以進一步監控並確認堆疊溢位的情況。

　　對於發生中斷時的堆疊操作應多加留意。因為依 MPU 造成干擾的堆疊指標(stack pointer)的規格也不同，還有用組譯程式描述的情形也常發生，所以應該在設計階段多留意堆疊的深度是否有被破壞，同時在測試期間也需要加強確認。此外也要留意發生中斷時，裝置驅動程式使用的堆疊大小。關於引進作為組件用的軟體使用的堆疊區域，記得注意其資訊來源與動作確認，確保記憶體的最佳容量。

3)　省電力

　　嵌入式系統被用來作為各種裝置或系統等用途廣泛。使用的電源呈多元化發展，從微弱的太陽能電池、乾電池、充電電池到 100V、200V 的電源皆是。就延長電池驅動時間帶來的便捷，以及保護生態環境的省電設計與縮減運轉費用(電費)等觀點來看，省電力是不可忽視的重大課題。

　　就通用型系統而言，在某些情況下計算能力的優先程度高於消費電力，另一方面嵌入式應用軟體則是要求在既定條件下，發揮最大性能的同時也必須達到省電的功能。

實現省電的方法有兩種，一是盡可能想辦法讓軟體動作停止，還有一種是盡可能停止硬體電路的動作(圖 7.1.6)。

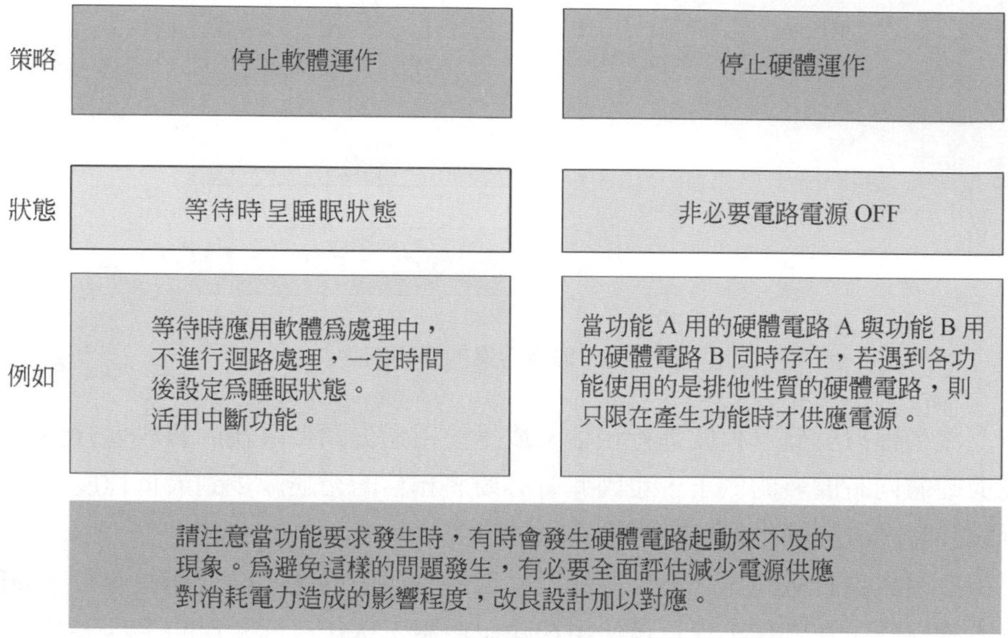

策略	停止軟體運作	停止硬體運作
狀態	等待時呈睡眠狀態	非必要電路電源 OFF
例如	等待時應用軟體為處理中，不進行迴路處理，一定時間後設定為睡眠狀態。活用中斷功能。	當功能 A 用的硬體電路 A 與功能 B 用的硬體電路 B 同時存在，若遇到各功能使用的是排他性質的硬體電路，則只限在產生功能時才供應電源。

請注意當功能要求發生時，有時會發生硬體電路起動來不及的現象。為避免這樣的問題發生，有必要全面評估減少電源供應對消耗電力造成的影響程度，改良設計加以對應。

圖 7.1.6　實現省電的方法

要做到讓軟體動作停止的方法，可以試著提高 MPU 轉成 SLEEP 狀態的機率。當遇到現象、資料輸入或等待回應的情況時，MPU 即轉換為 SLEEP 狀態。舉個例子說，好比待機時設定為一定時間後進入 SLEEP 狀態的處理，以及活用中斷的方式。

相對的停止硬體電路動作的方法，是縮減多餘動作的硬體電路提高其供應電源的機率增加。例如當功能 A 用的硬體電路 A 與功能 B 用的硬體電路 B 同時存在，若遇到各功能使用的是排他性質的硬體電路，則只限在產生功能時才供應電源。

再則也有類似數位相機，除了主 MPU 外內置輕小省電的 MPU，以及限制消耗電力大的主 MPU 及元件處理的動作及電源與時脈提供的方法。

要注意的是有時會遇到功能要求發生時，硬體電路來不及啟動的情形。為避免這樣的問題發生，有必要全面檢討減少電源供應對消耗電力造成的影響程度，改良設計加以對應。

4)　與硬體的同步開發

在嵌入式應用軟體的開發上，常見的是與硬體同步開發的方式。主要因為嵌入式系統的目的在於開發最佳化的硬體與軟體。這樣的結果促使硬體的規格呈現多樣化，

也因此必須配合規格開發最佳化的嵌入式應用軟體。

　　至於執行嵌入式應用軟體少不了的處理器，其產品選定的著眼點在於適用目的與否。一般都知道 DOS/V 規格的電腦使用 Intel 的處理器，而麥金塔電腦(Macintosh)大多數搭載 Motorola 與 IBM 的處理器。

　　嵌入式系統除了這些使用於電腦的處理器之外，還搭載各半導體製造商供應的 CISC 處理器，以及處理器 IP 廠商供應的 RISC 處理器。

　　要注意這些處理器之間存在的各種差異性。特別是在嵌入式應用軟體開發上應該留意記憶體空間與控制的差異，指令規格的差異，匯流排(Bus)與中斷方式。本節將針對記憶體以及與指令相關的字節序(Endian)的差異性加以說明。

　　字節序(Endian)分大尾序(Big-Endian)和小尾序(Little-Endian)兩種。當記憶體位址由低位址開始向高位址排列時，先把較小的位數(LSB：Least Significant Byte)存入的這種方式稱為 Little-Endian。至於 Big-Endian 則是指「處理器一次處理的單位資料，較高位數的資料放在較低的位址」(圖 7.1.7)。

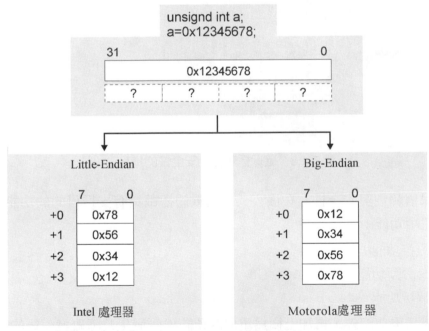

圖 7.1.7　Little-Endian 與 Big-Endian

　　數值資料型態 byte、char 還不至於產生問題，相較上 short、long 的資料宣告或使用含這些結構在內的時候要特別注意。除了在嵌入式系統動作的所有軟體進行重新編譯(recompile)的情況外，其他像是有摻雜組合語言碼的情況或是使用程式庫(library)與

物件(Object)提供的模組時應多加注意。在網路上傳輸資料基本上以 Big-Endian 爲主。順帶一提，近來的 RISC 處理器已經可以選擇 Endian。

7.1.3 高信賴性與穩定性

嵌入式應用軟體講求的是高信賴性與穩定性。實現信賴性與穩定性的方法，有安裝於應用軟體上加強性能，以及在開發工程確保信賴性與穩定性等兩種方法(圖 7.1.8)。

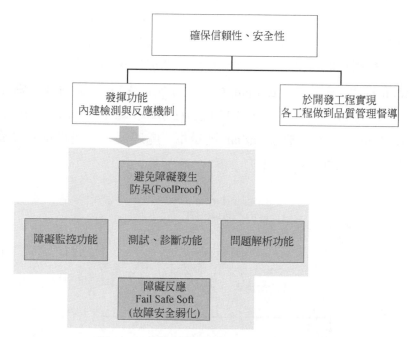

圖 7.1.8　確保信賴性、安全性的措施

爲了確保信賴性與安全性，在嵌入式應用軟體搭載具有支援目的的功能。具體來說包含下列三項功能：

● 障礙監控功能
● 測試、診斷功能
● 問題解析功能

除了上述三項功能外，再加上極爲重要的預防障礙發生及障礙發生後的反應。

1) 障礙監控功能

監控機器、系統的故障或障礙發生的功能即爲障礙監控功能。檢測故障或障礙有兩種方式。一是以硬體通知作爲中斷的方式，另一種是軟體監控故障或障礙的方式。採用這些方式是基於對故障或障礙造成影響的考量。

WDT(Watch Dog Timer)意謂看守系統運作是否正常的看門狗，具有監控軟體失控或停止的功能。系統啓動後 WDT 即開始動作，軟體會定期抹除看門狗(WDT)。因軟體的異常運作或停止導致抹除動作無法執行時，則產生中斷進行障礙通知，或重新設定系統。嵌入式系統常見不需人手動操作即可自主運作的情形，也因此需要看門狗加以監控。

在進行 Debug(除錯)作業有時需要停止(設無效)WDT 的功能。當 ICE 等發生軟體中斷(Software Break)時，系統會透過 WDT 進行重新設定，導致問題解析需要的資料被重設(RESET)。

2) 測試、診斷功能

測試、診斷功能在於積極檢知系統是否有故障或障礙，對於硬體的組件也進行特定的測試與診斷操作。有些已經在硬體內建測試診斷功能，也有的是經由軟體操作順序來進行測試診斷。

本功能除了用於維護作業，有時也會在製造工程中使用到。當發生問題時釐清問題的維護作業，可分爲專門維護人員使用的功能，以及一般使用者將問題現象與狀況向維護人員報告等兩種情況。對於在製造工程中的使用，將測試診斷的觸發器(trigger)從製造、檢查機(主機)傳給 MPU，再由 MPU 的內部進行各種功能(硬體爲主)的測試診斷。藉此可將與製造、檢查機之間的連繫降低到最低程度，達到縮短測試診斷時間的目標(圖 7.1.9)。

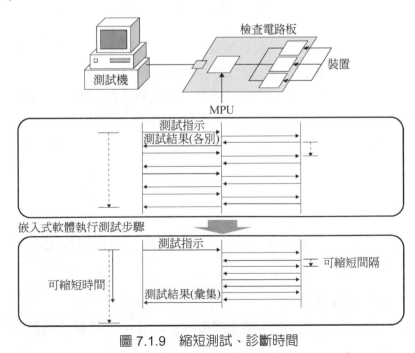

圖 7.1.9　縮短測試、診斷時間

3) 問題解析功能

問題解析功能為當問題發生時，支援資訊分析的功能。進行測試或除錯時也會用到這項功能，有些是在出貨後為了解析問題才載入的。像行程記錄(Logging)或監視器(記憶體的讀取)都屬於這項功能(圖 7.1.10)。

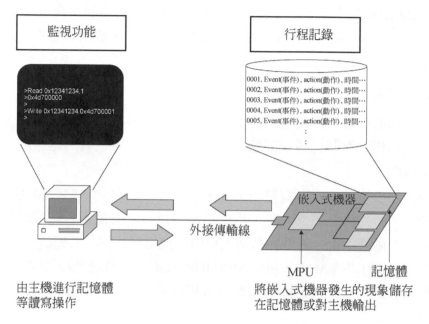

圖 7.1.10　監視功能與行程記錄

行程記錄不至於像 ICE 可以用來蒐集資訊，但是能夠將模組與函數的行程記錄下來。使用 print 指令將特定訊息記錄於記錄區域(Log Area)，或對外部輸出訊息。在內部記憶體進行預留記錄區域的記錄時，必須想辦法在有限的記憶體容量內記錄適當的資訊。有必要針對輸出資訊與蒐集期間，訊息容量(Byte 數)等作折衷評估。

對外界傳遞訊息時，需對輸出訊息量與介面速度進行調校。透過串列式介面(Serial Interface)對外界輸出訊息的時候，以工作程序等級被處理。當高等級的工作程序佔用處理時，則會發生訊息輸出延遲或無法正常輸出的情形。因此實作時要充分留意優先順序與時間點。

即使對於不同開發的裝置這些功能仍然可以適用。藉由組件化與記錄文件的完備，達到提升作業效率的目標。

4) 預防障礙發生與障礙反應

為了確保信賴性與安全性，除了避免障礙或故障發生，障礙或故障發生後的反應

也是重要的一環。避免障礙或故障發生的方法有防呆(Fool Proof)設計，這是基於為避免系統產生誤動作或人為疏失，藉由操作上的限制與設想，加上警告等來預防。

障礙或故障的反應基於 Fail Safe(故障安全)與 Fail Soft(故障弱化)的設計方針，採取最適切的反應。可以舉在 Fail Safe(故障安全)的情況下，使得系統完全不能動作，或透過多餘結構持續動作(容錯：Fault Tolerant)為例。Fail Soft(故障弱化)採取衰弱功能持續動作的方式(圖 7.1.11)。

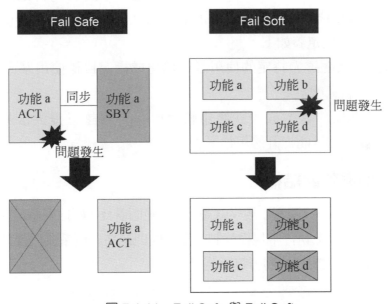

圖 7.1.11　Fail Safe 與 Fail Soft

開發工程確保信賴性、安全性的方法，在之後的第 8 章會有詳盡的解說，在此可以舉中介軟體，或在既有的嵌入式應用軟體載入具驅動實際的軟體組件的方法為例。這樣的做法重點在於保證安裝軟體組件的品質，藉此提升信賴性與開發效率。

> **名詞解釋**
>
> **障礙定義**
>
> JIS 及 ISO 對障礙作了以下的說明。
> - 計算機程式內之不正常步驟、程序或資料的定義(JISX0133-1)。
> - 執行要求功能的產品性能不足的狀態，或產品不具備在預先規格化限制內執行功能的性能狀態(ISO8402：1994)。
> - 同時具備上述兩項定義的情況(JISZ8115)。
> - 歸類為故障(所謂現象)原因之障礙。
> - 歸類為由故障(所謂現象)引起的狀態之障礙。

7.1.4 可用性(usability)的重要

嵌入式應用軟體一定有使用者存在。使用者的屬性分佈廣泛可劃分如下：

● 以消費者(consumer)為對象的機器使用者：例如家電、AV 設備。
● 產業工作機械的操作者：例如 LSI 製造機器。
● 事務機器的操作者：例如列印機。

如同上述，使用對象從訓練有素到缺乏對電腦設備知識(literacy)涵蓋範圍很廣。嵌入式應用軟體有必要對這些使用者提供使用的簡便性，同時也要確保可用性。

ISO9241-11 將可用性定義如下：

「在特定的使用狀態透過特定的使用者，為達成指定目標使用某產品時的有效性、效率以及使用者滿意度。」

就無法假定專業操作者的嵌入式應用軟體而言，應該以提供優越的 UI(User Interface)為必要條件，盡可能提升適用性。

7.1.5 軟體規模與軟體結構

嵌入式應用軟體從大規模軟體到小規模軟體，涵蓋範圍廣泛。好比有些是在單晶片微電腦(one-chip micrcomputer)上執行小規模軟體，而有些則是在一個系統內準備數個處理器(多重處理器)，個別執行大規模軟體等包羅萬象。

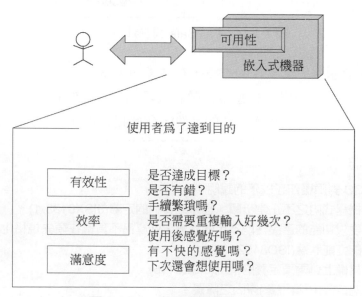

圖 7.1.12　嵌入式機器的可用性

　　小規模的嵌入式應用軟體搭載的並非通用的 RTOS，而是常見的專用執行控制功能並在上面內建應用軟體。專用的執行控制功能也屬於小規模，配備有應用軟體所需要的基本功能。因為搭載於微電腦已經調校為最佳化，雖然缺乏通用性與流通性，不過卻能在嚴苛的限制條件下發揮最佳的性能。

　　另一方面大規模的嵌入式應用軟體是在作業系統或中介軟體等平台上建立應用軟體。選擇適用於應用軟體的作業系統或中介軟體，連應用軟體本身的開發也是基於可延用至其他機種為前提。

　　再說數位電視配備的是作為軟體共通機種的作業系統以及程式庫。藉由對日本、美國、歐洲等各地發包進行開發與安裝應用軟體，可縮短開發期間並降低成本，達到確保品質的目標(圖 7.1.13)。

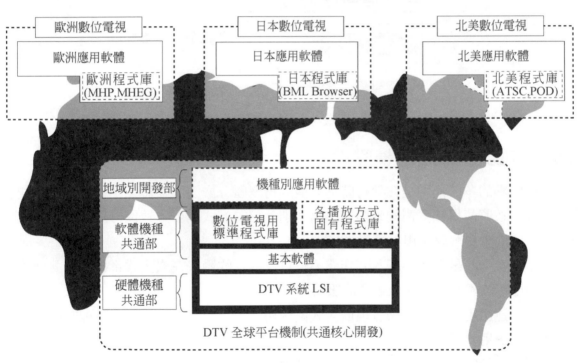

圖 7.1.13　數位電視的軟體結構

　　實際上在選擇這些軟體結構時，並非從軟體規模而是從開發的各項條件選擇。像是企業策略、成本考量(開發成本、含記憶體容量的產品)、開發期間、開發體制(保有技術、委外作業)、延用系統(硬體、軟體)等多半的參數都是用來作為判斷的基準。

第1章　第2章　第3章　第4章　第5章　第6章　第7章　第8章　附錄　章末習題解答

7.2 　嵌入式應用軟體的多層模型概論

在此就第 1 章介紹過的嵌入式應用軟體的多層模型進行詳細的解說，並連同技術動向一併說明(圖 7.2.1)。

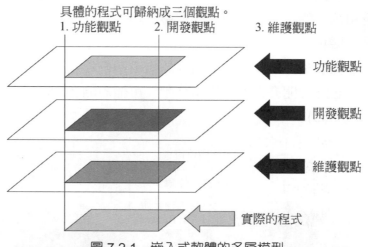

具體的程式可歸納成三個觀點。
1. 功能觀點　　2. 開發觀點　　3. 維護觀點

功能觀點

開發觀點

維護觀點

實際的程式

圖 7.2.1　嵌入式軟體的多層模型

7.2.1 　功能觀點的多層模型

功能觀點的多層模型是在執行時從功能的角度區分嵌入式軟體，不管在泛用式或嵌入式都是按照使用頻率高的軟體層結構個別分類的方式。可大致區分為像作業系統或中介軟體的平台層或應用軟體層(圖 7.2.2)。

作業系統指的是平台、嵌入式作業系統以及中介軟體，在嵌入式系統具有共通的功能，對應用軟體提供動作上需要的服務。

如同上述應用軟體是用來實現嵌入式系統功能規格的軟體，可劃分為即時應用軟體與非即時應用軟體。

舉例來說像數位電視是在基本軟體安裝中介軟體後，再於上面外加選台、播放、節目表、節目預約等應用軟體(圖 7.2.3)。

基本軟體是由以搭載嵌入式作業系統的 Linux 核心與系統 LSI 的錄影機和音響設備為主的裝置控制所構成。

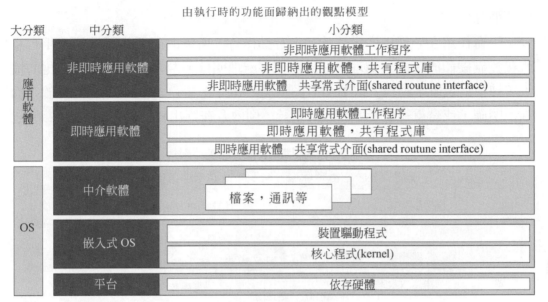

圖 7.2.2　功能觀點模型

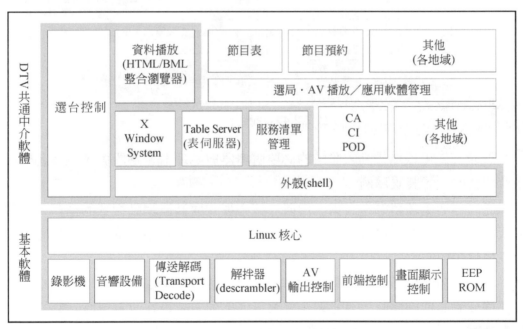

圖 7.2.3　數位電視的基本軟體結構

1)　作業系統

作業系統指的是平台、嵌入式作業系統以及中介軟體，在嵌入式系統具有共通的功能，對應用軟體提供動作上必要的服務。

(1) 平台

平台作用在於提供嵌入式軟體進行動作時，所需的硬體相關功能。平台意指
直接控制硬體的功能與處理，在硬體依存處理明確分離及介面界線明確化的情況
下，被稱為裝置驅動程式或 HAL(Hardware Abstraction Layer)。相反的對於介面界
線不明確，或是重視性能的嵌入式系統，則內含在應用軟體的模組(圖 7.2.4)。

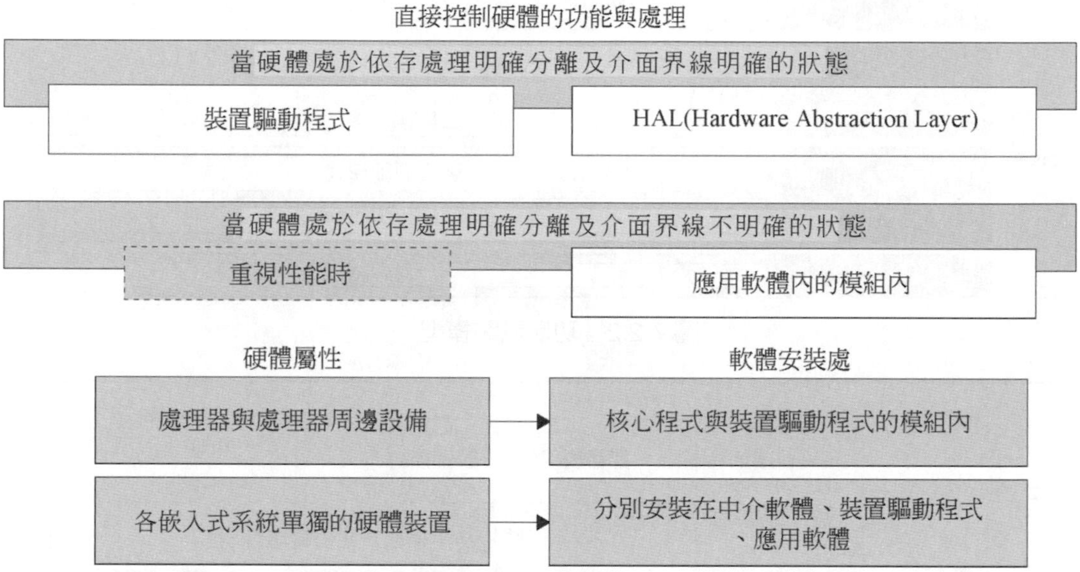

直接控制硬體的功能與處理

當硬體處於依存處理明確分離及介面界線明確的狀態

裝置驅動程式	HAL(Hardware Abstraction Layer)

當硬體處於依存處理明確分離及介面界線不明確的狀態

重視性能時	應用軟體內的模組內

硬體屬性	軟體安裝處
處理器與處理器周邊設備	核心程式與裝置驅動程式的模組內
各嵌入式系統單獨的硬體裝置	分別安裝在中介軟體、裝置驅動程式、應用軟體

圖 7.2.4　硬體控制

硬體裝備可以舉帶動軟體時的必要處理器與處理器週邊設備，以及各嵌入式
系統單獨的硬體裝置為例。

處理器與處理器週邊設備，內置於核心程式與裝置驅動程式的模組。有關各
嵌入式系統單獨的硬體裝置，有許多情況是分別安裝在中介軟體、裝置驅動程式
與應用軟體內的。

至於就功能來看，可將這些硬體歸納作為硬體依存部分的最下層。當硬體依
存部移植到其他硬體時，有必要全部改寫。下列方式可在改寫或設計當初適用於
多數硬體。

- 判定程式中顯示硬體類別的旗標，選擇處理方式。
- 視原始碼(source code)#ifdef 等個別情況於編譯時選擇處理方式。
- 透過 makefile 選擇連結硬體控制模組。

(2)　嵌入式作業系統

嵌入式作業系統從提供小規模嵌入式應用軟體動作時，所需最低限度服務的執行控制，到搭載由核心程式與裝置驅動程式構成的 RTOS 與視窗系統、檔案系統、通訊協定等多元化作業系統，涵蓋範圍廣泛。

提到嵌入式作業系統，經常讓人有一種就是由核心程式與裝置驅動程式構成的 RTOS 的印象。不過也經常可見搭載最基本的執行控制或多元化作業系統的嵌入式系統。

選擇嵌入式系統搭載的作業系統時，可從開發等各項條件加以選擇。像是企業技術策略、成本考量(開發成本、授權費用、內含記憶體容量的產品)、開發期間、開發體制(保有技術、委外作業)、延用系統(硬體、軟體)等多項參數都是用來作為判斷的基準。

(3)　中介軟體

採用中介軟體將有益於應用軟體的功能，隱藏於作業系統或硬體的方式提供，也可流通於在其他系統共通使用的功能形態。像企業導向的系統，採用的大多是提供分散物件環境的 CORBA(Common Object Request Broker Architecture)或 TP(Transaction Processing)監視器、MOM(Message Oriented Middleware)等中介軟體。

就嵌入式系統而言，依嵌入式作業系統的功能提供程度不一，中介軟體的功能範圍也不同。核心等級的作業系統，像 TCP/IP 等網路通訊協定堆疊以及檔案系統都被視為中介軟體。就通用型等多元化的作業系統而言，上述的通訊協定以及檔案系統被用來當作作業系統的功能，X-Window 等的 GUI 或視窗系統以及日文假名漢字變換功能等也被當作中介軟體使用(表 7.2.1)。

表 7.2.1　不同作業系統對中介軟體的處理差異

	通訊協定	檔案系統	視窗系統	日文假名漢字變換
核心等級的作業系統	中介軟體	中介軟體	中介軟體	中介軟體
相當於通用型的作業系統	作業系統功能	作業系統功能	中介軟體	中介軟體

舉下列具體的例子說明嵌入式系統使用哪些中介軟體。

● 　通訊協定(TCP/IP)。

● 　安全功能。

● 　使用者介面。

第1章
第2章
第3章
第4章
第5章
第6章
第7章
第8章
附　錄
章末習題解答

- 媒體壓縮／解壓縮(MPEG、CODEC 等)。
- 圖像處理、識別。
- 音聲識別、合成。
- 檔案系統。
- 數學程式庫。
- 日語處理。
- 應用軟體模組(網路瀏覽器、電子郵件功能等)。

2) 應用軟體

應用軟體可從即時應用軟體與非即時應用軟體兩種觀點加以探討。

即時應用軟體實現嵌入式系統的最大特徵，就是必須要有即時性的系統功能。就計測與控制處理而言，即時應用軟體在與電腦系統的外界產生互動時是不可或缺的。好比 CD-ROM 驅動程式的感測器與致動器控制，噴墨印表機的墨水噴射控制等都屬於即時應用軟體。

非即時應用軟體是一種不要求即時性的應用軟體，代表性的有使用者介面以及使用解譯器執行應用軟體。PDA、行動電話的 PIM 功能或瀏覽器等則屬於非即時應用軟體。

7.2.2 開發觀點的多層模型

開發觀點的多層模型是為開發所使用的工具或環境區分嵌入式軟體的模型，可說是以跨平台(Cross Development)為主導的嵌入式應用軟體特有的模型。可大致劃分為依存使用處理器與硬體的開發，以及不依存處理器與硬體的開發(圖 7.2.5)。

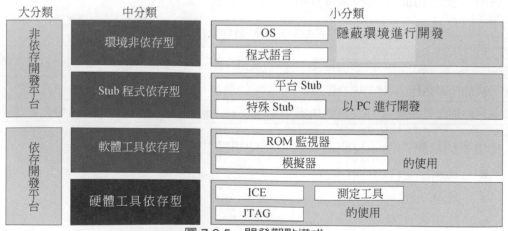

圖 7.2.5　開發觀點模式

平台層可分為硬體工具依存與軟體工具依存兩種。硬體工具依存層需要使用嵌入式系統開發(除錯)特徵的 ICE/JTAG，或邏輯分析儀(logic analyzer)／示波器(oscilloscope)等進行作業。軟體工具依存層比起硬體工具依存層性能優越，但是作業時必須有 ROM 監視器或模擬器(simulator)的輔助。

平台非依存層可分為 Stub 程式依存層與環境非依存層。Stub 程式依存層不需透過硬體環境，採用可在 PC/WS 架構可模擬硬體環境的作業方式，藉此進行程式開發。環境非依存層可在不具備嵌入式系統開發特色的跨平台環境下進行開發。可以假定諸如嵌入式系統內建 PC/WS 的系統架構，或安裝 Java 等應用軟體平台等情況。

1)　平台依存層

平台依存層可歸納為硬體工具依存層與軟體工具依存層。硬體工具依存層需要使用具嵌入式系統開發(除錯)特徵的 ICE/JTAG，或邏輯分析儀／示波器等進行作業。就軟體工具依存層而言，相較於硬體工具依存層屬於不需要蒐集嚴密資料的相層，相反的卻需要使用 ROM 監視器或模擬器調整時間點與驗證即時性。

在開發現場的製造工程尚未開始前，應該與硬體工程師著手架構開發環境與事前的驗證作業。就嵌入式系統來說常見與硬體同步開發的情形，在嵌入式應用軟體開發上所使用的都是沒有實際運作過的硬體。因此在正式開始運轉操作環境之前，有必要確認基本動作以期提高作業效率。

進行開發環境架構與事前驗證(基本動作確認)時，應確認軟體驗證必備的硬體功能以及使用 ICE/JTAG、監視器用的介面(串列式介面，Serial Interface)作接續確認。

進行上述作業需要具備專業的硬體知識。負責人數不需要太多，但是必須指派具備高度硬體和軟體技術的人員。

(1)　硬體工具依存層

硬體工具依存層可以說是嵌入式系統開發(除錯)的特徵，使用 ICE/JTAG 或邏輯分析儀／示波器等儀器進行開發(驗證)。

ICE(In Circuite Emulator)模擬嵌入式系統的 MPU，用來作為提供下列功能的嵌入式系統的驗證支援機器。

- MPU 暫存器與記憶體的讀寫。
- 指令的步驟執行、程式停止(間斷)。
- 程式的執行記錄(Log)、資料的變化記錄等。

進行除錯時充分運用上述的 ICE 功能蒐集資訊並分析問題。ICE 能夠支援 C 語言等高階程式語言，實際上的功能包括以機械語言等級動作的程式讀取，以及

暫存於主機(PC/WS 等)的高階程式語言的原始碼(source code)讀取，還有原始碼級的執行與停止，以及有效率執行變數名讀寫的記憶體等除錯作業。當然也可以進行組合語言等級的操作。

另外也有對應 RTOS 的 ICE，具備像時間曲線圖出示工作程序的執行狀態的功能，以及各工作程序的程式間斷或記憶體可讀寫的功能。相對於後述的 JTAG-ICE 被稱為 Full-ICE(全模擬 ICE)。

JTAG(Joint Action Group)指的是國際測試標準 IEEE1149.1 Boundary-Scan(邊際掃描測試技術)用的架構以及串列埠(serial port)。邊際掃描是一種檢查 IC 晶片的方式，JTAG 指的並不是模擬器本身的功能，而是使用這項機構實現媲美 ICE 的模擬功能，因此被稱為 JTAG 模擬器。Full-ICE 的用途是代替 MPU，而 JTAG 使用的卻是 MPU 的除錯支援功能(圖 7.2.6)。

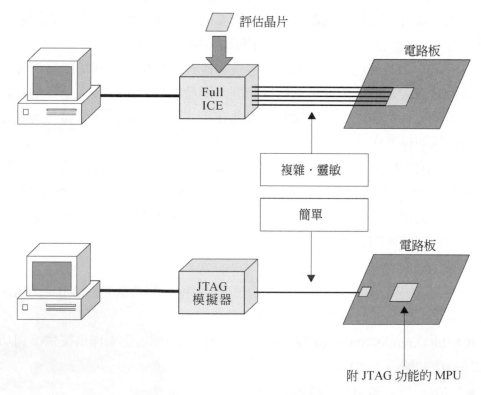

圖 7.2.6　ICE 與 JTAG 的差異性

JTAG 模擬器與 ICE(Full-ICE)相較起來具有以下的特徵。

● ○：模擬器不需內建 MPU(評估晶片)。

● ○：物件與模擬器的連接簡便。

● ×：具備極少或不具備匯流排追蹤(Bus Trace)及模擬記憶體。

　　邏輯分析儀(logic analyzer)與示波器(oscilloscope)兩者都是在進行嵌入式系統的測試或除錯時使用的測定器(圖 7.2.7)。

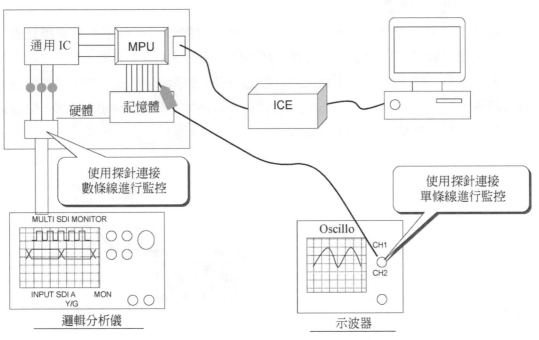

圖 7.2.7　硬體工具

　　邏輯分析儀作為查看數位時間點與時間曲線圖的用途，可觀測及閱覽數個訊號的上升與下降邊緣間的同步狀態或時間。另外也具備記錄這些資訊與列印的功能。

　　示波器主要用來監視類比波形以及觀測周期性的信號。基本上示波器用來觀測單一訊號，邏輯分析儀可以用來同時觀測數個信號。順帶一提邏輯分析儀為示波器的改良型，兼具示波器相同的功能。

　　對於嵌入式應用軟體的工程師來說，在進行除錯時需要具備運用這些儀器，特定問題發生原因的專業知識。查看硬體的功能圖與電路圖的同時，釐清特定問題原因的技術是進行共同驗證(協調檢驗)時不可或缺的條件。

(2) 軟體工具依存層

軟體工具依存層不像硬體工具依存層需要蒐集嚴密的資料，不過相反的需要使用 ROM 監視器或模擬器調整時間點與驗證即時性。

一旦硬體接近實機的形態，無法連接 ICE 或 JTAG 的情況也相對增加。再則為了分析問題以至於連接 ICE 與 JTAG 的時間點產生變更，這有可能使得問題現象無法再現。為避免上述情況發生，建議內置使用 UART 埠的監視工具，藉由類似監測內部動作的軟體來負責除錯。

軟體工具的依存層可以進行依存作業系統的除錯作業，且不需要硬體設備。這麼一來應用軟體的驗證工作就可以由好幾個人同時進行。

監視工具一般大多安裝於 MPU 與作業系統開發環境，接續上有時需要配合系統作修改。開放資源(open source)中有名為 gdb(GNU debugger)的除錯器，像這樣的工具也可以在移植後使用(圖 7.2.8)。

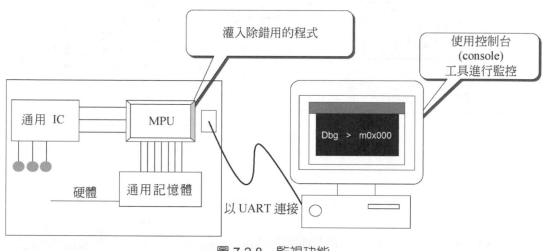

圖 7.2.8　監視功能

2)　平台非依存層

平台非依存層可分為 Stub 程式依存層與環境非依存層。Stub 程式依存層不需透過硬體環境，可直接在 PC/WS 上架構模擬硬體的環境。環境非依存層可在不具備嵌入式系統開發特徵的跨平台環境下進行開發。此層會在嵌入式系統內建 PC/WS 的系統架構，以及搭載 Java 等應用軟體平台上產生。

就此層開發角度來看，對於平台依存層級的硬體不要求具備高度的專業知識，因此比較有可能確保與指派多數的工作人員。再則環境本身並不需要用到專門的硬體或昂貴的測定儀器，使用價格低廉的 PC/WS 即可架構數個訊號的環境。隨著嵌入式應用

軟體的規模擴大，就工作人數增加與使用環境的觀點來看，這倒可以說是解決問題的好對策。

此外透過與硬體的同步開發，與其使用不穩定的硬體，還不如在穩定的環境下使用軟體進行測試及除錯更能提高作業效率。保留一定要用到實際的硬體否則不能作測試的測試項目，盡可能在此環境下提高品質，基於確保 QCD(Quality Cost Delivery)的觀點這樣的努力是必要的。

(1)　Stub 程式依存層

提供模擬嵌入式系統運作的實際動作環境，對於目前的嵌入式系統開發可以說是必要條件。

進行嵌入式系統開發時常見與硬體同步開發，為了縮短開發期間在硬體完成之前有必要提高軟體的品質。當硬體與軟體的品質水準都不高的情況下，可能需要更多的工作日數來釐清問題的原因。

例如行動電話(圖 7.2.9)是在硬體完成前，使用 PC/WS 上的模擬軟體測試應用軟體的功能。另外有關行動電話通訊對象的行動電話基地台，也是不能一開始就使用正式的系統，替代使用的是基地台模擬器。

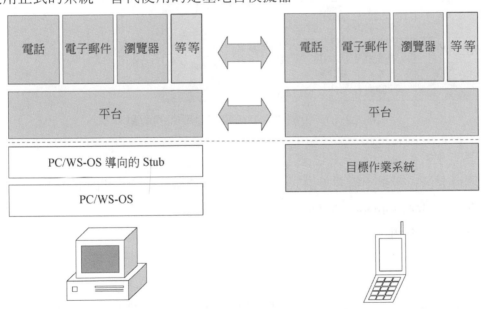

圖 7.2.9　行動電話的模擬器示意圖

透過這些模擬器的多加利用預先提高品質，不但能提高使用實際物件環境(以行動電話為例包含硬體或基地台等行動電話網)時的作業效率，並且可以縮短開發期間。

近來參加開發方案的人數增加，導致硬體與 ICE 不足的問題發生，但是藉由模擬器的使用可以避免這些問題。

提到系統 LSI 導向的嵌入式軟體，使用的是 ISS(Instruction Set Simulator)。ISS 用來模擬 MPU 的執行指令，像硬體模擬器等儀器在 LSI 開發環境就被拿來做為模擬 MPU 的用途。使用 ISS 檢測搭載 MPU 的系統 LSI 時，可以早期進行軟體與硬體的理論驗證。就系統 LSI 開發來說，一旦被檢查到有硬體問題，LSI 就必須重新製造，在 LSI 完工之前需要花費好幾個月的時間。這樣的改善不僅可以提高 LSI 製造前的品質，連帶也縮短開發期間(圖 7.2.10)與提升品質。

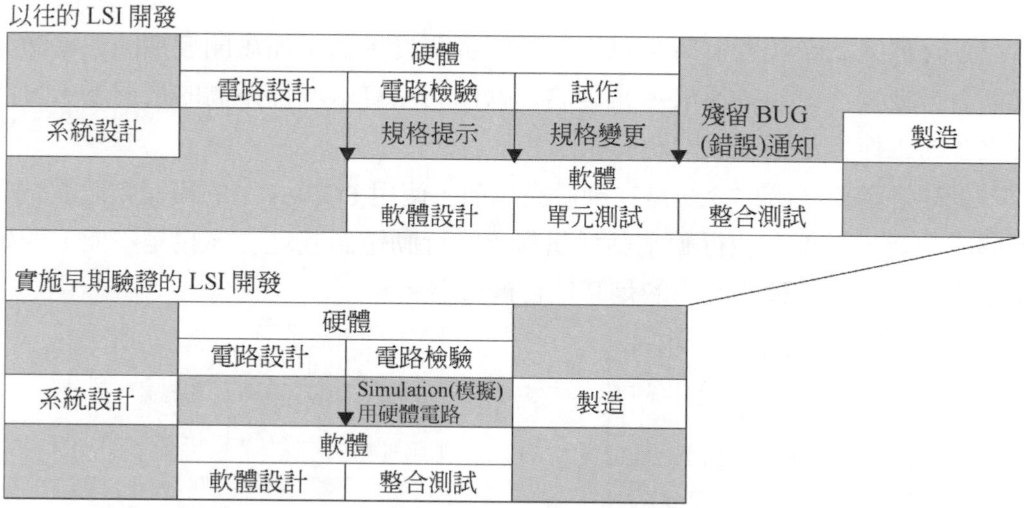

以往的 LSI 開發

系統設計	硬體			殘留 BUG (錯誤)通知	製造
	電路設計	電路檢驗	試作		
	規格提示	規格變更			
	軟體				
	軟體設計	單元測試	整合測試		

實施早期驗證的 LSI 開發

系統設計	硬體			製造
	電路設計	電路檢驗		
	Simulation(模擬)用硬體電路			
	軟體			
	軟體設計	整合測試		

圖 7.2.10　模擬導入對縮短開發期間的貢獻

(2)　環境非依存層

環境非依存層是不需要具備嵌入式系統開發特徵的跨平台開發的環境。

在 ATM(Automatic Teller Machine，自動櫃員機)或測定器，具備前端內建(built-in)PC/WS 相同的電腦系統、作業系統以及應用軟體等安裝系統。關於這些機器除了連接到 PCI 等擴充匯流排的專用機器或介面裝置以外，均可在與機器搭載相同作業系統的 PC/WS 環境下進行安裝與測試(圖 7.2.11)。

近來有越來越多搭載 Linux 的機器問世，包含核心與裝置驅動程式在內對於重做的開發形態來說，環境非依存層將無法發揮效果。因為軟體模組或組件的缺乏，程式碼展開的差異等因素導致發生問題的可能性極高。遇到這樣的情形需要的是先前提到的 Stub 程式依存層級的開發。

就搭載 Java 等應用軟體平台來說，若機器安裝的 VM(Virtual Machine)與物件的嵌入式系統安裝的 VM 在規格上相同，那麼就可以進行測試或除錯。像這樣的應用軟體平台在行動電話相當普及，往後就行動電話以外的多功能嵌入式系統的效率化開發來看，嵌入式應用軟體的流通指日可待。

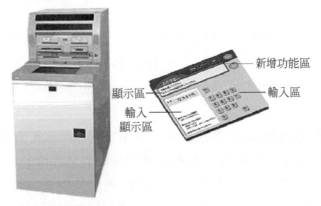

圖 7.2.11　ATM 概觀圖

7.2.3　維護觀點的多層模型

維護觀點也被稱為軟體的執行環境觀點，這樣的多層分類是基於程式修改的簡便性觀點。對於有別於通用型專門提供用來達到目的的嵌入式系統，軟體升級是重要的關鍵。區分為以往不能用來改寫的嵌入式系統，以及可以進行軟體升級(以升級為前提)的系統。

將以往不能改寫的嵌入式系統稱為「駐留層(resident layer)」，至於可升級軟體(以升級為前提)的系統，則稱為「可移層(removable layer)」(圖 7.2.12)。

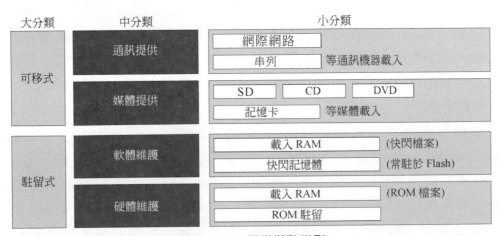

圖 7.2.12　維護觀點模型

1) 駐留

駐留可分為硬體維護與軟體維護兩種。

當軟體升級時進行硬體交換等作業需要硬體維護。反之，當升級軟體進行硬體交換等作業時不需要軟體維護，但是當進行通訊與連接等載入程式作業時則需要。

(1) 硬體維護層

硬體維護層可在 ROM 寫入軟體，而 ROM 分為可抹除與不可抹除兩種類型。Mask ROM 為代表性的不可抹除 ROM，在 ROM 的製造階段燒錄軟體。只能夠燒入一次的 ROM 叫做 OTPROM(One Time Programmable ROM)，在硬體基板封裝前燒入軟體。

MaskROM 與 OPTROM 的取決方式，仰賴於硬體的調度與製造程序。當存放於 ROM 的軟體經常發生變更時，在投入硬體基板製造的同時可以使用 OTPROM 將最新軟體放入 OTPROM 進行製造。相反的，若軟體完全沒有變更時，先以最新的軟體製造 MaskROM，再使用此 MaskROM 進行硬體基板的製造。就量產效果而言 MaskROM 可以達到降低價格的目的。

EPROM(Erasable Programmable Read Only Memory，可擦拭可規化式唯讀記憶體)為使用紫外光照射抹除資料的 ROM。對 EPROM 寫入時使用被稱為 ROM 寫入器(ROM-programmer)的專用工具。EPROM 採兩種方式，一是直接封裝在硬體基板上，另一種是在硬體基板上封裝插槽後，再將 EPROM 的 PIN 腳插入插槽。前者的缺點是 EPROM 不容易更換，相較起來後者更換 EPROM 較為容易。

嵌入式軟體不會因為 MaskROM、OTPROM、EPROM 的不同，導致寫入程式或架構有所改變。不過軟體的變更必須在硬體製造與生產的成本考量前提下進行開發。

近來隨著 FlashROM 的成本下降，使得即使原本採用 MaskROM 條件的改採 FlashROM 的例子有逐漸增加的趨勢。不過就出貨數量多的個人用機器，可以發現有些是等到品質穩定之後才開始使用 MaskROM 或 OTPROM 的情形。

(2) 軟體維護層

軟體維護層是指將軟體存入 EEPROM(Electrically-Erasable Programmable Read-Only Memory，電氣可擦拭可規化式唯讀記憶體)或 FlashROM 時，可以不經特殊機器的使用來升級軟體或變更資料。這些記憶體皆可以透過指令傳輸對記憶體進行控制達到改寫的目的，不需要對類似上述 EPROM 般的硬體進行作業。

不過使用 EEPROM 或 FlashROM 時，要注意改寫的管理與限制條件。

FlashROM 的抹除單位由數 Byte 到數十 KByte 的資料段或程式段所構成。此外寫入到 FlashROM 時需要專用的指令。EEPROM 可以用 Byte 單位做寫入或抹除的動作，而且也可以在同一處做數次改寫，當改寫次數到達上限時，只有其位址部分無法再繼續使用。

不論是硬體維護或軟體維護執行的時候皆有下列兩種情況。一種是在內置程式處執行，另一種則是使用類似 ROM 檔案作為存放處的 ROM 轉傳至 RAM。硬體維護要花工夫更新程式，不過 RAM 的使用容量可以降低到最小。再者 ROM 與 RAM 相較等候時間短而且連線速度又快，從這點可以指望程式執行速度提升。

2)　可移層

近來隨著嵌入式軟體的大規模化與複雜化，再加上製造開發期間的縮短，導致產品出貨前無法確保足夠的檢驗期間。此外產品出貨以後，試圖追加功能或改良用途，以及提高產品價值的需求也相對增加。因應這股潮流，嵌入式系統也採用與 PC/WS 相同的可移式。

可移層可分為寫入硬碟等機器的外部插入記憶傳輸媒體執行的媒體提供層，以及從網際網路下載執行的通訊提供層。

(1)　媒體提供層

說明傳輸媒體提供層可以舉身邊常見的數位相機或 DVD/HDD 錄影機為例。提供記憶卡、CD/DVD 等傳輸媒體記錄產品發表時未配備的功能或修改的問題，用來進行嵌入式軟體的升級(圖 7.2.13)。

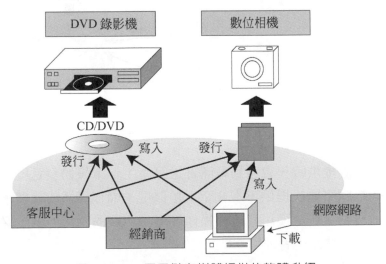

圖 7.2.13　電子儲存媒體提供的軟體升級

(2) 通訊提供層

　　在此舉身邊常見的數位電視或數位電視調頻器為例說明。可利用 BS 數位播放的「下載服務(約 500Kbps 或 2Mbps)」，進行播放規格變更的跟追與修改問題。

　　從衛星下載資料時會影響到執行軟體更新的機器的狀態。當機器在使用中，或主電源未開啟的情況時是無法進行下載的。進行下載時如果啟動機器將導致下載作業中斷。有關從網際網路下載資料，還得假定對象是不熟悉網際網路的使用者，可以說在目標達成之前還有許多門檻待克服。

　　即使是對應 L 模式的傳真機也可以透過電話線路升級軟體，藉由傳真的傳輸模式(非標準)通訊協定的使用而實現。

　　DVD/HDD 錄影機有可以支援 CD/DVD 等電子媒體以及介由網路通訊，提供軟體的兩種產品。像數位相機(Digital Still Camera)使用電腦從網路下載軟體後儲存於記憶卡。將記憶卡插入本體後即顯示程式更新的說明步驟(圖 7.2.14)。

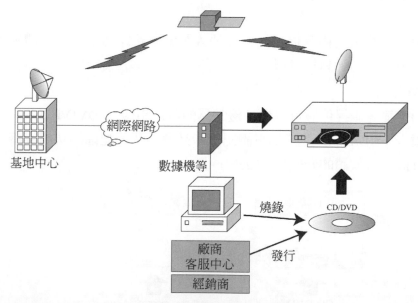

網際網路

基地中心

數據機等

燒錄

CD/DVD

廠商
客服中心

經銷商

發行

圖 7.2.14　軟體升級的各種途徑

　　使用電子媒體提供時，會遇到廠商寄送等產生一筆媒體發送經費的問題。另一方面使用網際網路通訊提供，不會產生類似電子儲存媒體的經費，但是在升級軟體時必要的自動更新或使用者自行操作等產品相關的應用方式，必須對使用者進行說明或注意，讓使用者理解。

■使用通訊進行軟體更新時的注意事項

以可移層進行軟體升級時，最需要留意的事項是軟體升級中發生的障礙、特殊情況或電源中斷等擬定對策。若是藉由行動電話升級軟體，則需要花費數分到數十分鐘。避免發生電源中斷的對策為設定絕對不拔掉電源，在確實充電等條件下進行使用。倘若發生電源中斷導致軟體升級失敗，這種情況只能拿到客服中心委託修復，這樣一來不僅浪費使用者的時間與精力，也會產生多餘的廠商維修費用。

有關障礙與特殊情況，採行盡可能將軟體升級範圍抑制到最低程度以減少發生機率，以及預先配置 active/standby(啟用／備用)的區域，即便在升級軟體時也能確保復原狀態等方法。

縮減軟體更新範圍的方法，採用的邏輯是只取代變更的部分。如果被修正的程式位址或符號(symbol)位址可經動態變更，那麼也可以只取代變更部分的處理。順便附帶一提，上述做法也適用於軟體更新功能中的軟體升級。

預先配置 active/standby 區域的方法是增加記憶體容量。記憶體容量會對硬體價格與實作大小造成極大的影響，因此需要從產品的品質特性加以判斷。像行動電話等接收更新資料的區域也會佔據相當大的容量，所以通常都是藉由瀏覽器或電子郵件應用軟體使用的工作記憶體區進行下載。這樣不但可以省去確保預留專用記憶體空間的煩瑣程序，又可以接收更新的資料。不過這種方法附帶規格與功能上的限制條件，那就是當更新軟體時瀏覽器或電子郵件等功能將無法使用。

以上的說明主要將焦點放在一般個人用產品的軟體升級，就產業機器等特定使用者的系統而言，軟體升級可以說已經相當普及。迎接未來無所不在(ubiquitous)的時代幾乎所有的機器都會與網路連接，到時候將可以運用網路進行遠端控制、監視以及維護。由維護中心集中管理軟體，並執行維護作業的一環也就是軟體升級。為避免含障礙等軟體運用發生問題，這些機制是不可或缺的。視系統管理台數或設置場所的不同，交換駐留層的 ROM 的成本和集中管理的成本，兩者之間將會有很大的差異。

7.3　嵌入式應用軟體的例子

本節針對具體的嵌入式應用軟體進行解說。從第 2 章曾經提到的眾所周知的四項產品中挑選「PDA」、「數位相機」、「遙控器」為例，針對嵌入式應用軟體的構成與考量事項，就 7.2 探討過的「功能觀點」、「開發觀點」、「維護觀點」等觀點進行解說。另外「行動電話」就系統架構，定位介於 PDA 與數位相機之間，所以不在解說對象內。

在此僅就使用於通用 PC/WS 的系統架構按順序加以說明。請注意與第 2 章提示的順序是相反的。PDA 具備近似通用的功能與電腦架構。數位相機與嵌入式系統相近，不但配備感測器與致動器，同時能夠進行資訊處理。遙控器屬於簡單的嵌入式系統，使用從 4bit 到 8bit、16bit 的微電腦(圖 7.3.1)。

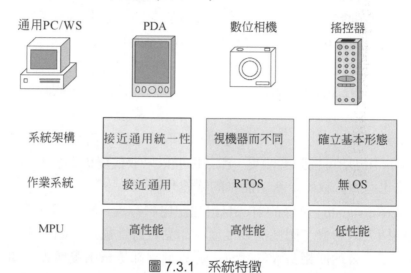

	通用PC/WS	PDA	數位相機	搖控器
系統架構	接近通用統一性		視機器而不同	確立基本形態
作業系統	接近通用		RTOS	無 OS
MPU	高性能		高性能	低性能

圖 7.3.1　系統特徵

7.3.1　PDA

PDA(Personal Digital Assistant)提供具備行程預定表與通訊錄等記事本功能的應用軟體。隨著近來硬體的性能不斷提高，現在 PDA 已經能夠像行動電話搭載與 PC/WS 相同的功能，並且也可以作為電子郵件或網路瀏覽器等行動通訊工具來使用。

作業系統的 AP 規格是公開的，不僅是製造廠就連軟體廠商或使用者都可以進行應用軟體的開發。可經由內建專用的應用軟體，當作物流或業務支援系統的終端機來使用。

1)　功能觀點

在此針對 PDA 的軟體架構與象徵性功能進行解說。

(1)　軟體結構

PDA 的軟體結構以 PDA 用的作業系統為主，再加上中介軟體與應用軟體所構成(圖 7.3.2)。

(2)　硬體裝置的驅動程式

自 PDA 用作業系統的供應商購買作業系統時，限定為 MPU。又搭載的是非作業系統標準的裝置時，必須要製作適用於該裝置的驅動程式。

　　PDA 導入的行動裝置具有高功能與高性能技術。從串列開始到 USB、Bluetooth(藍芽)、無線 LAN 等介面產品不斷推陳出新。液晶面板畫質也越來越精細，連同記憶卡也朝大容量與高速化的目標發展。就 PDA 而言，作業系統或中介軟體的調校與應用軟體開發雖然重要，不過開發適用於這類裝置的高功能、高性能化的驅動程式也同樣重要。

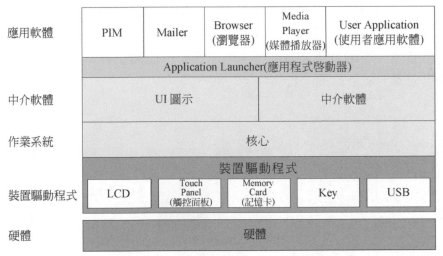

應用軟體	PIM	Mailer	Browser(瀏覽器)	Media Player (媒體播放器)	User Application (使用者應用軟體)
	Application Launcher(應用程式啟動器)				
中介軟體	UI 圖示			中介軟體	
作業系統	核心				
裝置驅動程式	裝置驅動程式				
	LCD	Touch Panel (觸控面板)	Memory Card (記憶卡)	Key	USB
硬體	硬體				

圖 7.3.2　PDA 導向的基本軟體構成圖

(3)　應用軟體

　　PDA 與行動電話之間的劃分越來越不明顯。這是因為 PDA 用作業系統提供具有行動電話機功能的版本，以及基於 PDA 用作業系統發展作為行動電話機用的作業系統。由於大多數的使用者都希望 PDA 或行動電話機，也能像通用型一樣在行動通訊環境下使用，因應這樣的需求到處可見通用應用軟體被移植。

　　通用型提供的 Mailer、Browser、Media Player 等應用軟體，在 PDA 屬於必要的應用軟體。實作時將 MPU 的電源、記憶體或網路等條件列入考量進行開發。特別是在設計上，有必要考慮到液晶的尺寸大小、觸控面板或手寫文字輸入等 PDA 特有的限制條件。

(4)　達到省電的目標

　　在 PDA 的系統設計方面，針對 PDA 的電腦架構進行檢討。除了明確規範開發的特徵外，並且選用處理器性能、匯流排、記憶體容量、外部介面、多媒體裝置、液晶裝置等架構 PDA 的系統。就省電的改良方案，可以舉動作考量與組件選定兩方面來說。

　　在動作上當多媒體功能或外部介面等功能沒有被使用時，工作時脈(clock)與電

源供應將改爲設定停止。這種電源控制程式可分實作用來做爲應用軟體的處理與工作程序，以及實作用來做爲相當於 BIOS 的通用型等兩種類型。這些都因 PDA 用作業系統而有所差異。可在一定時間內監控未使用情況，或經由硬體平台的輸出入控制硬體電路的省電功能(圖 7.3.3)。

　　有關組件選定盡可能選擇消耗電力低的組件。基本上這必須視性能與消耗電力的折衷性(trade-off)，除此之外既可確保性能又能降低消耗電力的組件也經常被開發與提供。舉液晶裝置爲例，擴充資料匯流排以減低必要的頻率等改善經常被拿來做爲考量。不過就新裝置而言，除了既有性能與消耗電力的折衷性之外，也會產生與成本、風險之間的折衷性。

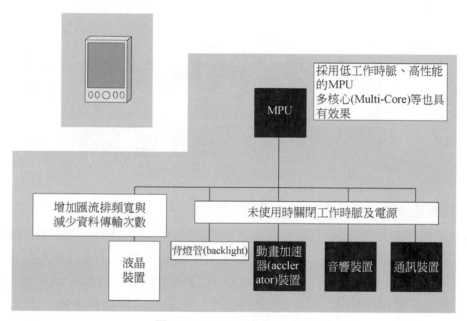

圖 7.3.3　PDA 的省電機制

2)　開發觀點

在此僅就 PDA 的開發及驗證環境進行解說。

(1)　應用軟體開發語言

　　開發語言採用 C/C++語言、Java 語言以及高階語言。在使用者進行應用軟體開發也會用到 Java 語言與 Basic 語言。這些程式設計(programming)語言在選擇上是基於開發目的、資源與維護管理的考量。若屬於 PDA 上的應用軟體，則大多仰賴於 PDA 導向的作業系統供應廠與第三方廠商(third party)建立的應用軟體開發環境(支援 IDE 等)，但相對的也會有很多程式設計語言被提供。

C/C++語言可被編譯(compile)、組譯 (assemble)，並做為原生碼 (native code)執行。Java 或 Basic 語言等解譯(interpreter)語言並不會產生原生碼。這些在選擇上都經過 MPU 依存度、執行速度、記憶體容量等折衷考量(表 7.3.1)。

表 7.3.1　應用軟體開發語言選擇的折衷性

	仰賴 MPU (移植性)	執行速度	記憶體容量	其他
C/C++	高(移植困難)	高	小	自由度高，但有問題發生的風險
Java/Basic	低(移植容易)	低	大(解譯器為數 MB)	具安全性或垃圾蒐集(garbage collection)功能

(2)　開發環境

開發環境由 PDA 用作業系統供應商與第三方廠商提供。提供的是與通用型作業系統同級的 IDE(Integrated Development Environment)環境或 SDK(Software Development Kit)。這些提供了與通用型作業系統應用軟體開發相同的操作性，實現 PC/WS 技術工程師不需具備專業知識的開發環境。

程式開發機器不同於實際動作的機器，是在跨環境(Cross-Environmental)下進行開發。像這樣開發環境的外觀與風格(look and feel)透過整合，大幅降低進入門檻。藉此企圖增加開發技術人員，並且透過運作應用軟體的增加，達到普及與啟發 PDA 用作業系統的目標。

測試與除錯大部分都是在模擬環境下進行驗證。基本上屬於依存在 stub 程式等級的模擬環境，但已經幾乎可以在相當於環境非依存的等級進行模擬測試。

電路實驗板(Breadboard)也被製作來使用，一般電路實驗板大多被拿來驗證依存在硬體的功能。在標準的硬體架構(搭載標準裝置)的情況下，也可以使用裝置廠商提供的 BSP(Board Support Package)進行驗證。

有關硬體依存功能的除錯，透過 JTAG 或監視器的接續，監控程式或資料，來進行資料蒐集。就完全不仰賴硬體的應用軟體而言，使用 IDE 附屬的除錯器進行程式與資料的監控並蒐集資料。

3)　維護觀點

PDA 的軟體升級因機種而異，基本上屬於可移式，出貨後仍然可以進行軟體升級。PDA 本身可以外接 USB 等介面進行軟體升級。PC/WS 讀取到更新資料後，外接 USB 等介面即可進行 PDA 的軟體追加和升級作業。

更新對象不限於應用軟體也包括作業系統本身的更新。作業系統的軟體升級與通用型的作業系統升級相同，只需將作業系統檔案覆寫即可。

7.3.2 數位相機

數位相機(Digital Still Camera)為光學機器，將匯入鏡頭的光影轉成電荷訊號再轉換成數位資料儲存於記憶體。

1) 功能觀點

本節針對數位相機的軟體結構與特殊功能進行解說。

(1) 軟體結構

數位相機的軟體以 RTOS 為主幹，再加上中介軟體與應用軟體所組成(圖7.3.4)。

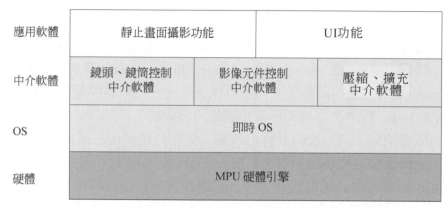

應用軟體	靜止畫面攝影功能		UI功能
中介軟體	鏡頭、鏡筒控制中介軟體	影像元件控制中介軟體	壓縮、擴充中介軟體
OS	即時 OS		
硬體	MPU 硬體引擎		

圖 7.3.4　數位相機的軟體結構模式

作業系統搭載 RTOS 即時進行大量影像資料處理與儲存資料，以及鏡頭等驅動部位控制。

至於中介軟體則採用市場銷售的中介軟體或廠商推出的軟體組件。舉個例子來說像影像元件控制、檔案系統或印刷相關功能都算是。

裝置驅動程式進行 CCD、CMOS 等影像元件、媒體引擎(Media Engine)、FlashROM、鏡筒部分等硬體元件的控制。

(2) 實現高速處理

數位相機要求具備即時性的操作，取代缺乏電氣邏輯的銀板相機興起的數位相機，被要求具備與銀板相機相同程度的操作反應性能。

即時性的操作至少應具備下列三項要件。

- 自電源開啟到可立即使用為止。
- 釋放時間滯留(release time lag)：按下快門到實際攝影為止。
- 按下快門後到可以進行下一次攝影為止。

在此就上述的「按下快門後到可以進行下一次攝影爲止」進行解說。

攝影動作的步驟爲①靜止影像(曝光、CCD 讀取)→②影像處理→③壓縮成 JPEG→④記憶卡匯入處理。縮短時間的方法有將這些處理步驟按管線排列進行，這樣就可以縮短從按下快門後到進行下一次攝影爲止的時間(圖 7.3.5)。

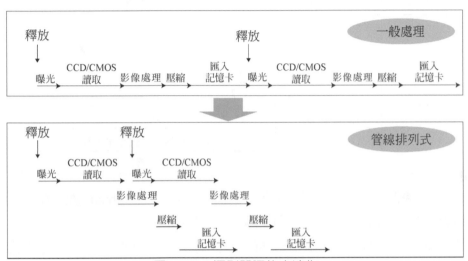

圖　7.3.5 攝影間隔的高速化

就數位相機而言，有關匯流排頻寬(Bit 數)與速度(時脈)的設計非常重要。CCD 或 CMOS 等從影像感測器輸出的影像資料容量相當大。像 33 萬畫素的感測器，以 1 個畫素 16bit 來計算大概需要 5.2Mbit(約 660Kbyte)的容量。200 萬畫素的感測器需要的容量約爲 32Mbit(約 4Mbyte)。CCD 的影像資料輸出快速，輸出後會暫時存放在 SRAM　SDRAM。之後再放置於做影像處理、JPEG 壓縮處理、記憶卡存取。

然而進行 CCD 的影像資料輸出與壓縮的記憶體，有可能發生讀寫等存取佔據記憶體或匯流排，使得並列運作的影像處理及 JPEG 壓縮處理無法動作。

爲避免這樣的情況發生，有必要對匯流排頻率與匯流排速度、控制順序等進行設計，使用試驗電路板 (breadboard)反覆進行驗證，達到最佳化的目標。

(3)　實現省電與高性能

數位相機的硬體與軟體各自掌控功能如下表 7.3.2 所示。

手震補正功能是自 AE(Auto Exposure：自動曝光)、AF(Auto Focus：自動對焦)之後開發的相機自動控制功能。以往的機種使用軟體進行處理，不過近來部分的功能在經過硬體的高速處理後，手震補正的功能精度也因而大幅提升。

表 7.3.2 硬體與軟體的功能分擔(例)

	處理	硬體與軟體的功能分擔
①	靜止影像處理	硬體(影像處理引擎)
②	影像處理	硬體(影像處理引擎)
③	影像壓縮	硬體(影像處理引擎)
④	記憶卡匯入	軟體
－	手震補正	硬體+軟體(影像處理引擎)
－	AF(自動對焦)	軟體<測量距離、鏡頭移動控制等>
－	AE(自動曝光)	軟體<光圈數值與快門速度控制等>
－	列印控制	軟體
－	縮圖顯示	軟體+硬體(影像處理引擎)
－	使用者介面	軟體

想要將拍攝後的照片使用液晶顯示(播放)或縮圖(thumbnail)顯示時,可以利用硬體的影像放大功能,這比使用軟體處理的速度更快。

像這樣不經由軟體採用硬體進行處理的方式,可降低原本消耗電力高的處理器的使用率。而硬體處理也使得半導體製造的技術演進,透過產品的細微化(製作輕薄短小的 LSI)達到高速省電的目標。

此外,有關操作的 UI 是決定產品好用度的重要項目。兼顧可用性 (usability)的設計是不可或缺的,有關同一製造商的整合操作性等產品線(Product Line)也有必要列入設計考量。

(4) 達到省電目標

如同上面的說明,盡可能透過硬體進行處理,可以實現高性能與省電的折衷性。這些都列入實際拍攝時的條件,當沒有進行拍攝的時候電源仍然是啟動的狀態。

像這樣在等待拍攝的狀態下,設定停止供應未使用的硬體或 MPU 的電源與工作時脈,盡可能減少電源消耗。一旦按下釋放鍵等按鍵後,硬體或 MPU 的電源與工作時脈就會開始執行供應處理,搭載 8bit 級的省電 MPU 的目的是用來進行釋放鍵按下動作的監控,以及開始供應電源與工作時脈。

2) 開發觀點

C 語言與 C++語言經常被用來作為開發語言。做這樣的選擇大多基於 ROM 或 RAM的限制、環境與人員的觀點。開發環境使用搭載依存 MPU 的環境。大部分使用由半導體製造商與 RTOS 廠商提供的適用於 RTOS 的 IDE。

在進行測試或除錯的驗證時也會架設模擬環境，由於大部分都屬於元件控制，因此用試驗電路板進行驗證的環境也經常被拿來使用。數位相機的試驗電路板與 PDA 及遙控器不同，另搭載許多 MPU 週邊裝置以外的元件。以專用半導體為中心，搭載像鏡筒、液晶面板、記憶體等多數裝置，常見有試驗電路板初期的動作不穩定，為釐清問題需要更多的工作日數。

進行除錯作業時大多連接 JTAG、監視器監控程式或資料並蒐集資料。

3)　維護觀點

數位相機在進行軟體升級時，視機種的不同，高性能機種採用可移式設計，可在出貨後升級軟體。數位相機可藉由 SD 記憶卡等記憶傳輸媒體進行軟體升級。將使用 PC/WS 作成的更新資料存入記憶卡，並透過特定的操作進行軟體升級。在升級時，有些情況是不需電池動作，只在連接 AC 電源時才可以進行升級，作為預防軟體升級途中發生電源中斷的對策。

7.3.3　遙控器

遙控器是我們身邊經常用來搖控電視、錄影機或空調設備的嵌入式產品。取代直接在機器上執行操作，近來出現許多以遙控器為前提設計的產品，從此不難瞭解遙控器的存在與我們的生活已經密不可分。

此外這裡說明的遙控器並非高性能造型，而是假定對象為 2.2 節提到的一般電視機用的遙控器。

1)　功能觀點

在此就遙控器的軟體結構以及特徵功能進行解說。

(1)　軟體結構

遙控器的軟體以客製化的專用作業系統為主，採設置中斷驅動(interrupt driven)處理的架構。

作業系統部分大多使用客製化的專用作業系統，在製造廠被當做產品線共用。內建中介軟體的例子並不多見，延用作為產品線的組件化功能或處理。透過這些軟體的再利用率的提高，使用具有驅動實際的高品質軟體，在短期間內從事開發將不再是夢想(圖 7.3.6)。

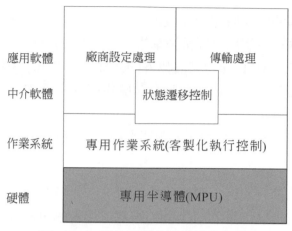

圖 7.3.6　遙控器的軟體結構示意圖

(2)　基於狀態遷移的控制

　　遙控器是藉由按下按鍵以狀態遷移模式控制事件(Event)。在特定狀態下(待機狀態或連續傳遞狀態)，按下按鍵或檢知電源系統的事件，決定應該採取的處理。

　　有關 2.4 節提到的遙控器狀態遷移，請參考圖 7.3.7 狀態遷移圖。此外狀態遷移表如表 7.3.3 所示。

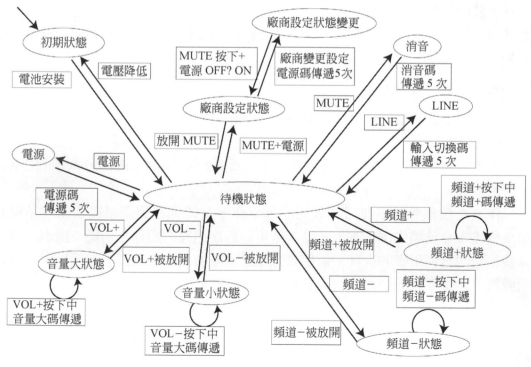

圖 7.3.7　遙控器的狀態遷移圖

使用狀態遷移表可以進行抽檢各空格是否真的有被處理，另外也能抽檢測試項目是否有遺漏。

在軟體開發前，建議活用上述的狀態遷移圖掌握整體的動向後，再進行開發。有些經驗豐富的工程師看起來好像在確定規格後就立刻著手進行程式的開發，不過其實這些程序已經在頭腦中執行過了。照常理說作法應該要按照程序並記錄文件，建議不熟悉的人還是按照程序做過幾次之後，再省略步驟比較好。

表 7.3.3　遙控器的狀態遷移表

	初期狀態	待機狀態	廠商設定狀態	連續傳遞狀態
安裝電池	⇒待機狀態			
按下 MUTE + 電源鍵			廠商設定後傳遞 5 次電源碼⇒廠商設定狀態	
按下電源鍵		連續傳遞 5 次電源碼⇒待機狀態	變更廠商設定傳遞 5 次電源碼⇒廠商設定狀態	
放開按鍵			⇒待機狀態	⇒待機狀態
按下頻道+按鍵				傳遞頻道+碼⇒連續傳遞狀態
按下頻道－按鍵				傳遞頻道－碼⇒連續傳遞狀態
按下 MUTE 按鍵		連續傳遞 5 次消音碼⇒待機狀態		
按下 VOL+按鍵				傳遞音量大碼⇒連續傳遞狀態
按下 VOL－按鍵				傳遞音量小碼⇒連續傳遞狀態
按下 LINE 按鍵		連續傳遞 5 次輸入切換碼⇒待機狀態		
電壓降低	⇒初期狀態			

(3)　達到省電目標

　　　遙控器在按下按鍵執行訊號傳遞等處理之後，即遷移至 SLEEP 狀態。SLEEP 停止檢知按鍵按下的除電路以外的所有電源的供應狀態，如果不按下按鍵則幾乎不會消耗到任何電力。如此一來可以達到按鍵式電池或乾電池的長時間使用。

2) 開發觀點

　　經常被拿來當做開發語言使用的是 C 語言及組合語言。至於開發則使用依存專用半導體內的 MPU 做為開發環境，使用半導體製造商或軟體廠商提供的編譯器。此外由於軟體的基本結構幾乎完全相同，使得軟體的自動產生也開始逐漸普及。

　　提供作為開發機器(通用)的應用軟體，輸入按鍵及對應傳送訊號等條件之後，軟體就會自動產生。

　　對於測試或除錯等進行驗證時，也另外架設模擬用的環境。由於經常可見軟體的組件化與再利用，因此試驗電路板也經常被拿來進行驗證。進行除錯作業時連接 ICE，監視程式與資料以便蒐集資料，在此使用的試驗電路板具有與專用半導體相同的功能。

3) 維護功能

　　遙控器的軟體升級屬於駐留式而非可移式，出貨後的軟體升級並不列入設計考量。

總結

本章就下列事項進行解說。

1) 嵌入式應用軟體的特徵

　① 嵌入式應用軟體的目的在於實現功能規格。

　② 嵌入式應用軟體用來與實體世界進行互動。

　③ 嵌入式應用軟體極少在市場流通。

　④ 嵌入式應用軟體在即時性、記憶體容量、高信賴性與安全性、省電力、硬體間的同步開發等，多數的限制條件下進行開發。

　⑤ 就嵌入式應用軟體而言最重要的在於實現可用性。

　⑥ 軟體規模從小規模到大規模範圍很廣。

2) 解說嵌入式應用軟體的多層模型

　① 功能觀點模型由作業平台、嵌入式作業系統、中介軟體及應用軟體所構成。

　② 依存硬體的處理可分集中放置於裝置的驅動程式，或個別放入應用軟體等兩種型態。

　③ 就相當於通用型的作業系統與核心等級的作業系統而言，兩者被稱為中介軟體的範圍並不相同。

　④ 功能觀點可分為平台依存與非依存兩種。

　⑤ 使用 ICE/JTAG 或邏輯分析儀與示波器進行硬體上的驗證。

　⑥ 使用模擬器進行的驗證，就作業效率與開發期間的觀點來看是有效的。

　⑦ 維護觀點模型可分為駐留式與可移式。

　⑧ 駐留式包含交換 ROM 等硬體維護層以及 FlashROM 改寫等軟體維護層。

　⑨ 可移式有透過媒體的使用與藉由網際網路等兩種方式存在，另外也有適用於兩者的機器，以及結合兩者的方式。

3) 嵌入式應用軟體案例

　① 從事 PDA 等基本軟體開發時，使用作業系統供應商提供的開發配套元件進行開發。

　② PDA 的應用軟體開發，與使用 IDE 的通用型應用軟體相同。

　③ 數位相機具備各項高速化功能。

　④ 數位相機的軟體與硬體在功能上各司所職，實現高性能與降低消耗電力。

　⑤ 遙控器內建以狀態遷移為基本的控制系統。

習題

問題 1 請由下面選出兩項有關 Endian 的正確敘述。

① 基本上網際網路傳輸資料使用的是 Little-Endian。

② byte(位元組)或 char(字元)跟 Endian(二進位檔格式)的差異無關。

③ long(長整數)或 short(短整數)跟 Endian(二進位檔格式)的差異無關。

④ LSB 為最下位 bit，MSB 為最上位 bit。

⑤ MSB 為最下位 bit，LSB 為最上位 bit。

問題 2 請在空格 a ～ h 填入正確答案。

為實現確保信賴性與安全性的功能，應具備下列哪三項功能。a 監視功能、b · c 功能、d 解析功能。又除這三項功能外，再加上 a 預防功能與、a 發生後的 e 也非常重要。

f 的意思是看管系統是否正常動作的看門狗，監視軟體的 g 或 h 的功能。

問題 3 請由下面選出兩項正確的使用於嵌入式系統的中介軟體。

① 核心。

② Windows 系統。

③ 裝置驅動程式。

④ 日語假名漢字變換。

⑤ WDT。

問題 4 請在空格 a ～ h 填入正確答案。

● a 模擬嵌入式系統的 MPU，提供以下的功能。

● MPU 暫存器或 b 的讀寫。

● c 的程序執行或程式停止(中斷)。

● 程式的 d 或資料的變化記錄。

● 透過硬體實現 e 消耗電力與 f 性能的折衷性。

● C/C++語言的編譯與組譯，產生 g 碼。

● g 碼不僅比使用 h 的應用軟體更快速，對 MPU 的依存度也高。

第8章
嵌入式系統的品質

在此之前的章節以探討嵌入式軟體的技術為主。本章將解說在嵌入式軟體開發技術最重要的品質環節，利用一般定義的品質特性進行解說，以期加深對品質的認識。依循品質的定義，針對一般品質特性容易忽略的嵌入式系統的特殊事項加以說明。

作為開發嵌入式系統的指標，加深對於軟體工程定義的開發程序的理解。依循軟體工程上的開發程序，說明嵌入式軟體無法加以管理的特殊部分，並將介紹執行開發程序需要的相關管理技術與設計方法。

在進行開發程序最後的測試方面，就有關一般定義的軟體工程測試方法採用的測試方法說明，並摻雜解說嵌入式特有的測試方法與特殊技術。

8.1 品質的重要性
品質係嵌入式軟體開發的重要一環。說明一般對品質所下的定義，以及為確保品質採取的開發程序管理定義，此外就嵌入式系統應考量的事項進行說明。

8.2 開發程序
對開發程序及開發程序推展的行為進行解說。主要說明一般對開發程序所下的定義以及程序模型。此外將重點放在與硬體的關聯性，說明嵌入式系統特有的考量事項。

8.3 測試與除錯
對於用來確認品質的測試作業，以及找出 BUG(錯誤)的除錯作業進行解說。另外說明嵌入式軟體使用的測試與除錯屬於依存硬體的測試，以及延用一般定義的檢測方法的測試方法。

8.1　品質的重要性

　　一般常聽到說提升品質、改善品質，然而品質到底意謂什麼？對此的確有必要深入瞭解。在進行產品品質的評估時，首先應該從使用者的立場去衡量。

　　就使用者的立場來看，簡單的說可以用很久且不會壞的產品就是品質好。爲了達到使用者要求的品質，由從事開發企業訂定品質目標，而下面針對於爲達成目標，有哪些是開發時的重要考量事項概略介紹。

8.1.1　嵌入式系統要求的品質為何？

　　能夠讓使用者滿意的品質就是可以長久使用的產品。當設計開發者就使用者的立場來看時，品質的最終目標應該不外乎就是動作穩定與規格不產生差異。有別於通用型的軟體開發，就嵌入式的軟體開發而言要求可說是包羅萬象。表 8.1.1 彙整出最近常見的嵌入式軟體問題。

表 8.1.1　實際的參考案例

產品名稱	發生現象
電視機	當使用遙控器切斷電源後，下一次即無法再啓動
行動電話	執行特定操作後，特定的應用軟體無法啓動
電話機	游標操作後無法執行
電子貨幣	發生重複付款

　　嵌入式軟體出貨後不具備軟體更新的功能，或者具備軟體更新功能但造成產品負面影響的更新處理反而相當多。舉電腦的例子作比較是最適合不過了，就目前 BIOS、裝置驅動程式以及作業系統等各式各樣的軟體都可以進行更新。就連電腦在障礙問題發生需要更新軟體時可能會產生負面影響，不過對於使用者來說藉此可以提高運用系統的品質，應不致於造成太大的負面影響。

　　另一方面嵌入式軟體雖然具備軟體更新的功能，但是卻經常被使用在不允許更新軟體的市場或環境。這可以歸咎於嵌入式軟體的應用範圍太廣，以及使用者的資訊知識水準的廣泛程度遠在電腦之上。

8.1.2　依產品不同對品質要求的差異性

　　一提到品質因產品而異所要求的內容與等級也不盡相同。例如消費者用的數位相機與醫療用數位相機就影像品質來看也有差距。就像「拍得清晰漂亮」、「拍攝對象一網打盡」的著眼點不同，其個別要求的品質內容也有差異。就連通訊設備來說，提

供 110 號報案台、119 號火警台等緊急電話的交換系統,與電子郵件或連接網際網路進行通訊的系統,兩者在信賴性品質上也有相當大的差異存在。

進行開發必須留意依循嵌入式軟體適用的產品特性,對品質的要求程度也會有所不同。對於是否攸關人命,是否為支援社會生活的基礎建設,出貨數量多寡等問題發生時造成的影響性進行評估,充分確保品質後再著手開發。

8.1.3　品質目標

品質追求的最終目標可歸納為動作穩定性與規格不產生差異。不過為了達到動作穩定與規格,應該以什麼為目標,如何從事開發等相關事項,以下將針對這些逐一說明。

1)　品質特性

表 8.1.2 表示 ISO9126 定義的品質特性。單就表內出示的用語解釋可能太過抽象,缺乏具體性。不過這可以做為理解一般定義的品質代表的涵義基準。

理解 ISO9126 定義的品質特性用語所代表的具體涵義,可以說是確保品質的第一個步驟。在此解釋被定義的品質特性的意義,選擇實際開發系統的適用項目,當做設計檢視階段的檢查表,用來做為方便開發的使用工具是最理想的。事實上對於所有的品質特性不可能對應完美無缺。視與成本或開發期間的折衷性,除了判斷安裝的功能,也有必要針對哪種品質特性要求到什麼程度加以判斷。

表 8.1.2　ISO9126 的品質特性

分類	定義事項
機能性	合目的性、正確性、相互運用性、標準適合性、安全性
信賴性	成熟性、障礙容許性、回復性
使用性	理解性、學習性、運用性
效率性	時間效率性、資源效率性
維護性	解析性、變更性、安定性、實驗性
移植性	環境適用性、設置性、規格適合性、置換性

2)　系統的理解

實際上在推動開發個案時,開發系統實現的目的是什麼?要求的條件是什麼?這些都需要逐一加以評估。就系統要求具備的要件來說,將要求的要件從抽象的現象轉化成具體現象的評量作業,以及與利害關係者(Stakeholder)不斷反覆協調歸納意見後,將個案要求的規格明文化記錄成系統規格書。這份記錄對於其後的工程非常重要,特

別是在最後段工程的系統驗證，用來做為確認系統要求的抽檢項目。

　　根據規格書評估系統要求品質的具體內容為何。關於品質的評估依循各項品質特性將預期達到的品質目標具體化。透過具體化使得開發程序或統整管理的留意事項(程序選擇或風險管理等)，以及最佳設計語法的選擇能夠執行。

3) BUG(錯誤)不可能等於 0

　　一般都知道 BUG(錯誤)不可能等於 0。這個由來根據 1940 年代哥德爾印証的不完全定理。也就是說即使是整數的世界，當我們在對某個問題進行解答時，會面臨到無法証明解答是否正確的情況。換句話說，在對某些問題製作解答集的時候，解答集裡面可能包括無法証明其正確性的解答。如果借用不完全定理來比喻軟體開發，不難發現對做為某項要求解答的軟體進行開發時，驗證使用軟體是否正確是一件非常困難的事。軟體 BUG 發生原因包羅萬象，因包括升級作業在內的要求規格產生變更所導致。

　　而理想的軟體開發的終極目標是讓 BUG=0，這也可以用來作為高品質的証明。不過受限於哥德爾不完全定理的無形枷鎖，以及開發期間／成本等限制事項有待克服，因此要讓 BUG=0 是不太可能的。將 BUG=0 加入限制條件內，並在無法達成的前提下，事先檢討產品出貨後的 BUG(錯誤)修改方法是極為必要的。近來以消費者為導向的具備軟體更新功能的機器有逐漸增加的趨勢。

4) 利用近似系統的 BUG(錯誤)資訊

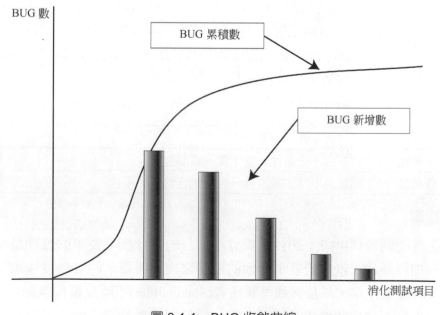

圖 8.1.1　BUG 收斂曲線

利用 BUG 收斂曲線(信賴性成長曲線)，可以發現開發系統可能遇到的問題點(圖 8.1.1)。不過視實際動作期間與作業品質水準，曲線本身的信賴性也會改變，要注意基本上曲線並不具有絕對的信賴性。

此外為了掌握事故發生的傾向，建議使用問題清單登記表。經由問題清單登記表的使用，能夠蒐集詳細的資料反映在品質改善上。舉個例來說確實掌握事故頻傳的工程，確認事故的發生傾向，可以早期擬定應對措施。

8.1.4　開發程序的管理

為期提高品質，只有設定品質目標是不夠的。進行開發程序宛如通過一條漫長的隧道，在進行開發之前還有另外一項開發管理，是提升品質時不可或缺的技術。

1)　軟體工程的開發程序管理

在軟體開發技術上存在各種不同的程序管理語法。一般來說就代表性的軟體工程定義的開發程序的管理語法，可分為瀑布型開發模型(Waterfall Model)及循環漸進式開發模型(Iterative and Incremental Development Model)。

(1)　瀑布型開發程序

將軟體開發工程切割為要求定義、外部設計、內部設計、程式設計、測試等工程，並且按步就班執行。進行順序採單一方向，開發工程像瀑布一樣從上飛流而下，這也正是瀑布型的名稱由來(圖 8.1.2)。

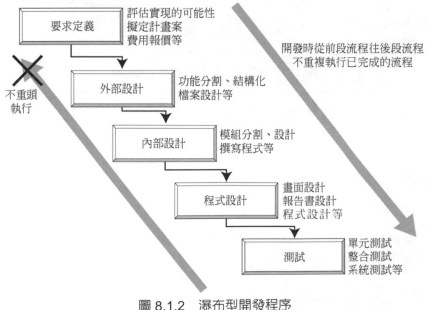

圖 8.1.2　瀑布型開發程序

在開發起步階段使用者的要求都已定案的情況下，瀑布型的開發程序是非常具有效率的方法。在以往的軟體開發程序，瀑布型可以說是主流。瀑布型的前提是工程一旦結束就不再重複。不過近來的開發常見問題是開發途中發生規格變更導致必須回到前段工程。在這種情況下由於無法回到先前的工程，以致無法彈性因應開發中途產生的規格變更。再者隨著開發規模不斷地擴大，成本投入龐大也是一項缺點。

(2) 循環漸進式開發程序

循環漸進式開發程序(圖 8.1.3)預先將系統的開發對象(領域)分割，然後在當中循環執行從要求到封裝的工程。不同於瀑布型，在開發時採取循環分割系統的方式，因此可彈性因應規格的變更。

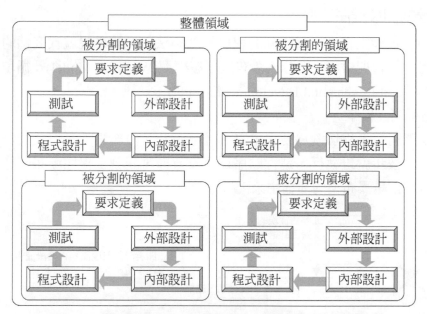

圖 8.1.3　循環漸進式開發程序

這種循環漸進式開發程序經常應用於物件導向，可藉由物件建構系統。由於責任範圍被明確劃分，更容易適用於物件導向。

2) 嵌入式開發應用的程序與管理

在嵌入式軟體的開發上，會遇到軟體工程的成效無法完全發揮的情況。這是由於嵌入式軟體與通用型軟體各自具有不同的開發層面，透過嵌入式特有的課題而被引發出來。

有別於通用型軟體開發，嵌入式軟體的開發存在著許多限制條件。這可以說是起因於各種限制嵌入式軟體的要求事項，其中還受到來自硬體的嚴格限制，嵌入式軟體的開發程序可以說依存硬體方面。此外，因為要求在短期間內進行大規模且複雜的開發，發生規格變更導致無法循環工程的機率也相對增加。因為有循環執行，使得工程管理的處理被要求具備特殊技能。

3) 嵌入式軟體開發相關限制條件

由於嵌入式軟體是安裝於硬體內的軟體，因此有許多限制條件。在此僅介紹有關嵌入式軟體開發的限制條件。

本限制條件大致上可分成三種類型，分別為起因於平台的限制條件、起因於硬體的限制條件及起因於與實體外界互動關係的限制條件。

表 8.1.3 列舉的限制條件對於軟體開發的進行，影響層面非常廣。以下舉例說明限制條件會在哪些情況下造成影響。

表 8.1.3　嵌入式軟體的限制條件一覽表

限制條件	概要
起因於平台的限制條件 (因使用機器選擇對象造成的影響)	由於嵌入式軟體的平台自由度很廣，開發容易受到許多事項的影響。例如像遙控器裝置這種單純的平台，開發時盡量避免使用作業系統軟體。此外對於行動電話、PDA 等複雜的平台，從作業系統、中介軟體、裝置驅動程式的選定到應用軟體開發，要求的層次更廣泛。
起因於硬體的限制條件 (依存於硬體規格的軟體開發)	嵌入式軟體的軟體規格取決於使用的硬體機器，例如在 MPU 或記憶體存在許多選擇對象，視其搭配組合的不同，軟體的執行速度、容量或消耗電力等條件也會有所改變。
起因於與實體外界互動關係的限制條件 (外部環境等的影響、程式動作環境的差異)	「嵌入式軟體」提供服務時會受到與實體外界互動關係的影響。像安裝於冰箱時，外部的氣溫有可能對軟體動作造成重大的影響。其他像各種外部環境資料或條件也經常會對動作規格造成影響。

在進行軟體結構(架構)設計時，有必要克服起因於平台或硬體的限制條件。在此限制條件出現之後，對於嵌入式軟體的複雜結構與機構原理，比以往要求更加嚴格。

在驗證測試方面，有必要整備符合平台與硬體的測試環境。要求的測試也必須適用於硬體或實體外界相互作用的限制。

在軟體規格方面因為受到平台或硬體的限制，使得軟體規格不明確。

8.1.5　嵌入式軟體的管理

嵌入式軟體需要在短期間內具備能夠克服大規模又複雜的相互對立的條件。就嵌入式軟體的開發而言，經常需要變更規格以因應不同立場的條件，也因此產生開發工程的循環，照理說循環的產生等於就是被要求進行修改。

在嵌入式軟體的開發存在著許多即使將各種語法導入軟體工程，也無法完全處理的情形，為此「嵌入式軟體」獨特的管理語法成為必要的條件。不過，適用於嵌入式軟體的管理方法卻尚未確立。

為了克服這樣的課題，一般都認為只有靠經驗累積才能辦到，不過經驗當然必須要實際經歷否則是無法累積的。然而累積經驗需要時間培養，這也使得管理方法的確立變得更加困難。

在這樣的情況下有必要統合整體的技能，建立運用在更多專案累積的專門技術的活動。經常舉辦宣傳技能與專門技術的活動，並將宣傳內容標準化，這才是最實際的管理確立方式(圖 8.1.4)。

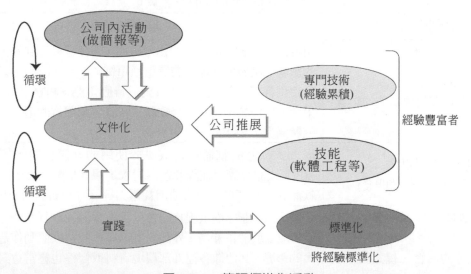

圖 8.1.4　管理標準化活動

8.2　開發程序

開發程序涵蓋開發工程及工程管理。一般比較常見的開發程序使用的是軟體工程所定義的語法。本節就一般定義的軟體工程開發程序，以及嵌入式系統特有的開發程序做介紹。

8.2.1 開發程序的概念

　　在軟體工程上將開發程序的構想定義為 V 模型。圖 8.2.1 表示的 V 模型用來解釋開發程序的結構。從要求定義到程式設計的這前半段工程，隨著開發程序的進展經過階段性的詳細化依次被分工。其次，自程式設計到驗收測試這後半段工程，隨著測試工程的持續進行，經由階段性的統合化依次被整合。

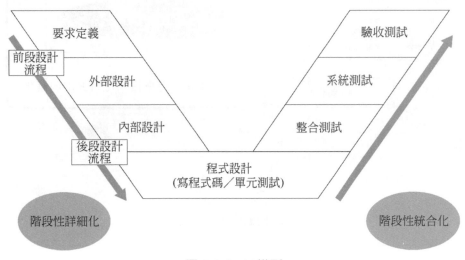

圖 8.2.1　V 模型

　　為了在軟體工程進行 V 模型定義的開發程序，各種不同開發程序模型被提案並且被實踐。其代表性例子可以舉 8.1.4 項曾經提到過的，瀑布型開發程序及循環漸進式開發程序。在這裡使用表 8.2.1 到 8.2.3 以及圖 8.2.2 到 8.2.4，介紹在軟體工程上定義的各種程序模型。

1)　原型模型(prototyping model)

表 8.2.1　原型模型概論

原型模型	在要求定義的階段製作簡單的試作軟體(原型)。利用試作軟體取得使用者的評價與回饋，再經過幾次修改原型之後，成為確實掌握使用者要求的程序模型。 可以將原型模型認為是，在瀑布型模型的前段設計流程應用原型後經過改良的模型。被評價為適用於較小規模的系統開發。
優點	透過簡單原型的採用，將系統的構想確實傳達給使用者，改善相互間的通信，大幅減少與使用者在最終階段的不一致。
缺點	不適用於原型的製作費時過久的情況。 太過聽取使用者的意見，反而會有不適用於一般系統的可能性。

※　缺點為經由 RAD(快速應用發展軟體，Rapid Application Development)的導入，可以達到改善的效果。

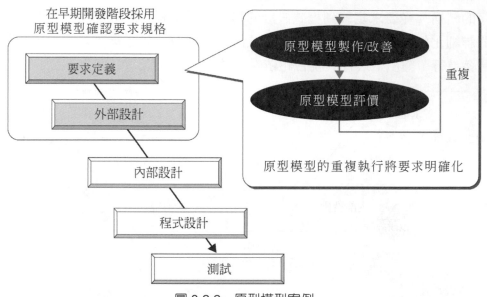

圖 8.2.2　原型模型案例

名詞解釋

RAD(Rapid Application Development)
重視在短期間內進行開發的開發技巧。開發期間限定為幾個月，由少數系統的工程師與使用者組成的小組，巧妙運用 CASE 工具或各種開發環境，在開發期間內發揮最大效果的方法。
RAD 按照下列步驟進行作業：
(1)系統分析師根據使用者要件製作系統規格書。
(2)系統工程師設計原型模型。
(3)讓使用者試用原型模型進行評價與確認。
(4)到使用者對原型模型滿意為止重複(1)到(3)的步驟進行開發。
為避免開發作業永無止盡，應設定一定期間(時間表)。

2)　成長模型

表 8.2.2　成長模型概論

成長模型	將軟體開發的專案切割成幾個部分，起初先設計最小的軟體然後使其逐漸成長的程序模型。不斷重複進行小型軟體的開發程序，軟體會在各自的程序內成長。
優點	可以進行少量重做，具有優越的彈性的開發程序模型。
缺點	進度或成本管理等專案管理不易。

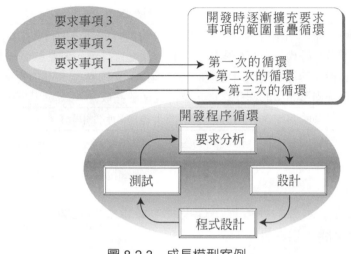

圖 8.2.3　成長模型案例

3)　螺旋模型(Spiral Model)

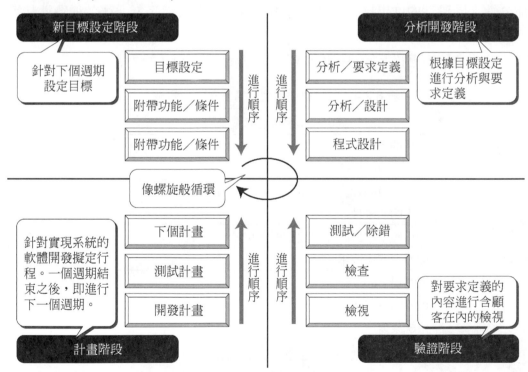

圖 8.2.4　螺旋模型案例

表 8.2.3　螺旋模型概論

螺旋模型	將軟體專案整體切割成獨立性高的部分，再對各個部分進行系統開發的模型。這是一種循環執行好幾次瀑布型程序，並且重複進行評價，帶動軟體成長的程序模型。至於成長模型與瀑布型組合而成的程序模型，如同螺旋(Spiral)的字面含義，每一個螺旋形在經過瀑布型的程序之後，皆能促使軟體成長。
優點	吸取兩種模型的長處，使其亦能適用於大規模的軟體開發。
缺點	在管理方面與成長模型具備相同的優點。

4)　選定程序模型

在選定軟體工程上定義的開發程序模型時，最重要的是與選擇對象的軟體開發專案具備的各種特性之間的相容性。

為了做適當的選擇，舉例來說除了軟體的規模與性質之外，對象程式的應用特徵，與要求事項之間的穩定程度(途中是否需要變更)，要求系統具備的信賴性、成長性、軟體的部分性／階段性的推出接受程度、專案成員、開發環境等，上述各種特性都需要列入考量範圍。

就一般開發程序應該進行的評估事項，可以參照表 8.2.4 的內容。

表 8.2.4　選定程序模型的考量事項一覽表

選定程序模型的考量事項
軟體的規模
專案成員的構成
專案成員的知識與經驗
要求的明確性
對象應用程式的變化速度與變化量
開發期間與成本
軟體要求的信賴性
延遲開發的影響
系統架構
使用開發環境或軟體包裝

個別的程序模型從中途修改的對應處理、風險管理，額外工作、進度管理等觀點來看，各具有優缺點。將個別的優缺點對照軟體開發的特性，在軟體開發專案的初期階段選擇最適當的模型是有必要的。

8.2.2 嵌入式的開發程序簡介

嵌入式的軟體與通用型應用軟體開發程序的最大不同點，在於也同時進行硬體開發(圖 8.2.5)。

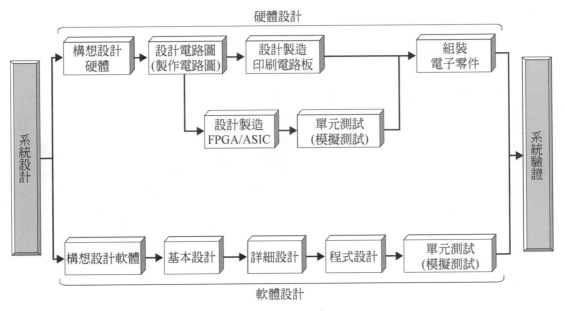

圖 8.2.5 硬體／軟體的開發程序

在開發程序最初的系統設計階段，硬體、軟體都採取同樣的程序進行。在系統設計後的開發程序根據設計系統時編製的規格書，分別進行軟硬體的開發。個別的開發程序結束後，即進入系統驗證。在驗證階段會再次針對硬體、軟體進行相同的開發程序。就嵌入式軟體而言，軟體開發程序也是重要的一環，由於最初跟最後的開發程序依存硬體，因此必須建立起軟體並非單獨進行開發，同一時間硬體也在進行開發的意識。

一般產品的開發程序可參考圖 8.2.6 的流程。在產品開發方面，硬體、軟體的開發程序有些部分必須要同時進行。以圖 8.2.6 為例，說明硬體與軟體採用的開發程序。

1) 硬體開發

在進行硬體開發時會遇到兩種情況，一種是已經產品化的產品部分可以省略，另一種是在新開發的項目內追加特殊過程。當決定進行半導體(LSI 等)的開發時，有必要將引進產品的前置時間(lead-time)列入開發程序的考量要件。

在一般的硬體開發引進 3 階段的試作工程。當進行硬體試作時，也同時進行對象

產品的開發(圖 8.2.6)。試作分別有功能試作、設計試作、量產試作。除了特殊情況以外的開發都要經過試作程序，將產品量產化。

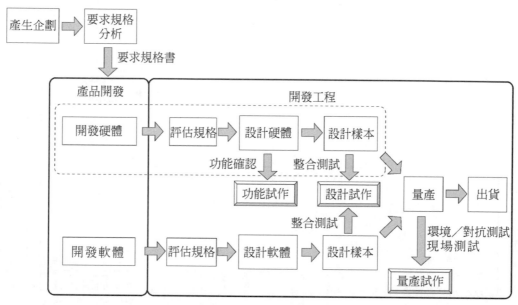

圖 8.2.6　產品開發程序

　　功能試作包含確認硬體結構在支援功能時不會發生問題，以及能夠達到要求性能。此外對於新開發零件、新引進零件，進行性能與功能的檢查，評估功能的完成度。

　　設計試作的對象為具備所有功能的產品。假使有部分零件發生變更，那麼必須經過多次的設計試作對功能進行充分的評估。

　　量產試作的主要目的在於衡量硬體能否正式量產，透過在實際使用環境內進行溫度與電壓等動作確認。至於經由檢閱量產面臨的問題點或各批零件產生的不均一，確認在開發產品的最後生產線進行組裝時會不會發生問題。這個時候讓全數連續動作，進行試運轉確認產品沒有異常，並實施抽樣檢查。

2)　軟體開發

　　軟體開發的流程為進行包含硬體試作在內的功能與性能檢查，接著再進行最終檢查。

　　在功能試作階段，特別是就驅動程式部分的開發，就是從這個試作階段開始進行。對於驅動程式部分的開發，從整體開發程序來看，由於開發期間很短進行開發時有必要訂定明確的目的。此外有需要對記憶體的速度性、使用量或 MPU 性能等近似軟體部分的硬體加以評估。若實施評估後的結果有判定性能不足的情況，需要明確規定硬體

零件及程式的變更。

設計試作階段根據在功能試作階段評估的性能，將隨後的開發程序完成的部分，由硬體與軟體整合成接近產品型態的方式。在此試作階段進行系統要求的性能評價與功能評估，並對於有偏差以及尚未滿意的部分進行修改。

就量產試作階段來說其著眼點放在硬體性能的評估，有必要對出貨時進行功能測試的測試程式評估，以及進行試運轉測試時的障礙對應處理。

像這樣對於嵌入式軟體來說，有必要配合硬體開發的步調。從這點不難看出最初擬定的開發計畫的重要性。萬一計畫擬定不夠充分，那很可能發生多餘的反覆作業，導致開發專案停擺的情形，關於這點要多留意。

此外，在進行軟體開發時，應該實施企劃產品時的軟體開發項目、開發工時、記憶體使用量、目標性能等事項的明確化。並盡最大可能確認最終成品與使用者的要求條件是否完全一致。

3)　其他的開發

除上述之外，還有外殼的開發，外殼製作的模具工程的流程，如圖 8.2.7 所示。

外殼開發可以說是進行產品開發時不可缺少的開發程序。看似與軟體開發沒有直接的關聯，不過有可能因為設計變更使得功能變更或外殼設計上的限制(像溫度或電源)，導致發生軟體誤動作的情形，因此事先最好對外殼的開發程序有相當程度的理解。

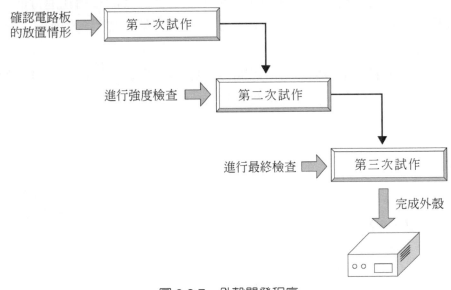

圖 8.2.7　外殼開發程序

名詞解釋

模具

開發外殼時需要製作模具。而製作模具是利用光造型技術，經過 2 到 3 天就可以製作出產品的模型。光造型技術是一種就 3D CAD 使用光線硬化物質的製作技術，強度不佳且薄弱。被用來做為最終產品形狀、基本問題檢查、實際動作的模型等用途。橡膠製的簡易模具大概 3 個月左右就能成型。精度上雖然比不上最終成品，不過強度以外的部分足夠用來評估，最多可以量產 500 個。正式模具到完成最終成品前，需要花費 6 個月左右，量產數目達數萬個。

這樣的模具技術違法外流對日本國內的模具廠造成重大的打擊。舉個例來說，對方要求看樣本就把樣品交出去，或是提供設計圖等行為，都是造成模具技術外流的主要因素。

8.2.3 硬體／軟體協調設計

開發程序從系統設計開始著手。系統設計是評估系統個案的哪個部分是由軟體還是硬體執行的作業。

進行此作業時需要與硬體工程師進行討論，並且需具備對硬體技術的基本認識。本節將就系統設計應該具備的技能，以及在進行討論時有必要加深軟體工程師理解的事項進行說明。

1) 要求技能

說到技能一般指的是能力，並非專業技術。在這裡的技能意指在進行嵌入式軟體開發時需要用到的技術。開發嵌入式軟體時，應對通用型系統不常主動意識到的硬體具備基本的理解。

就通用型程式來看使用 Visual C++等開發工具，只要經由 main 開始撰寫的程式就可以啟動程式。通用型軟體可以不需要硬體的輔助直接讓程式動作(圖 8.2.8)。

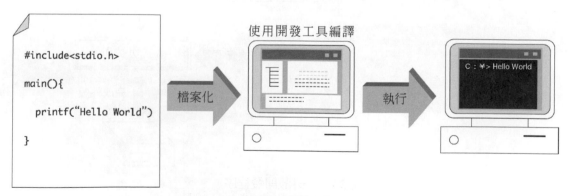

圖 8.2.8　電腦上的程式動作示意圖

對於嵌入式軟體來說，要讓程式動作並不容易，啓動程式前需要建立環境設定。

相對來說通用型軟體當然也需要設定環境，不過這裡指的設定環境並非檔案化的環境，而是促使軟體動作的設定。

爲了對驅動硬體前的環境設定有基本的概念，必須先對通用型軟體沒有意識到的 main()函數以前的程式動作有基本的理解。

有一種名爲 startup routine(起始例行工作)的程式，在此 routine 內進行程式動作的重心也就是 MPU 的設定。就連電腦也會在作業系統啓動前設定 BIOS 程式，但並不會去特別意識這個舉動。

其他的情況還包括程式內存放的媒體。像電腦來說，作業系統等程式存放於二次記憶裝置(大部分都是硬碟)。另一方面，嵌入式軟體則存放在記憶體(ROM、RAM)等記憶體媒體。

就一般嵌入式軟體的動作結構，可以參照圖 8.2.9。結構上包含執行程式的 MPU，做爲存取程式及資料的記憶體，以及 ROM(唯讀記憶體)、RAM(隨機存取記憶體)。其他也包括依循產品要求的必要週邊裝置。

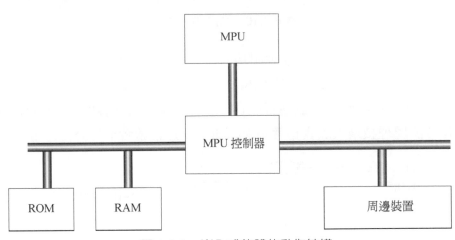

圖 8.2.9　嵌入式軟體的動作結構

就嵌入式軟體而言，有必要充分瞭解與通用型軟體間存在的差異性。而有關嵌入式軟體需要的程式啓動結構，請參考並充分瞭解第 3 章介紹的內容。

2) 認識硬體記錄的差異性

與硬體工程師進行系統設計作業時，除了一般的通信技術之外，也需要具備理解硬體工程師建立文件記錄格式的能力。這可以說是開發嵌入式軟體必備的技能，反過來也可以說這是嵌入式軟體的特色。

　　硬體工程師建立的代表性文件記錄，可以舉時序圖(Timing Chart)(圖 8.2.10)為例說明。時序圖是用來表示硬體控制的時間點，硬體工程師利用時序圖對軟體工程師解釋硬體動作的狀況。

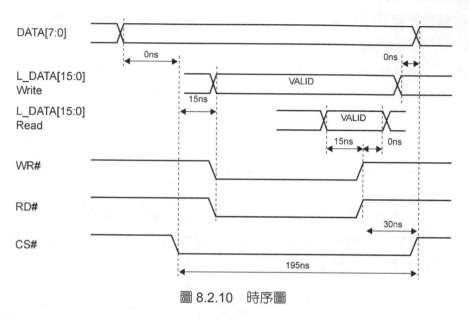

圖 8.2.10　時序圖

　　除了時序圖之外，硬體工程師在說明功能時，經常使用的文件記錄有功能圖(圖 8.2.11)。功能圖使用 AND、OR 或選擇器(Selector)、乘算器等構成要素描述。

　　功能圖說明硬體如何使用功能進行動作，為了掌握硬體的功能必須看得懂功能圖。而這也是資訊處理技術人員資格考必備的知識，建議讀者最好充分理解。

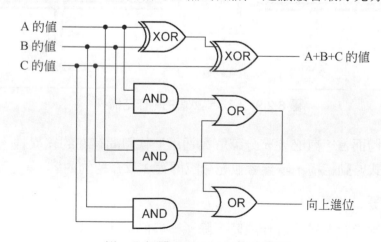

例：全加器(Full Adder)的功能圖

圖 8.2.11　功能圖

基本上最有必要瞭解的硬體文件可以舉硬體規格書來說明。硬體規格書記述進行軟體開發時的要求規格。規格書內明定硬體規格與硬體控制步驟，在從事軟體開發前建議最好充分理解硬體規格書記述的內容。其他有關必要的硬體技術或專門用語的理解，請參考並對第 2 章介紹的內容有充分的瞭解。

3) 硬體／軟體如何決定功能職掌

在決定硬體與軟體的功能分擔前，必須先瞭解硬體與軟體的性質。舉例來說就開發層面來看，硬體具有不易變更設計過後的電路(近來有逐漸演變成可程式化(Programmable))的性質。而另一方面軟體卻具備只要有程式領域即能順應配合程式變更的性質。

從速度方面來探討，硬體支援並列處理技術，在執行並列處理的時候處理速度非常地快，再者軟體的程式動作採序列(sequential)結構，依存 MPU 與記憶體的速度。

有必要將上述的性質，以及圖 8.2.12 顯示的軟體與硬體可執行功能或層級的不同點列入考量。

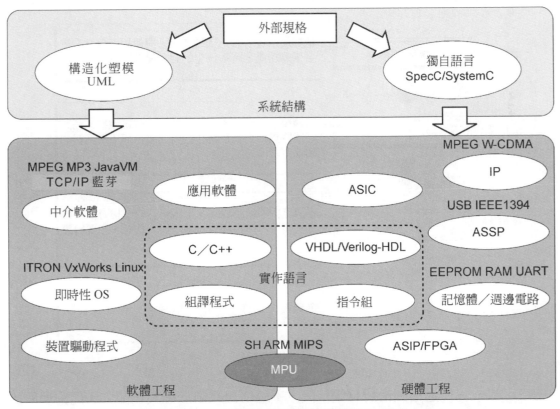

圖 8.2.12　硬體／軟體的功能職掌示意圖

從圖 8.2.12 可以看出硬體與軟體之間由 MPU 連繫，嵌入式系統在 MPU 與專用硬體內建軟體，產品採取軟體與硬體一體成型的系統架構。在此分別就軟體與硬體可能實現的功能舉例說明，把握軟體彈性以及硬體速度性的特徵，並進行與系統的相對比較，探討個別職掌的功能。

8.2.4 塑模

在進行系統設計時引進軟體工程塑模(Modeling)語法，可用圖形描述系統設計時的設計內容。而利用圖形描述可避免設計發生失誤，促使硬體工程師與使用者之間的通信暢行無阻。

塑模從製作模型的階段開始進行。當想要說明塑模代表哪種性質時，可以對使用的每一種要素賦予闡釋衍生出具體的例子。

所謂的塑模著眼於物質的本質要素，應用圖形、數學算式或文章等將鎖定對象表達出來的作業，而最後完成的產物即為模型。

如圖 8.2.13 所示塑模依序分為四個階段。

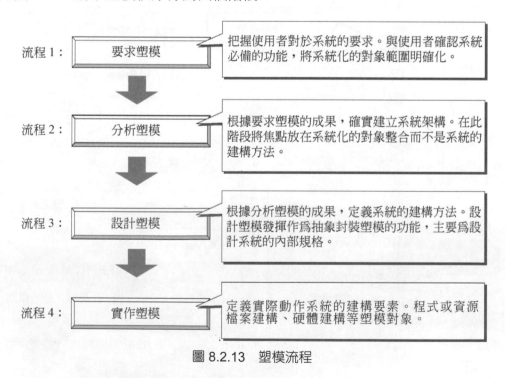

圖 8.2.13 塑模流程

塑模可以成為使通信圓滑的有效手段，不過情況只限於專案相關人士能夠理解的模型製作，以擅自的表現方法塑模出來的模型，需要花費多餘的心力取得理解。為打

破這個局面，軟體工程正積極推進模型表現方式的標準化。

1)　UML(統一模塑語言，Unified Modeling Language)簡介

代表性的塑模語法可以舉近來成為主流的 UML 為例。當物件導向技術逐漸成熟，程式設計師撰寫以物件導向技術為基本的獨特塑模物件語法及模型表示法。

UML 誕生以前的代表性塑模語法，請參照表 8.2.5。由於這些塑模語法各自利用不同的表達方式，對於個別的語法，程式設計師有必要每使用一次即熟悉表示法的差異。

表 8.2.5　代表性的塑模語法

代表性的塑模語法	提倡者
Booch(布奇)法	Grady Booch
OMT(物件塑模技術)法	James Rumbaugh
OOSE(物件導向軟體工程)法	Ivar Jacobson

UML 統一模塑語言是一種應用於系統下定義、視覺化與文件化的語言，提供涵蓋從分析到設計階段的表現方法。以往是用來作為統一個別提案的設計語法，雖然是電腦語言，不過仍與一般程式語言不同，主要還是系統定義的表達方法。

2)　UML 的優點

UML 不僅只有模型的表達方法被統一，也可以用來讓程式設計師作為模型的表示法(圖形及代表意義)。此外，模塑語法也可以自由選擇自行使用。即使是使用不同模塑語法開發出來的模型，只要透過 UML 建構語言描述就能夠理解內容，利用圖表除了程式設計師也方便使用者理解。UML 所定義的圖表如表 8.2.6 所示。

表 8.2.6　UML 圖表((Diagram)類型

UML 圖表	概要
使用案例圖	將系統的要求規格作為物件間的通訊予以模型化
活動圖	系統的行為按照物件流程的活動順序予以模型化
物件圖	將物件間的關係模型化；將類別圖實體化
合作圖	就空間的角度將物件間的相互作用模型化
狀態圖(狀態轉移圖)	將物件的狀態作為狀態轉移模型化
類別圖	將類別與類別間的關係模型化
順序圖	就時間的角度將物件間的相互作用模型化
元件圖	將元件間的結構或依存關係模型化
配置圖	將元件的配備模型化

3) 可對應各種開發工程

UML 對各種圖表下了定義。UML 的九個重要圖表如圖 8.2.14 所示，可以配合各項開發工程自由組合搭配使用。

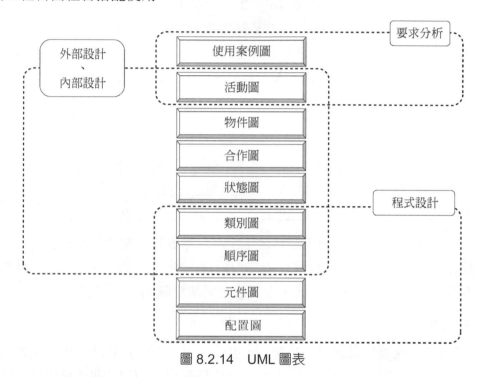

圖 8.2.14　UML 圖表

例如在要求分析、外部設計、內部設計工程利用活動圖、類別圖、合作圖及順序圖，在程式設計工程則應用類別圖、順序圖、元件圖及配置圖。此外各圖表間的概要內容處理規定確實，各開發工程的成果可以天衣無縫的交接給後工程。

再者對於相同的圖表也可以將詳細內容變更後再繪製出來。舉例來說像開發初期的分析模型與資源程式等級的模型，即使圖表相同但內容的詳細程度卻有差異。

有關其他更深入的介紹，可參照坊間的 UML 參考書，作更進一步的認識並將成果應用於嵌入式的開發設計。

8.2.5　設計語法

所謂的設計就是分析與評估的反覆執行。本節針對在進行分析與評估時，有關軟體工程上定義的設計語法，以及設計語法撰寫的記錄文件加以探討。

在軟體設計方面大約有 2 成左右是新開發的案件。反過來說，有 8 成的軟體是類似的，經過再利用來增加開發的生產性。

說到眞正的軟體再利用，最理想的方式是不要對以再利用爲目的，經過重新設計與開發的軟體施加任何的修改，照原樣(Black-Box Reuse)繼續使用。不過這需要借助軟體組件的開發與軟體組件再利用的開發兩者的整合。實際上並非產品導向(product-out)式的開發，而是採行符合使用者要求的市場導向(market in)的概念進行開發。

代表性的設計語法可以舉結構化程式設計與物件導向程式設計爲例。

結構化設計是自古以來使用的語法。而結構化設計目的在於讓別人撰寫的程式變得非常簡潔，更容易讀取。具體上採取使用類似 C 語言的高階語言，設計容易並且可以做結構化設計的程式語法。

相對於結構化設計採用由下而上(bottom up)的設計，物件導向是從統整工程的觀點進行設計的語法。基於將對象視爲物件的觀點，藉以提高再利用性。

結構化設計與物件導向這兩種設計語法很難認定哪一種比較好，必須視設計環境，以及運用系統的性質選擇適當的設計語法。

1)　結構化程式設計

結構化設計語法的代表可以舉程序導向和資料導向兩種語法，在物件導向程式設計開發完成以前這些都被廣泛使用。

(1)　程序導向

本語法被稱爲 POA(Process Oriented Approach，程序導向架構)，著眼於系統的程序(處理步驟)來進行程序的結構化。程序導向程式設計的代表性模型有資料流(Data Flow)模型。從輸入、處理(功能)、記憶、輸出等觀點分析系統的功能。用繪製資料流圖形(DFD:Data Flow Diagram)的方式來表示(圖 8.2.15)。

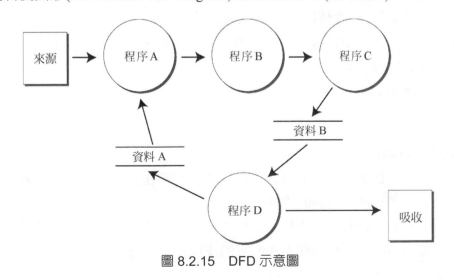

圖 8.2.15　DFD 示意圖

(2) 資料導向

本語法被稱為 DOA(Data Oriented Approach，資料導向架構)，將重點放在系統處理的資料，著重於資料正規化(消除重複或存在的不整合等矛盾)的結構化設計。

資料導向程式設計的代表性模型有 ER 模型(Entity Relation Model：實體關聯模型)，將對象世界抽象化，分析實體(Entity)和關聯(Relation)，繪製成 ER(Entity Relation)圖表示，利用 ER 模型圖(圖 8.2.16)使得各資料屬性與資料關係更加明確。

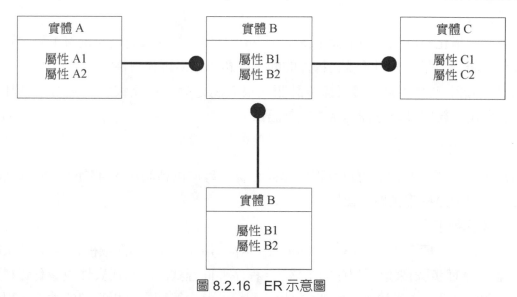

圖 8.2.16　ER 示意圖

結構化設計語法有其缺點，主要因為程序與資料是從個別角度去補捉，當一方產生變更時有可能會對另一方造成影響。

好比當程序產生變更時，有必要看是否要配合更改程序使用的資料，或是評估所有可能的影響範圍，視情況進行修改。

就規格變更頻率高的系統來說，若遇有上述的評估或修改經常發生者，將有可能超過維護的負荷，導致修改錯誤發生頻率激增的情形。

2)　物件導向程式設計

物件導向是用來改善結構化設計語法的缺失而開發出來的程式語言。將世上所有存在的物體視為兼具程序與資料的物件。

英文的 Object(物件)直譯為物件。這個字涵蓋有形物體，以及對象物體等兩種意義。物件是一個具有狀態、行為與識別的實體或抽象化概念。

以汽車為例來說明，汽車分別有停車時、行走時兩種狀態，以及發動與停止兩種行為。而當車子處於停在停車場的狀態下，駕駛人仍然可以識別出自己的車子。

像這樣物件導向就是一種利用物件的性質，透過多數物件彼此協調相互動作，創建系統的開發技術。下表 8.2.7 歸納出物件導向程式設計的三大機制。

表 8.2.7　物件導向的機制

物件導向機制	意義
資訊隱藏	透過資訊的隱藏成為獨立不依存於相關物件。即使相關物件發生變更也能將重新檢視物件結構的必要性降到最低。
繼承再利用	基於繼承類似屬性的概念具可再利用性，藉由再利用，可以省去類似的設計作業，連帶的提高生產性。
多型(Polymorphism)	將數個物件的不同操作定義(或稱方法，method)單一化，透過單一程序使得物件間的介面變得單純化。

實現物件導向程式設計的三大機制，除了軟體品質的維護性外，也能夠提高生產性。

如圖 8.2.17 與表 8.2.8 所示，利用物件導向技術進行開發的優點可以舉實現實體世界的描繪、品質與順應力的提升、群體開發的加速為例。此外也可以循環性反覆執行要求分析-設計-程式設計的工程，進行軟體開發。

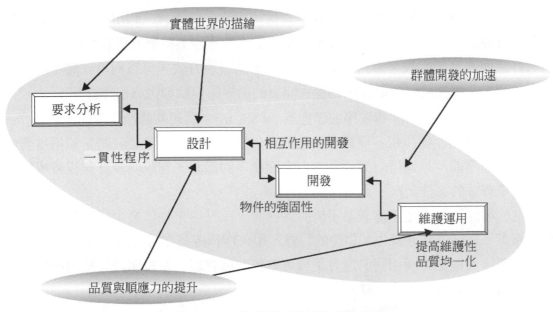

圖 8.2.17　物件導向開發的操作定義

表 8.2.8　物件導向的操作定義

物件導向的操作定義	意義
實現實體世界的描繪	可以用自然的想法去思考實體世界的概念，將對象從物件的角度加以定義，藉此可以識別並表達物體具備的結構、資料、功能、動作與關係。
品質與順應力的提升	透過資訊的隱藏可以順應要件或規格的變更。
群體開發的加速	可以進行不整合的各物件單位的開發。

　　按照這樣的流程進行作業，最大的好處是可以用自然的想法從事開發、順應規格的變化、使用再利用性高的軟體進行開發。

　　就嵌入式軟體的開發現場來看，當遇到適用物件導向的情形，實際上會發生投入龐大的時間在學習程式設計語言與開發工具，或理解開發軟體的結構，使得物件導向原本的優點無法被完全發揮出來。為了避免「見樹不見林」，建議最好不要完全依存語言實作，刻意去意識物件導向原本利用的分析方法以及實作方法的優點，將其應用於嵌入式軟體的開發。

3)　利用圖形表達

　　軟體技術開發的最終產物即為程式。在最終產物也就是程式開發前，必須對系統功能相關的各種事項進行評估。而若在評估系統功能時使用程式語言，則有可能發生不明確或遺漏的問題。

　　為了克服這個課題最好使用圖形代替評估功能的程式語言。利用圖形使得評估的結果在進行理論性確認或問題點把握，以及功能確認等作業時變得更容易。

　　另外一個優點是直覺上容易理解。有關圖形的表達方式，可以利用軟體工程上定義的各種圖形，本節將針對直接輔助程式開發的循序圖與狀態遷移表作介紹。

　　循序圖是用來表示時間與順序的動態圖(圖 8.2.18)。為使軟體循序性的進行動作，透過圖形表示時間性動作和各模組／函數間發生的順序，進而建立軟體是值得推薦的做法。利用循序圖可以進行時間性動作與介面順序的確認，在說明設計檢視或專案時循序圖將是有效的文件記錄。

　　有別於循序圖，狀態遷移表並不屬於動態圖，而是用來描述發生於某種狀態事件的動作圖表。在某種狀態發生某事件的時候，用來作為確認作用的圖表(圖 8.2.19)。

　　狀態遷移表與循序圖相同的地方是皆可確認狀態管理，在說明設計檢視或專案時狀態遷移表將是有效的文件記錄。

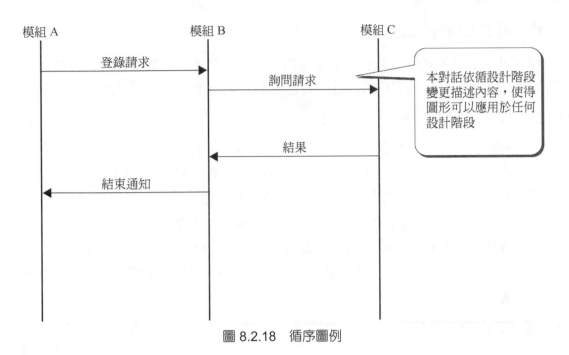

圖 8.2.18　循序圖例

狀態　　　　　　事件	狀態 1 封鎖狀態	狀態 2 等待封鎖	-------	狀態 n 運用狀態
封鎖事件	－　　　　　1	封鎖通知事件 → L2　　　1	-------	封鎖通知事件 → L2　　　2
解除封鎖事件	解除封鎖事件 → L3　　　n	解除封鎖事件 → L3　　　n	-------	－　　　　　n
⋮	⋮	⋮	-------	
運用開始事件	－　　　　　1	運用開始事件 → L3　　　n	-------	－　　　　　n

圖 8.2.19　狀態遷移表

　　這裡介紹的圖形表示只是其中一例。除了語言的使用之外，並且善加利用圖形表示進行評估作業，減少功能遺漏或不足，進而達到統一專案意識的目標。軟體工程對於圖形的表示法下了很多定義，建議從中選擇適當的定義，應用在評估與設計方面。

8.2.6　程式設計技術

程式可說是嵌入式軟體開發的最終產物。而在開發程式時最需要具備的就是程式設計的能力。本節將對各項程式設計語言在使用上應該注意的事項作概略介紹。

1)　高階程式語言設計時的注意事項

提到高階程式語言包括數種不同的語言。在此特別針對 C 語言說明使用時的注意事項。C 語言使用編譯器及連結器等工具編譯成可以執行的二進位格式。由於嵌入式軟體使用的是 MPU 專用的編譯器，在進行編譯時有必要多留意。

正如圖 8.2.20 所示，當監視模組進行輪詢(polling)有時會產生無法正常從硬體進行輸出入的程式碼。一旦使用編譯器經過最佳化的處理，會發生程式無法預期的情形。在這種情況下為避免被最佳化，藉由指定揮發(volatile)可以避免此現象發生，具體案例請參考圖 8.2.20。

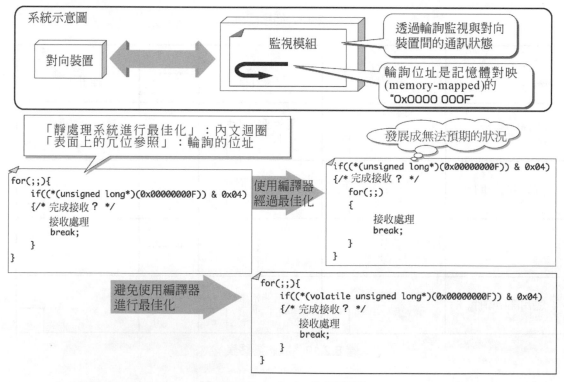

圖 8.2.20　volatile 的示意圖

所謂「volatile」是引用 Kernighan & Ritchie 合著的《C 程式語言》，書中將 volatile 定義為「靜處理系統進行最佳化」以及「表面上的冗位參照」。

2) 資料型

提醒讀者留意在 C 語言的資料型態中的 int 型變數依存 MPU 的(word 字元長度)bit 數。當執行 MPU 的載入位元(load-bit)數為 8 位元時，int 的宣告資料型將為 8 位元幅寬。若執行 MPU 的載入位元數為 32 位元時，int 的宣告資料型將為 32 位元幅寬。就像這樣 int 完全依存 MPU 的載入位元，在執行 int 的時候最好多加注意。

3) 高階語言以外的技能

在嵌入式軟體程式上使用各種類型的 MPU。依照平台的區別，從高價位到低價位的 MPU 等使用涵蓋範圍很廣。特別是低價位的 MPU，有時會遇到高階語言處理運作來不及的情形，在這種情況下為了提高程式的處理速度，必須利用組合語言來取代高階語言(圖 8.2.21)。

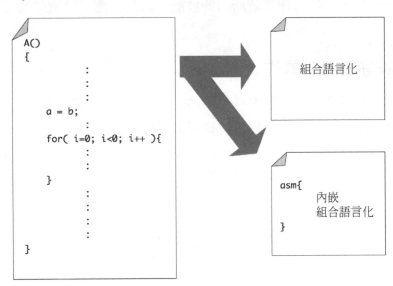

圖 8.2.21　組合語言的應用例

感覺上利用組合語言提升速度的想法似乎很老舊，不過這項技能對於開發嵌入式軟體則是必備的。

將組合語言編入高階語言的時候有幾點須要注意。像是因為前後函數的結果值或變數存取使用暫存器或堆疊，在進行組譯時，盡可能注意前後關係以免暫存器或堆疊受到破壞，這是使用的暫存器必須考慮到的地方。

至於有關熟悉組合語言的方法有很多，建議對高階語言編譯之後出現的組合語言檔案進行追蹤。這麼一來不僅可以對撰寫程式的展開方式有初步的理解，對 MPU 動作或 MPU 認知，也具有提升的優點。

具備撰寫組合語言的技能，還有另一個好處。那就是在測試階段會遇到程式不預期的動作發生。這是因為使用於嵌入式軟體的編譯器依存 MPU，當高階語言衍生至組合語言的時候，會發生不預期的情況，遇到這種情形倘若能夠對比高階語言和組合語言，就可以盡早解決測試時發生的問題。熟悉組合語言技能的優點不勝枚舉，不僅是組合語言就連高階語言以外的技能最好都要熟悉。

8.3　測試與除錯

測試是用來驗證開發系統的正常性，而用來解析問題的是除錯。之前在 8.2 節也介紹過，測試與除錯的作業等於是將開發程序進行過的流程反過來再走一次。本節針對嵌入式軟體在進行測試與除錯作業時所需的技能，以及在測試時與硬體之間的關係進行解說。

8.3.1　測試與除錯的差異性

測試與除錯的差異性在於作業內容(圖 8.3.1)。一般都認為除錯等於測試，不過測試本身並不是為了找出錯誤，而是用來作為確認規格與功能的作業。錯誤並非經由測試而被發現，進行測試作業的目的在於確認規格與功能。另一方面若進行測試時發生不預期的動作，為了找出錯誤(原因)發生的來源，這個時候就需要進行除錯作業。

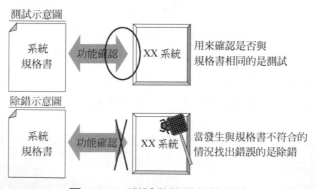

圖 8.3.1　測試與除錯的差異性

8.3.2　嵌入式開發測試

在測試階段也可以發現到嵌入式軟體開發跟通用型軟體開發的不同點。關鍵在於通用型軟體比較不會去意識到的硬體。先前 8.2 節也提曾經提到過，開發嵌入式軟體時，軟體和硬體的開發是同步進行的。而不同的地方在於就算軟體開發先行完成，也

不能進行到測試軟體的階段。嵌入式軟體必須在硬體上才能動作，也因此在整個硬體開發未完成之前，系統本身的測試就視同未完成。

在進行硬體開發時經常發生遲延的現象(圖 8.3.2)，不過問題並非在於硬體的開發方式，而是硬體開發實質上有些工程需要花費時間。像 LSI 開發時的前置時間、電路板製造、零件實作等都是。再則硬體開發的延遲大多取決於外界廠商，使得改善工作不易推行。像這樣若有專案發生變更時，有必要對軟體單元的測試方法進行考量。

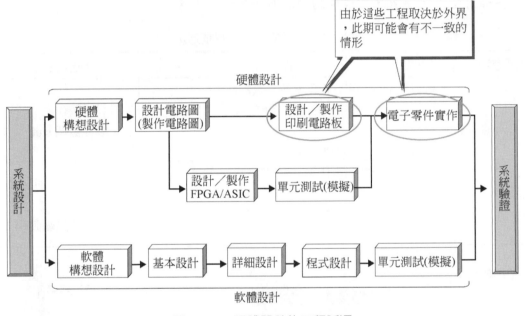

圖 8.3.2　硬體開發的工程延遲

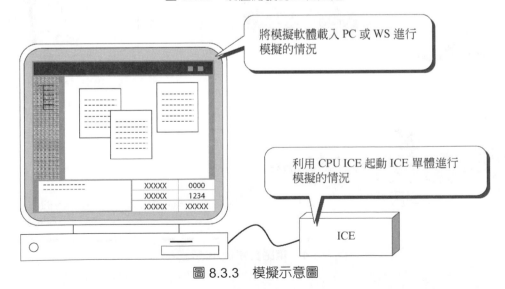

圖 8.3.3　模擬示意圖

　　至於軟體單元的測試方法，可以舉模擬(Simulation)(圖 8.3.3)為例說明。模擬可分為利用模擬環境或 ICE 兩種方式。當硬體開發發生延遲時，必須建立模擬環境的架構，進行軟體的單元測試。即使硬體開發沒有延遲現象，也可以應用於程式設計完成以後的單元測試。在進行單元測試時應用模擬，不僅可以提高程式的品質還具備能夠使接著單元測試後的測試進行順利的優點。

　　進行模擬時使用軟體工程所定義的測試方法，能夠使測試要點明確化。在軟體工程上對各種方法下了定義，代表性的測試方法請參照表 8.3.1。

表 8.3.1　模擬的代表性測試方法

測試方法	優點	缺點
由上而下 (Top-down)測試	• 可以早期檢測出介面不良等重大缺陷 • 反覆進行重要性高的高階模組的測試，提高整體的信賴性 • 不需要建立測試驅動程式	不容易分擔作業 必須製作數個 stub
由下而上 (Button-up)測試	• 易於各司所職同步作業，可早期進行多數的模組測試 • 可優先提高缺陷影響較大的共通模組的品質 • 不需要產生 stub	重大缺陷到後期才被檢測到 需要建立測試驅動程式

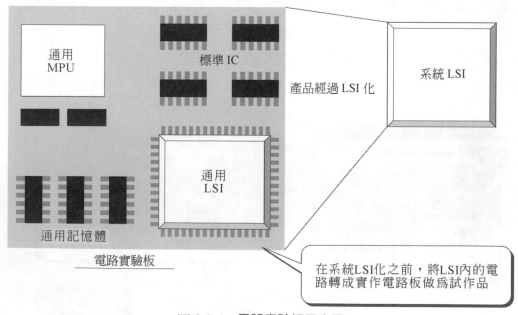

圖 8.3.4　電路實驗板示意圖

使用模擬以外的工具進行軟體測試時，在硬體的開發工程方面也有利用做為試作所開發的電路實驗板的方法(圖 8.3.4)。被開發用來做為 LSI 的硬體，在 LSI 製造工程前為了要確認硬體的功能，會試作電路實驗板。在成品用電路板完成開發之後，硬體開發工程師會暫時針對硬體電路動作、電源或波形等動作進行確認，因此在測試軟體時經常無法使用成品用電路板。像這種情形透過電路實驗板的使用，可以在成品用電路板測試前進行與硬體的介面部分或程式動作的確認，促使測試的進度順利完成。

視開發系統而定，有些情況並不需要試作電路實驗板。遇到這樣的情況，會要求硬體工程師在系統設計階段應有效率並順利的進行測試，除此也要求在系統設計階段必須將測試列入考量設計。

8.3.3　測試的進行方式

最初的測試作業就是製作測試項目，利用在 8.2 節說明過的 V 模型可以對各測試階段的基本製作項目內容一目了然。

測試項目被用來作為開發程序的產物，利用撰寫文件製作符合各種程序的測試項目。根據出示於表 8.3.2 軟體工程所定義的測試方法，製作測試項目，選擇適用的測試方法進行測試。

表 8.3.2　各工程可利用的代表性測試方法

測試工程	測試內容	測試方法	
單元測試	使受測模組單元運作，主要是用來驗證內部邏輯的測試	白箱測試(White-box testing)	指令網羅
			分歧網羅
			條件網羅
整合測試	整合受測模組運作，主要是用來驗證整體是否具備正常功能	由上而下(Top-down)測試	
		由下而上(Button-up)測試	
		黑箱測試(Black-box testing)	等分測試
			界限值分析
			因果測試
系統測試	驗證系統整體的功能與性能	黑箱測試(Black-box testing)	確認輸出量
			確認反應時間
			過負荷實驗
驗收測試	使用者實際運用的測試	測試方法不明確，採用使用者設定的驗收測試以及接收測試	

8.3.4　整合硬體的測試

　　完成硬體開發之後，即進入與硬體的整合測試(圖 8.3.5)。本測試目的在於使用成品用電路板，使軟體的產物也就是程式動作。

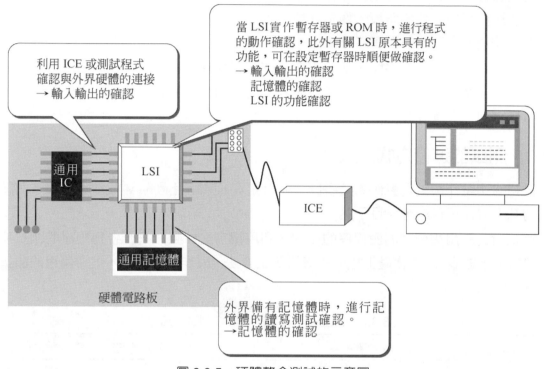

當 LSI實作暫存器或 ROM 時，進行程式的動作確認，此外有關 LSI 原本具有的功能，可在設定暫存器時順便做確認。
→ 輸入輸出的確認
　 記憶體的確認
　 LSI 的功能確認

利用 ICE 或測試程式確認與外界硬體的連接
→ 輸入輸出的確認

通用
IC

LSI

ICE

通用記憶體

硬體電路板

外界備有記憶體時，進行記憶體的讀寫測試確認。
→記憶體的確認

圖 8.3.5　硬體整合測試的示意圖

　　本階段最先確認的是硬體動作的正常性。確認完硬體的電氣特性之後，即進行硬體與軟體的介面部分測試。介面部分採用軟體工程師開發的測試程式或操作 ICE 的確認方式，對介面部分的輸入輸出進行測試。介面部分的測試是嵌入式系統才有的獨特測試。

　　進行完與硬體的介面測試之後，即進入整合軟體的測試階段。成品用電路板的動作與利用模擬和實驗電路板測試出來的結果可能會不同。這是因爲依硬體的不同，有可能遇到動作時間點與動作不穩定的現象。就成品用電路板來說，由於硬體本身的動作不穩定，或是與「實驗電路板」的處理速度不同，導致有進行軟體修改的必要。此外在此階段發現的硬體錯誤，大多數必須靠軟體才能修正。這是屬於「嵌入式系統」的獨特部分，看情況有時需要配合不易變更的硬體。

　　重新設計軟體時，有必要先進行縮減變更範圍，以及較簡便的修改方法的評估再

行設計。

　　重新設計結束之後，除了應該進行確認修改的測試，也必須檢查看看對修改以外的部分是否造成影響。這不僅是爲了提高品質，就確保開發至今的產品品質來看測試是相當重要的一環。

8.3.5　縮減與規格差距的技術

　　即使進行測試或除錯還是避免不了與規格不符的情況發生。而不符合的部分大多與時間這個關鍵字有關，好比反應時間、啓動時間及 TAT 等。

　　若發生與系統規格書記載時間不合的情形，則需要提高程式執行速度，爲達到要求，需要修改程式也就是進行調校。調校是用來修改程式的演算，或進行程式結構的修正，甚至於將使用語言轉成組合語言等，要求需具備程式設計的技術。在進行程式的修改時，有必要看清修改範圍以及評估影響範圍。其次，必須把握系統整體的功能，能夠縱覽影響範圍的觀點。

　　在提升速度方面，若硬體屬於 FPGA 等可程式化硬體，這樣的話並不一定要強行變更軟體，也可以採取在速度不夠快的部分使用硬體的方式。

總結

將本章探討內容歸納如下：

1) 品質的重要性

　① 有別於通用軟體，嵌入式系統對品質的要求不僅在條件上要求嚴苛，並且針對各項產品規定不同的品質。

　② 利用一般定義的品質特性，確認品質目標設定與系統要求品質是否適當是非常重要的。

　③ 為確保品質，理解系統要求的事項或利用類似系統的錯誤資訊，於事前掌握傾向，並且評估對策是非常重要的。

　④ 利用軟體工程上定義的代表性程序管理方法，進行開發程序的管理。

　⑤ 一般的管理技術無法完全處理嵌入式軟體的管理，因此有必要建構適合嵌入式軟體的管理技術。

2) 開發程序

　① 必須應用軟體工程上定義的各種開發程序進行程序開發。此外選擇開發程序時有些要點必須列入考量。

　② 由於嵌入式軟體採用與硬體相互協調的方式進行程序開發，必須具備特殊的技能。

　③ 就協調硬體的設計來看，為了瞭解有關硬體處理的文件，需要具備特殊的技能。

　④ 決定軟體與硬體的功能分擔時有幾點必須列入考量事項。

　⑤ 利用軟體工程上定義的程式設計語法，可以提高確保品質與再利用性。

　⑥ 使用圖形表達加強連同檢視的通信，減少設計時發生的考量遺漏或不足的情形。

　⑦ 必須留意進行嵌入式軟體開發時，處理的各種程式設計語言。

3) 測試與除錯

　① 測試與除錯兩者不同之處，在於作業內容與執行目的。

　② 在硬體尚未完成開發前，進行軟體單元測試或利用試作硬體進行測試是可能的。

　③ 對製作測試項目的工程定義。此外測試的進行方式利用軟體工程上定義的測試方法。

　④ 硬體開發完成後，進行測試時有幾點必須留意。

　⑤ 要求具備「調校」這項特殊技能。

習題

問題 1　請列舉嵌入式軟體要求的品質目標。

問題 2　請填寫下列敘述中的 a 到 h 。

ISO a 定義的 b 對於功能性、 c 、 d 、效率性、維護性、移植性等用語下了定義。這些用語分別對不同的事項定義，有必要理解這些用語定義的事項 e 指的是什麼。理解用語的定義，選擇適用於開發系統的內容並應用在 f 上。此外透過利用類似系統的 g 找出開發系統的問題點，或是利用 h 掌握事故發生的傾向，能夠蒐集更詳細的資料，進而於事前擬定對策。

問題 3　請列舉兩項開發程序管理的代表性開發程序。

問題 4　請填寫下列 V 模型的 a 到 f 。

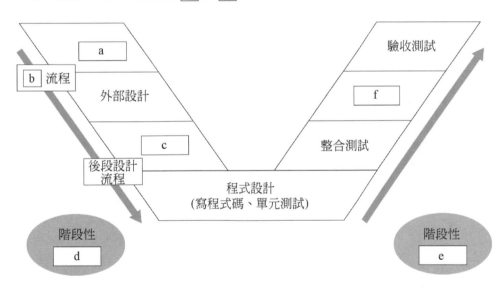

問題 5　請填寫下列敘述中的 a 到 i 。

代表性的程式設計語法有結構化設計語法以及 a 。結構化設計語法的代表語法有 b 與 c ，在 a 尚未開發完成前被廣泛拿來使用的程式設計語法。結構化設計語法的缺點是個別運用 d 和 e ，也因此當任何一方發生變更時有可能對另外一方造成影響。

　　為了改善結構化設計語法的缺點的解決方法就是 a 。 a 的出發點乃將世界上的物體視為 f 。藉由 f 的觀點，可以實現資訊隱藏、繼承再利用、 g 等三個目的。而實現這三個目的的好處在於提高軟體品質、 h 以及 i 。

問題 6　請列舉代表性的三種測試方法。

附錄 A

A.1　軟體授權條款

　　一般在提到軟體授權條款的時候，會先聯想到安裝電腦軟體時出現的「軟體使用授權合約」。不過這些條款的內容複雜難懂，不花腦筋就想理解內容幾乎是不太可能。在嵌入式系統上使用軟體時必須經過授權。在沒有正確掌握條款內容的情況下，有可能影響到所有系統開發製作軟體的授權。

A.2　著作權

　　唯一用來保護軟體及程式的是著作權，處理方式與出版物相同。在理解授權條款之前，有必要對著作權有正確的認識。

　　以日本來說法律將軟體著作物定義為「屬於思想或感情範圍之創作品」，例如文藝、學術、美術或音樂等領域的作品。自 1980 年(昭和 60 年)修改著作權的相關法規，將「電腦程式」或「資料庫」也列為創作物，與創作一樣都自動受到著作權保護。

　　著作權法將著作者的權利區分為著作人格權與著作財產權等兩大項。

　　著作人格權制定的用意在於著作者人格權之保護，本權利包括公開發表權、姓名表示權、同一性保持權，分述如下。

- 公開發表權(著作權法第十八條)：著作者享有向公眾公開其著作之原件或其重製物之權利。
- 姓名表示權(著作權法第十九條)：著作者於著作公開發表時，有表示其本名、別名或不具名之權利。
- 同一性保持權(著作權法第二十條)：著作者享有禁止他人未經同意擅自變更著作的內容、形式或名目之權利。

　　著作人格權的權利不可以讓與他人。依著作權法第五十九條規定「著作人格權專屬著作者本身不得讓與」。

　　此外根據著作權法第六十一條「著作財產權得全部或部分讓與他人」。

　　著作財產權包含了以下複製權、上演及演奏權、公開播送權、口述權、展示權、

散布權、讓與權、貸與權、翻譯權、彙編權等權利，他人使用其著作權，必須獲得著作者之允許。

- 複製權(著作權法第二十一條)：著作者專有複製其著作之權利。
- 上演及演奏權(著作權法第二十二條)：著作者專有向公眾公開上演、公開演唱，以及公開演奏之權利。
- 公開播送權(著作權法第二十三條)：著作者專有公開播送之權利。
- 口述權(著作權法第二十四條)：著作者可對公眾口頭傳播自己創作的語言著作物的權利。
- 展示權(著作權法第二十五條)：著作者擁有公開展示美術或未發表照片等原創作品的展示權。
- 散布權(著作權法第二十六條)：對公眾銷售或出租電影作品的拷貝品之權利。
- 讓與權(著作權法第二十六條之二)：著作者專有向公眾轉讓著作物原作或拷貝品之權利。
- 貸與權(著作權法第二十六條之三)：著作者專有向公眾出租著作物的拷貝品之權利。
- 翻譯權／彙編權(著作權法第二十七條)：著作者擁有對自己的著作物進行翻譯、編曲、變形、改編和製作電影，創作衍生性著作物的權利。
- 有關原著作者權利的衍生性著作物的使用權(著作權法第二十八條)：關於他人製作的衍生性著作物，原著作物著作者擁有與衍生性著作物著作者同等的權利。

這些權利當中，就電腦程式來看普遍都認為複製權、彙編權(執行程式的解析)、衍生性著作物的使用跟原著作者的權利有關聯性(關於遊戲軟體等二手軟體的上演權及散布權尚在審議中)。

那麼就上述的權利來看，執行、使用電腦程式的權利(使用權)根據的是哪一種？對於書籍等著作物來說，「閱讀」這項使用權的制定不被認可。也就是說以閱讀為前提編製的著作物，閱讀時不需要取得著作者同意。同樣的就電腦程式來看，也不具有執行程式的設定權利。使用上應注意從 CD-ROM 等電子媒體下載(複製)到電腦時會涉及到複製權，關於這部分在軟體授權條款做了規定。

一般而言著作權存續期間(法人著作物)為自公開發表起算 50 年。但倘若在創作後50 年以內沒有公開發表，則自創作後起存續 50 年。提醒各位注意著作權不一定和著作權持有人一致。當然在最初進行創作時著作權與著作權持有人應該相同，不過著作權各項權利是有可能讓與他人的。也因此著作權持有人有可能改變。普遍來說著作者大

多以個人為主，若是因企業或團體指定業務進行的創作，則在符合某些資格的條件下可以視同企業或團體為著作者。

另外著作權持有人所同意的權利，對於各權利可以個別認可。

軟體授權條款為公開著作權持有人如何看待受著作權保護的文書，主要記述軟體的使用方法。一般都採用 COPY RIGHT 的標示代表著作權持有人，不過原先應該是用來表示複製權。

A.3 授權條款種類

軟體授權條款大致可分為規定執行程式使用許可的二元碼授權(Binary License)，以及規定原始碼程式使用許可的原始碼授權(Source License)。當然就一般來說各授權條款也明文規定複製、散布以及其他各項權利。

使用於嵌入式系統(embedded system)的軟體，在取得軟體授權時必須注意兩點：終端用戶(end user)的人數會激增，以及在開發階段的使用人數不明確。有必要將借用他人的授權進行開發對成本的影響程度，以及自己開發的軟體經由授權產生多大利益等列為判斷要件，評估使用或許可的可行度。

授權使用注意事項

大多數的二元碼授權允許一個授權只能裝在一台電腦使用。這些電腦經常使用的授權型態，從授權管理的難度可以得知在嵌入式系統上使用有實際上的困難。多數假定在嵌入式系統上使用的商用軟體，大部分都是採取在開發階段的原始碼授權產生費用，讓產生的二元碼授權免費合法使用的方式。這麼一來無法避免的開發取得的商用授權收費將會增加，使得使用開放原始碼授權軟體的開發系統也跟著增加。

若使用的是通用電腦型作業系統(Windows 系列的作業系統)，則有必要對作業系統以外封裝的所有模組的二元碼授權進行詳細確認。注意違反授權將造成龐大的金錢損失。

A.4　主要開放原始碼授權

授權	特徵
GPL (General Public License)	GNU(Gnu is Not Unix)專案開發出來的適用程式的軟體授權，規定著作者有義務公開原始碼，允許使用者有權自由進行散布或修改，另外針對連結到 GPL 軟體運作的程式庫或被修改的軟體也附帶公開原始碼的義務。
LGPL (Lesser General Public License)	從 GPL 衍生出來的授權，GPL 對於原始碼使用者追加的原始源代碼要求必須適用於 GPL，而 LGPL 只限於動態連結程式沒有規定必須公開原始碼的義務。
SISSL (Sun Industry Standards Source License)	SISSL 是 SUN 為了散布開放原始碼軟體製作的授權，可以分別使用原始碼與二元碼的授權進行散佈。
BSDL (Berkeley Software Distribution License)	同 GPL 允許使用者自由進行散布或修改，但對於修改過的原始碼並不具公開的義務。

※　GNU：由致力於推廣自由軟體成立的民間非營利性組織自由軟體基金會(Free Software Foundation，FSF)，推動的 UNIX 互換性軟體的開發專案的總稱。

附錄 B

B.1　軟體平台

在嵌入式語言還沒有被開發之前，安裝單晶片微電腦的機器被稱為微電腦內建產品。那個時候當然還沒有所謂的作業系統，而是在 1 到 4K 左右的 Mask ROM 內將組合語言設計的程式燒錄進去。而軟體製作靠的是技術工程師的經驗與感覺的專門技術，開發規模平均大約需要 3 到 10 人月。

然而目前在代表嵌入式系統的手機開發上使用 RTOS，也使用 C/C++或 Java 作為開發語言，引進多樣化的功能。就開發規模來看從數百人月，到規模大到與業務系統的軟體開發不相上下的程度，因此為了達到縮減開發工時的目的，除了硬體的共通化(硬體平台)之外，軟體的共通化(軟體平台)也被視為有效的手段。

起初從多數機種、將產品的作業系統共通化著手，到現在連被稱為中介軟體的功能單位模組也透過共通化，試圖縮減開發工時。

B.2 作業系統的分類

使用於嵌入式系統的作業系統，大致可分為通用型作業系統、開放式作業系統以及商用 RTOS。以下就各分類的特徵逐一說明。

B.2.1 通用型作業系統

從 Windows 系列中舉 Windows XP Embedded 為例說明。這是原本 Windows NT Embedded 銷售產品中的最新版。Windows XP 本身就是作業系統，作業系統的功能模組或桌面環境可以配合產品進行最佳化。總之必須事先瞭解存在於 Windows 作業系統內的各項問題。

作業系統名稱	特徵	使用上的注意事項
Windows XP Embedded 作業系統	1.沿襲 XP 的特徵(部份有限制) 2.只適用 INTEL CPU 3.嵌入式專用機器可以定製 • 桌面的隱藏 • HDD 的保護 • 可以由網路啟動(boot) • 可使用單一使用者模式(single user mode) • 「Run-Time Image」的安裝 • 可支援多種語言	1.原始碼非公開 2.需要持續性進行維修(處理作業系統內在的 bug) 3.即時性功能 4.桌面環境的隱藏 5.資源的擴充

B.2.2 開放式作業系統

嵌入式系統的開放式作業系統，以開放原始碼的 Linux 與 T-Kernel 為主。目前已經被許多產品引進使用，開放式作業系統應注意授權使用，視授權型態有可能連自作的軟體都需要宣告，對此應該注意避免專業技術(Know How)發生外流。

作業系統名稱	特徵
ITRON 系列	經東京大學坂村教授(Sakamura)提倡，從 TRON 專案衍生出來使用嵌入式作業系統架構(規格)的 ITRON 的作業系統總稱。一般來說市售的都是 ITRON 標準的作業系統。 　不過對於規格並沒有明確規定，所以製造商之間的互換性也就沒有被約束。 　為了解決上述的問題，於是 T-Engine 平台就被提倡用來作為 ITRON 基礎的標準開發平台。規格化的 T-Engine 硬體主板，以及根據 ITRON 的標準即時作業系統(T-Kernel)其標準化作業正在進行，採用 T-Kernel 可以促使中介軟體標準化，促進中介軟體的流通性。

Linux 系列	採用開放原始碼作業系統的 Linux 核心，將嵌入式系統的不必要模組拆卸下來，強化必要的即時性功能的作業系統總稱。Linux 屬於開放原始碼具有以下幾項特徵。 • 使用豐富的中介軟體或應用軟體 • 標準的安裝網路功能 • 標準化 API • 可使用既有開發環境 • 多數硬體可使用

B.2.3 商用即時作業系統(RTOS)

商用 RTOS 的銷售產品非常多，在此僅舉其中代表性的產品並對主要特徵加以介紹。另外這些作業系統大部分都支援商用整合開發環境，所以就整體來看開發的簡便性也成為選擇作業系統的標準。

作業系統名稱	特徵
Windows CE Windows CE.NET	確保與 Windows 的互換性 支援 SDK(開發配套元件) 提供電腦系統連線作業的功能
VxWorks	從家電到 FA 產品涵蓋範圍廣適用於多平台(multi-platform)(各種 CPU) 支援 POSIX-API TCP/IP IPv6/IPv4 堆疊 提供專用的整合開發環境
Symbian	使用於大多數的手機 適用於多平台(multi-platform)(各種 CPU) 多數整合開發環境進行支援 手機以外的使用也有增加的趨勢
OSEK/VDK	由德國、法國的汽車產業制定 作為車載系統用的標準作業系統使用普及 適用於多平台(multi-platform)(各種 CPU) 通訊協定的標準化 (適用於 CAN、MOST) 支援多數整合開發環境
QNX	作為 Embedded-RTOS 具有 FA 產品的實績 適用於多平台(multi-platform)(各種 CPU) 依據 POSIX-API 支援 GUI 支援 TCP/IP(適用分散式系統) 適用於整合開發環境
PalmOS	開發作為 PDA 用 RTOS 統一 PDA 基本操作(可追加依存機種) 可以使用公開的 PalmOS 用應用軟體

B.3　開發平台

說到開發平台，一直以來都是仰賴 MPU 製造商供應的開發配套元件，或是 ICE 製造商供應的開發環境。到最近編譯器製造商開始銷售程式語言編譯器與除錯器一體成型的整合性開發環境(IDE)。通常這些環境被使用的頻率很高，而近來就連開放原始碼的整合開發環境也被公開，本節就針對這些狀況進行說明。有關商用 IDE 請參考各家製造商提供的資訊。

作業系統名稱	特徵
Eclipse	美國 IBM 將開發銷售的整合性開發環境(IDE)以開放原始碼形式釋出後，獨立成非營利組織 Eclipse Foundation 進行開發，原先的開發用意是當作通用型開發環境，後來 Java 開發環境逐漸成熟，成為目前最受歡迎的 Java 開發工具。於 2004 年推出 Vre3.0 後，通用平台的使用變得更加簡便，在嵌入式領域的使用率持續急速上升。 　Eclipse 具有完整的功能，並且可以作為「外掛軟體（Plugin）」追加擴充模組擴充功能，自此之後「外掛軟體」開始流通，可預見將會在今後的開發平台佔有一席之地。
WideStudio	WideStudio 被開發為日本國產 IDE，桌面應用軟體開發用 IDE 在 IPA 的「未涉獵軟體創造事業」概念下，T-Engine 用的開發環境架構已經成型。 　使用開放原始碼開發的 WideStudio，目前仍在持續進行開發，特徵是具有針對被稱為 MPFC(Multi Platform Foudation Classes)的各種作業系統準備的類別程式庫。經由此設計的應用軟體只要不使用依存在作業系統的 API，光靠重編譯就能成為在好幾個作業系統上驅動的應用軟體。在 2005 年 1 月推出適用於 Windows、Zaurus Linux、FreeBSD、Solaris、MacOS-X、Windows-CE、BTRON、ITRON、T-Enging 的作業系統。

B.4　其他平台

在其他像手機的開發平台，BREW 就是用來在特殊機種啟動應用軟體的平台。BREW 是 Binary Runtime Environment for Wireless 的簡稱，BREW 平台的目的是用來啟動由手機cdmaOne開發公司，美國高通(Qualcomm)公司所設計的cdmaOne 應用程式。

驅動 BREW 的程式通稱為 BREW 應用程式，在日本與 EZ 應用程式同類。BREW 的 API 是公開的，利用 API 的 EZ 應用程式可以在所有的 BREW 手機上進行操作。開發出來的 EZ 應用程式被放置在內容傳輸伺服器，執行病毒掃描、使用者內容費用徵收

第1章　第2章　第3章　第4章　第5章　第6章　第7章　第8章　附錄　章末習題解答

等工作。

BREW 的定位接近啓動 Java 應用程式的 JavaVM，由於運作的 MPU 限定爲 ARM，不經由作業系統直接從 BREW 執行 ARM 的指令，因此可以達到應用程式的高速處理。

附錄 C

C.1　MPU

MPU 在技術上的發展可說日新月異，不過相對地也有就此消聲匿跡的。不光是系統架構的好壞，也關係到週邊的開發環境。舉例來說像編譯器也有性能上的差異性，而產品的品質好壞大多取決於性能。就以往的 MPU 來說，MPU 的開發工程師相當於供應者。近來 ARM、MIPS 等開發出 MPU 的核心部分，將製造權轉賣給聯盟夥伴，採取不自行製造銷售的商業模式，像這樣的案例，由於第二順位(second source)的供應商可以選擇採用本身適用的商業決策，使得多樣多用途的 MPU 能夠在非常短的開發期間在市面上流通。

C.2　MPU 的比較

下表彙整出開發環境完整的高性能 MPU 之特徵。

MPU 功能比較表

	ARM	MIPS	SuperH	Xscale
開發年度	1990 年			2002 年
製造商	ARM(英國)公司	SGI 的子公司 MIPS Technologies	日立	Intel
資料匯流排 (Data Bus)	32bit	32bit、64 bit	32bit、64 bit	
頻率	1GHz	600MHz	400MHz	624MHz
週邊機器 I/F	由第二順位供應商定製	由第二順位供應商定製	對應多媒體各種週邊機器	對應多媒體 LCD 介面、 USB、PCMCIA、CF、

				MMC、SD 等
第二順位供應商	120 家	東芝、NEC 等	無	無
特徵	核心技術銷售 低消耗電力 小型 高速中斷處理 密結合記憶體 中斷向量控制器 (vector Interrupt Controller)	核心技術銷售 遊戲用途產品種類多	向量演算、內建 FPU 省電力 600mW	ARM 的改良版 省電力 電腦開發環境完整 安全性能 相機介面 記憶體介面豐富 SDRAM 與堆疊結構
支援作業系統	Windows CE Symbian Linux ITRON 等	Windows CE ITRON 等	Windows CE Symbian Linux ITRON 等	Linux PalmOS Symbian Windows CE
使用產品例	手機、PDA、 機上盒、 車載相關設備、 IC 卡	機上盒、遊戲機、印表機、纜線數據機	機上盒、 汽車導航器	PDA、手機

章末習題解答

第 1 章習題解答(問題出處 P1-30 頁)

第 1 題

從下列解答任選三項

① ROM 的常駐程式、② 省電控制、③ 即時性、④ 多樣性、⑤ 跨平台開發

第 2 題

a：嵌入式機器、b：嵌入式系統、c：硬體依存層、d：核心層、e：裝置驅動程式、
f：中介軟體、g：即時性

第 3 題

a：主系統、b：目標系統、c：跨平台開發、d：ICE、e：JTAG、f：ROM 監視器、
g：軟體除錯、h：API、i：Java、j：解譯器

第 4 題

a：即時處理、b：限制、c：軟性即時性、d：硬性即時性、e：中斷、f：優先順位、
g：排程、h：工作程序、i：工作程序排程、j：核心

第 5 題

① 技術人員的技術提升、② 開發程序的改善

第 2 章習題解答(問題出處 P2-40 頁)

第 1 題

① a：一次電池、b：二次電池、c：放電特性
② d：高積體性、e：高性能化、f：SOC
③ g：切跳(chattering)、h：軟體、i：硬體
④ j：ROM、k：RAM、l：快閃記憶體
⑤ m：TFT、n：STN
⑥ o：RICS、P：400MIPS

⑦ q：SRAM 型、r：Anti-Fuse 型、s：快閃記憶體型、t：ROM

⑧ u：DSP

第 2 題

(1) 資料：型錄、業務說明書、概要書、雜誌評論報導等。

注意點：性能是否完整、開發環境是否有完整、是否實際導入產品使用等。

(2) 資料：資料表、開發環境工具說明書、操作手冊、系統案例、研討會資料等。

注意點：熟悉硬體使用方式與例外處理。熟悉以往的問題點、以及使用方法的 know-how。

(3) 資料：資料表、軟體參考說明書、產品電路圖、時間曲線圖、零件供應商的故障排除、開發工具製造商說明書等。

注意點：是否與限制條件有關、時間點是否有偏差、是否熟悉正確的除錯方式。

第 3 題

從下列解答任選三項

①應用軟體處理器方式、②協同處理器方式、③加速器方式

第 3 章習題解答(問題出處 P3-35 頁)

第 1 題

① ×：有快閃記憶體。

② ○

③ ×：需要執行開啟電源的程式，此程式常駐於 ROM。

④ ×：有 SRAM。

⑤ ○

第 2 題

a：位址重定址、b：編譯器、c：物件模組、d：連結器、e：執行(可能)形式模組、

f：載入器(Loader)、g：RAM、h：RAM 位址、i：ROM 位址(h 跟 i 相反亦可)、

j：啟動子程式

第 3 題

① text：什麼也不作

② 資料：從 ROM 傳送到指定 RAM 位址

③ BSS：清除指定 RAM 上的位址

④ 堆疊：將指定 RAM 上的位址設置於 SP (stack pointer，稱爲堆疊指標)

第 4 題

a：許可、b：中斷要求、c：Mask、d：中斷、e：向量、f：中斷處理常式、

g：ISR 或中斷處理程式、h：context 的獨立性、i：空餘(輸出入等待)時間、

j：優先順位、k：即時處理

第 5 題

a：中斷處理常式、b：字元輸入的 ISR、c：通訊線路中斷的 ISR、d：工作程序排程、

e：計算機處理(工作程序)、f：資訊顯示處理(工作程序)、g：螢幕保護程式處理(工作程序)

第 6 題

只使用自動變數進行處理，另外經互斥控制使用。

第 4 章習題解答(問題出處 P4-38 頁)

第 1 題

TaskB＞TaskC＞TaskA

第 2 題

(a) TaskB 被 TaskA 先佔所以屬於優先順位較高。由於 TaskA 與 TaskB 共同佔有 CS1 及 CS2，所以最高的封閉優先權等於是 TaskA。

(b) 在時刻 t1 由於 TaskB 進入臨界區間使得封閉優先權變成有效。由於 TaskA 的優先權與現行的封閉優先權相同，導致 CS2 無法進入被封鎖(block)。

第 3 題

請計算 CPU 使用率。

$$\frac{20}{100} + \frac{40}{150} + \frac{100}{350} = 0.75$$

此值小於

$$3(2^{\frac{1}{3}} - 1) = 0.78$$

所以可以守住底線。

第 5 章習題解答(問題出處 P5-30 頁)

第 1 題

① ×：在通用式系統的情況下
② ×：裝置驅動程式的中斷處理不具有獨立的堆疊
③ ○
④ ○
⑤ ×：非中斷工作程序而是中斷處理程式

第 2 題

A：MMU、B：假想位址、C：不連續的、D：匯流排主控、E：MPU、
F：整合性或一致性

第 6 章習題解答(問題出處 P6-31 頁)

第 1 題

主要有 AOT、JIT、HotSpot 等三種編譯方法。各自具有下列特徵：
AOT：將最先執行的類別檔案全部編譯
JIT：執行中有必要時進行編譯
HotSpot：不當場立刻編譯，根據統計資料編譯

第 2 題

服務、介面、協定
說明：服務表示上位層提供的功能，介面表示連接方法。各層的協定在提供的功能相同的
　　　前提下，不會對通訊的步驟做任何規定，而這樣的做法會讓下位層被遮蓋住。

第 3 題

名稱：日誌式檔案
效果：提供將更新履歷保存於日誌領域，以及快速修復磁碟故障的功能。

第 4 題

請參考下圖的 JPEG 不可逆壓縮處理流程，處理時以 8x8 畫素為單位。

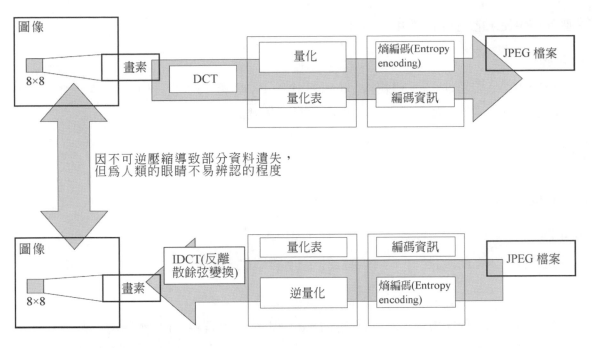

因不可逆壓縮導致部分資料遺失，
但為人類的眼睛不易辨認的程度

第 7 章習題解答(問題出處 P7-44 頁)

第 1 題

②、④

第 2 題

a：障礙、b：測試、c：診斷、d：問題、e：反應、f：WDT、g：失控、h：停止

第 3 題

②、④

第 4 題

a：ICE、b：記憶體、c：程式、d：記錄、或行程記錄、e：低、f：高、g：本機、
h：解譯器、i：高

第 8 章習題解答(問題出處 P8-37 頁)

第 1 題

下列解答其中一項
①可以用很久不會壞的產品

②動作穩定使用者可放心使用

第 2 題

a：9127、b：品質特性、c：信賴性、d：使用性、e：具體、f：設計檢視、
g：BUG 收斂曲線或信賴性成長曲線、h：問題清單登記表

第 3 題

解答如下：
①瀑布型開發程序、②循環漸進式開發程序

第 4 題

a：要求定義、b：前段設計、c：內部設計、d：詳細化、e：統合化、f：系統測試

第 5 題

a：物件導向、b：程序導向、c：資料導向、d：程序、e：資料、f：物件
g：多型、h：維護性、i：生產性

第 6 題

從下列解答任選三項
①白箱測試、②由上而下測試、③由下而上測試、④黑箱測試

國家圖書館出版品預行編目資料

嵌入式開發系統：嵌入式軟體技術 / 洪碧英，
吳承芬編著. -- 初版. -- 臺北縣土城市：
全華圖書, 2008.10
面；　公分
ISBN 978-957-21-6800-4(平裝)

1. 系統程式　2. 電腦程式設計

312.52　　　　　　　　　　　　　　　97016348

嵌入式開發系統－嵌入式軟體技術
エンベデッドシステム開発のための組込みソフト技術

原出版社	株式会社 電波新聞社
原　　著	社団法人　組込みシステム技術協会
	エンベデッド技術者育成委員会
編　　譯	洪碧英、吳承芬
執行編輯	陳盈君
發 行 人	陳本源
出 版 者	全華圖書股份有限公司
地　　址	23671 台北縣土城市忠義路 21 號
電　　話	(02)2262-5666　(總機)
傳　　眞	(02)2262-8333
郵政帳號	0100836-1 號
印 刷 者	宏懋打字印刷股份有限公司
圖書編號	06054
初版一刷	2009 年 01 月
定　　價	新台幣 390 元
I S B N	978-957-21-6800-4

有著作權・侵害必究

全華圖書
www.chwa.com.tw
book@chwa.com.tw

全華科技網 OpenTech
www.optentech.com.tw